石油科学新探索

李传亮精选论文集

李传亮　著

中国石化出版社

内 容 提 要

本书为李传亮精选论文集，由李传亮53篇第一作者学术论文结集而成，内容包括油藏工程、石油地质和岩石力学三大部分，主要是李传亮在石油领域的最新科学探索成果。

本书适合作为石油工程、石油地质及相关专业的硕博士研究生和矿场研究人员的参考书。

图书在版编目(CIP)数据

石油科学新探索：李传亮精选论文集/李传亮著．
—北京：中国石化出版社，2016.11
ISBN 978－7－5114－4313－7

Ⅰ.①石⋯ Ⅱ.①李⋯ Ⅲ.①石油工程—文集 Ⅳ.①TE－52

中国版本图书馆 CIP 数据核字(2016)第 252098 号

中国石化出版社出版发行

地址：北京市朝阳区吉市口路9号
邮编：100020　电话：(010)59964500
发行部电话：(010)59964526
http://www.sinopec-press.com
E-mail：press@sinopec.com
北京富泰印刷有限责任公司印刷
全国各地新华书店经销

*

787×1092 毫米 16 开本 19.5 印张 482 千字
2016 年 11 月第 1 版　2016 年 11 月第 1 次印刷
定价：56.00 元

序

自 1859 年人类开始规模化开采和利用石油以来，石油一直是社会发展的重要能源形式，石油开采也一直是人类重要的生产活动。生产实践离不开理论的指导，于是，石油科学便应运而生了。

石油科学不是独立的科学体系，而是基础科学在石油领域的应用，属于应用科学的范畴。基础科学是通过应用科学来指导生产实践的，没有石油科学作为桥梁和纽带，基础科学的理论无法在石油领域应用，也无法有效指导石油开采。因此，把基础科学有效转化成石油科学是石油科研工作者的重要任务之一。

石油开采是一个实践性很强的行业，生产实践经常走在理论研究的前面。缺乏理论指导的实践，显得盲目而没有方向，实践只能在探索中前行。实践的探索结果会催生新理论的诞生。从实践中总结提升和发现新的科学理论，也是石油科学研究的重要途径之一。

本人从事石油领域的教学、生产和科研工作几十年，对石油科学有很多新的探索，我把工作中探索到的新理论都写成了论文发表出来，并与同行们进行交流，以促进石油科学的向前发展。

在缺少成熟理论指导的情况下，石油开采只能在经验指导下进行。石油行业积累了大量的实践经验，有些经验以公式的形式整理出来就成了经验公式。但是，经验缺少理性的思考，其有效性受到很多条件的限制，超出应用范围即成谬误，也就是伪科学。石油领域充斥着伪科学，许多伪科学还严重误导石油的生产实践。为了石油行业的健康发展，必须及时清除其中的伪科学成分。笔者在清除石油伪科学方面做了大量的工作，成绩也比较显著，有许多论文发表，在业界引起了广泛的讨论和争鸣。

迄今为止，笔者以第一作者的身份共发表了 140 余篇学术论文，它们是思想和汗水的结晶，我非常珍爱。这些论文散见于各种学术期刊，阅读起来很不方便，不利于科学传播。现从所有论文中精选了 53 篇有一定代表性和重要性的学术论文结集出版，精选论文分为油藏工程、石油地质和岩石力学三大部分。论文集的出版是对自己过去工作的一个总结，也是对石油行业及同仁的一个交代。

在发表学术论文的过程中，曾得到许多期刊编辑部和编辑们的大力支持，他们认真研读每一个句子，仔细斟酌每一个标点符号，精心修饰论文的修辞和文法，使论文更加严谨和规范，在此向每一位为论文发表付出过辛勤劳动的编辑致以衷心的感谢。

衷心感谢中国石化出版社及程庆昭编辑的大力支持，让这本论文集得以顺利面世，读者们会感谢你们为石油科学的传播所做的努力。

愿将此书献给那些挚爱石油科学的人们！

是为序。

2016 年春于成都

目　录

第一部分　油藏工程

第二部分　石油地质

第三部分　岩石力学

第一部分
油藏工程

修正 Dupuit 临界产量公式

摘　要：底水油藏的油井生产时会出现底水锥进现象，水锥刚好锥进到井底的产量，为油井的临界产量。矿场上一般用 Dupuit 临界产量公式计算油井的临界产量。由于 Dupuit 临界产量公式没有考虑油井的伤害，实际计算时会出现一些偏差。真实的油井都存在不同程度的伤害，为了反映油井的真实情况，本文对 Dupuit 临界产量公式进行了修正，在公式中引入了油井的表皮因子，并称其为修正 Dupuit 临界产量公式。计算结果表明，表皮因子对油井的临界产量产生一定的影响。

关键词：油藏工程；产量；临界产量；公式；伤害

0　引言

J. Dupuit 于 1863 年在研究地下水工程时提出了著名的临界产量公式，后人则称之为 Dupuit 临界产量公式[1]。Dupuit 临界产量公式最初是针对采水井而提出的，后来引用到了油藏工程领域，并用于采油井的计算。开始引用时，油藏工程领域对地层伤害的概念还知之甚少。但是，经过几十年的发展，人们对地层伤害的研究已经十分深入，并且在几乎所有有关油井产量的计算公式中都引入了表皮因子，以反映地层伤害程度对油井生产动态的影响。地层伤害已是油藏工程中一个极其重要的概念，并且已渗透到诸如压裂酸化设计、油井评价等许多方面。但是，开采底水油藏油井的临界产量计算公式还依然采用最初的形式，而没有考虑地层的伤害问题。本文的目的就是对最初的 Dupuit 临界产量公式的原形进行修正，以便能反映地层伤害的情况，使其更好地服务于底水油藏的开发管理。

1　Dupuit 临界产量公式

为防止底水锥进，开采底水油藏油井的射孔井段一般都位于含油层段的顶部，底部留有一定的避水高度（图 1）。油井投产之后，周围会形成一个"漏斗"状的压力分布，通常称之为压降漏斗。地层压力从井底沿径向距离向供给边界逐渐升高。由于油井从油层部位采油，因而油层的压力则低于底水的压力。在水、油压力差（动力）的作用之下，底水向上锥进。同时，由于水的密度大于油的密度，重力（阻力）的作用又抑制水锥的形成。当水油压差与重力作用达到平衡时，即形成一个稳定的山峰似的水锥。

显然，油井的产量越大，井底周围的压降漏斗就越深，水锥的高度也就越大。当水锥刚好锥进到井底时的油井产量，称作油井的临界产量（图 1）。当油井的实际产量大于油井的临界产量时，油井必将见水；当油井的实际产量小于油井的临界产量时，油井则不会见水。为了防止油井产水，可以把油井的产量控制在临界产量之下。因此，临界产量就成了油井的一个特征产量，也是决定和控制油井是否见水的一个重要参数。开发底水油藏必须认真研究并确定油井的临界产量数值，油井临界产量计算也是底水油藏研究的一项重要内容。

Dupuit 临界产量是在以下假设条件下导出的：Darcy 稳定渗流、均质地层、忽略毛管压力、油水密度及黏度为常数。图 1 为底水油藏油井以临界产量生产时的流动形态和油井打开程度示意图。

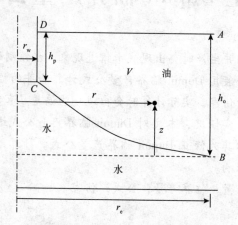

图 1　均质无污染地层临界水锥形态

根据 Darcy 定律，流体的渗流速度为[2]

$$V = -\frac{k}{\mu} \nabla \Phi \tag{1}$$

式中　V——渗流速度矢量；

　　　k——地层渗透率，D；

　　　μ——流体黏度，mPa·s；

　　　Φ——流体势，MPa。

流体势的表达式为

$$\Phi = p + \rho g z \tag{2}$$

式中　p——流体压力，MPa；

　　　ρ——流体密度，g/cm^3；

　　　g——重力加速度，m/s^2；

　　　z——垂向坐标(图 1)，向上为正，向下为负，m。

根据渗流力学理论[2]，流体稳定渗流的连续性方程为

$$\nabla \cdot V = 0 \tag{3}$$

式(3)表明渗流速度的散度为 0。

把式(1)代入式(3)，得

$$\nabla \cdot \nabla \Phi = \nabla^2 \Phi = \Delta \Phi = 0 \tag{4}$$

式(4)表明，流体势 Φ 满足 Lapalce 方程。

如果油井以临界产量生产，则底水不流动，底水的流体势为常数

$$\Phi_w = p_w + \rho_w g z = 常数 \tag{5}$$

式中　Φ_w——水相势，MPa；

　　　p_w——水相压力，MPa；

　　　ρ_w——水的密度，g/cm^3。

由于忽略了毛管压力，则油水界面两侧的油、水相压力应相等，即在任意高度 z 处的油水界面处

$$p_o(z) = p_w(z) = \Phi_w - \rho_w gz \tag{6}$$

式中　p_o——油相压力，MPa。

因此，油水界面处的油相势为

$$\Phi_o(z) = p_o(z) + \rho_o gz = \Phi_w - \rho_w gz + \rho_o gz = \Phi_w - \Delta\rho_{wo} gz \tag{7}$$

式中　Φ_o——油相势，MPa；

　　　ρ_o——油的密度，g/cm^3；

　　　$\Delta\rho_{wo}$——水油密度差，g/cm^3。

在井点处，$z = h_o - h_p$、$r = r_w$，则

$$\Phi_o = \Phi_w - \Delta\rho_{wo} g(h_o - h_p) \tag{8}$$

式中　r——径向距离，m；

　　　r_w——油井半径，m；

　　　h_o——油柱高度，m；

　　　h_p——射孔厚度（图1），m。

在外边界处，$z = 0$、$r = r_e$，则

$$\Phi_o = \Phi_w \tag{9}$$

把 Green 第二公式应用到油相所占据的油藏体积 V 中（图1）。Green 第二公式为[3]：对于两个定义在体积 V 内具有一、二阶连续导数的函数 U 和 W，下式成立

$$\iiint\limits_V (W\Delta U - U\Delta W)\,\mathrm{d}V = \iint\limits_S \left(W\frac{\partial U}{\partial \boldsymbol{n}} - U\frac{\partial W}{\partial \boldsymbol{n}}\right)\mathrm{d}S \tag{10}$$

式中　S——体积 V 的表面；

　　　$\boldsymbol{n}$——表面 S 的外法线单位矢量。

对于底水油藏，U 和 W 可以取作

$$U = \Phi_o \tag{11}$$

$$W = \ln\frac{r}{r_w} \tag{12}$$

由于 U 和 W 都满足 Laplace 方程，因此，式(10)可以写成

$$\iint\limits_S \left[\ln\frac{r}{r_w}\frac{\partial \Phi_o}{\partial \boldsymbol{n}} - \Phi_o\frac{\partial}{\partial \boldsymbol{n}}\left(\ln\frac{r}{r_w}\right)\right]\mathrm{d}S = 0 \tag{13}$$

在图1中，表面 S 由径向对称元素 AB、BC、CD 和 DA 四个曲面组成。在这些边界上，式(13)中的积分可按下面的步骤进行计算。

沿 AB 线

$$\ln\frac{r}{r_w} = \ln\frac{r_e}{r_w} \tag{14}$$

$$\frac{\partial \Phi_o}{\partial \boldsymbol{n}} = \frac{q_o\mu_o}{2\pi kh_o r_e} \tag{15}$$

$$\frac{\partial}{\partial \boldsymbol{n}}\left(\ln\frac{r}{r_w}\right) = \frac{1}{r_e} \tag{16}$$

$$dS = 2\pi r_e dz \tag{17}$$

沿 *BC* 线(图 2)

$$\frac{\partial \Phi_o}{\partial \boldsymbol{n}} = 0 \tag{18}$$

$$\frac{\partial}{\partial \boldsymbol{n}}\left(\ln\frac{r}{r_w}\right) = -\frac{\sin\theta}{r} \tag{19}$$

$$dS = 2\pi r dl = \frac{2\pi r dz}{\sin\theta} \tag{20}$$

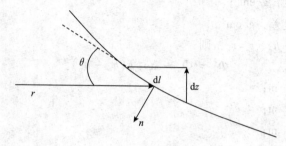

图 2   油水界面面元

沿 *CD* 线

$$\ln\frac{r}{r_w} = 0 \tag{21}$$

$$\frac{\partial}{\partial \boldsymbol{n}}\left(\ln\frac{r}{r_w}\right) = -\frac{\partial}{\partial r}\left(\ln\frac{r}{r_w}\right) = -\frac{1}{r_w} \tag{22}$$

$$dS = 2\pi r_w dz \tag{23}$$

沿 *DA* 线

$$\frac{\partial \Phi_o}{\partial \boldsymbol{n}} = 0 \tag{24}$$

$$\frac{\partial}{\partial \boldsymbol{n}}\left(\ln\frac{r}{r_w}\right) = 0 \tag{25}$$

把式(14)~式(25)代入式(13),得

$$\frac{q_o\mu_o}{2\pi k}\ln\frac{r_e}{r_w} = \int_0^{h_o}\Phi_o(r_e)dz - \int_0^{h_o-h_p}\Phi_o(z)dz - \int_{h_o-h_p}^{h_o}\Phi_o(r_w)dz \tag{26}$$

把边界条件式(8)和式(9)代入式(26),得油井的 Dupuit 临界产量计算公式

$$q_c = \frac{\pi k \Delta\rho_{wo} g(h_o^2 - h_p^2)}{\mu_o \ln\frac{r_e}{r_w}} \tag{27}$$

式中 q_c——油井的临界产量(地下), m^3/Ms。

2   修正 Dupuit 临界产量公式

Dupuit 临界产量公式是在均质地层的假设条件下导出的,该公式未考虑油井的表皮因子。如果地层受到了伤害,即油井带有了一个表皮,则整个地层为一个非均质地层。为了导出非均质地层的油井临界产量，可以把非均质地层划分成两个均质地层：内区和外区（图3）。内区区域为 V_s，渗透率为 k_s，内边界为 r_w，外边界为 r_s，外边界处的油柱高度为 h_s；外区区域为 V，渗透率为 k，内边界为 r_s，外边界为 r_e，外边界处的油柱高度为 h_o。

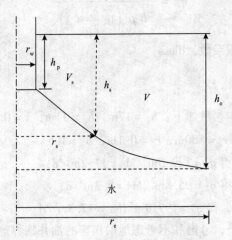

图3　非均质地层底水锥进示意图

对于外区的均质区域 V，Dupuit 临界产量公式为

$$q_c = \frac{\pi k \Delta\rho_{wo} g (h_o^2 - h_s^2)}{\mu_o \ln \dfrac{r_e}{r_s}} \tag{28}$$

对于内区的均质区域 V_s，Dupuit 临界产量公式为

$$q_c = \frac{\pi k_s \Delta\rho_{wo} g (h_s^2 - h_p^2)}{\mu_o \ln \dfrac{r_s}{r_w}} \tag{29}$$

式（28）也可以写成

$$h_o^2 - h_s^2 = \frac{q_c \mu_o}{\pi k \Delta\rho_{wo} g} \ln \frac{r_e}{r_s} \tag{30}$$

式（29）也可以写成

$$h_s^2 - h_p^2 = \frac{q_c \mu_o}{\pi k_s \Delta\rho_{wo} g} \ln \frac{r_s}{r_w} \tag{31}$$

式（30）和式（31）相加，并整理后得

$$q_c = \frac{\pi k \Delta\rho_{wo} g (h_o^2 - h_p^2)}{\mu_o \left(\ln \dfrac{r_e}{r_w} + s \right)} \tag{32}$$

式中　s——油井的机械表皮因子，dless。

s 的计算公式为[4]

$$s = \left(\frac{k}{k_s} - 1 \right) \ln \frac{r_s}{r_w} \tag{33}$$

s 大于 0，表明油井为受伤害井，s 的数值越大，油井受到的伤害程度就越高；s 小于 0，表明油井为超完善井，s 的数值越小，油井的超完善程度就越高；s 等于 0，油井为理想井。

式(32)为引入表皮因子之后的临界产量公式，即修正 Dupuit 临界产量公式。

式(32)计算的临界产量为地层条件下的体积流量，若用地面条件表示，则为

$$q_c = \frac{\pi k \Delta \rho_{wo} g (h_o^2 - h_p^2)}{B_o \mu_o \left(\ln \dfrac{r_e}{r_w} + s \right)} \tag{34}$$

式中　B_o——地层原油体积系数，dless。

3　应用举例

某油藏油井系统的基本参数如下：$h_o = 17m$，$h_p = 11m$，$k = 0.4D$，$\rho_w = 1.1g/cm^3$，$\rho_o = 0.7g/cm^3$，$\mu_o = 0.5mPa \cdot s$，$r_e = 500m$，$r_w = 0.1m$，$B_o = 1.5$。

把 $s = 0$ 代入式(34)，得 $q_c = 129.5m^3/Ms = 11.2m^3/d$；

把 $s = 3$ 代入式(34)，得 $q_c = 95.8m^3/Ms = 8.3m^3/d$；

把 $s = -3$ 代入式(34)，得 $q_c = 199.9m^3/Ms = 17.3m^3/d$。

从上面的计算可以看出，考虑和不考虑地层伤害的油井临界产量完全不一样，对于存在地层伤害的油井，直接用 Dupuit 临界产量公式计算的结果偏大，或者说受伤害油井的临界产量比理想井低；而对于压裂或酸化过的超完善油井，直接用 Dupuit 临界产量公式计算的结果偏小，或者超完善油井的临界产量比理想井高。

4　结论

(1)本文给出了考虑地层伤害的底水油藏油井的临界产量计算公式，并称之为修正 Dupuit 临界产量公式。

(2)受伤害油井的临界产量比理想井低。

(3)超完善油井的临界产量比理想井高。

参 考 文 献

[1] Hagoort J. Fundamentals of gas reservoir engineering[M]. Elsevier Scientific Publishing Company, Amsterdam, 1988: 215 – 222.

[2] 贝尔 J 著，李竞生 译. 多孔介质流体动力学[M]. 北京：中国建筑工业出版社，1983：93 – 94.

[3] 南京工学院编. 数学物理方程与特殊函数[M]. 北京：高等教育出版社，1982.

[4] 秦同洛，李璋，陈元千. 实用油藏工程方法[M]. 北京：石油工业出版社，1989：182.

利用矿场资料确定底水油藏油井
临界产量的新方法

摘　要： 底水油藏油井的临界产量可以用修正 Dupuit 临界产量公式进行计算。但是，修正 Dupuit 临界产量公式需要事先知道油藏和油井的许多参数，这在矿场上往往很难做到，因而限制了公式的实际应用。对修正 Dupuit 临界产量公式进行了改造，把其中未知的参数组合后由已知矿场资料参数加以替代，从而使公式的计算问题成为可能。新提出的通过矿场资料计算油井临界产量的公式称作矿场实用公式，该公式简便可靠，实用性强，不仅适用于油井，也适用于气井。

关键词： 底水油藏；油井；产量；临界产量；稳定试井；静压梯度

0　引言

开采底水油藏，人们最担心底水的锥进问题。对于开采底水油藏的油井，人们想尽早知道该井的临界产量有多大，以便确定油井的合理工作制度。油藏工程一般用 Dupuit 临界产量公式[1]和修正 Dupuit 临界产量公式计算油井的临界产量[2]，但是，使用该公式必须事先知道油藏和油井的许多参数，而这些参数在油井投产初期是很难确定的，即使在油田开发后期其中的某些参数也难以准确确定出来。因此，实际计算时不得不假设一些参数值，粗略地估计一下油井的临界产量。这种估计有时偏差较大，甚至导致油井工作制度的错误建立。笔者经过研究，给出了利用矿场稳定试井和静压梯度资料确定底水油藏油井临界产量的新方法，并用实例说明了该方法的使用过程及其优点。

1　矿场实用公式

底水油藏油井的修正 Dupuit 临界产量公式为[2]

$$q_c = \frac{\pi k \Delta\rho_{wo} g (h_o^2 - h_p^2)}{B_o \mu_o \left(\ln \dfrac{r_e}{r_w} + s \right)} \tag{1}$$

式中　q_c——油井临界产量，m^3/Ms；

　　　k——油藏渗透率，D；

　　$\Delta\rho_{wo}$——水油密度差，g/cm^3；

　　　g——重力加速度，m/s^2；

　　　h_o——油柱高度，m；

　　　h_p——射孔厚度（从油层顶界起算），m；

　　　B_o——地层原油体积系数，dless；

μ_o——地层原油黏度，mPa·s；

r_e——油井泄油半径，m；

r_w——油井完井半径，m；

s——油井表皮因子，dless。

用式(1)计算油井的临界产量需要知道很多参数，其中大部分参数都是无法精确确定的，因此式(1)实际上也是无法直接使用的。若用实验室测量的岩心参数进行计算，则不能代表地下的情况，计算结果偏差较大。为了计算油井的临界产量，把式(1)改写成

$$q_c = \frac{h_p}{2b} \frac{2\pi k}{B_o \mu_o \left(\ln \frac{r_e}{r_w} + s\right)} \Delta\rho_{wo} g h_o (1 - b^2) \qquad (2)$$

式中 b——油层的打开程度，f。

b 的计算公式为

$$b = \frac{h_p}{h_o} \qquad (3)$$

根据油井的稳定试井资料，可以确定出油井的采油指数[3,4]，即

$$J_o = \frac{q_o}{\Delta p} = \frac{2h_p}{1 + b} \frac{2\pi k}{B_o \mu_o \left(\ln \frac{r_e}{r_w} + s\right)} \qquad (4)$$

式中 J_o——油井采油指数，m³/(Ms·MPa)；

q_o——油井产量，m³/Ms；

Δp——油井生产压差，MPa。

把式(4)代入式(2)，得

$$q_c = \frac{1 + b}{4b} J_o \Delta\rho_{wo} g h_o (1 - b^2) \qquad (5)$$

式(5)就是油井临界产量的矿场实用公式，其中的主要参数都可以通过矿场资料加以确定。油柱高度(油层厚度)可以通过测井方法或取心资料加以确定。射开厚度及打开程度为已知参数。

式(5)中的采油指数 J_o 可以通过稳定试井获得，图1为稳定试井获得的油井生产指示曲线，指示曲线的方程为下面的式(6)，曲线的斜率即为采油指数

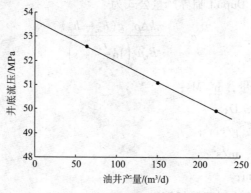

图1 油井生产指示曲线

$$p_{\mathrm{wf}} = p_{\mathrm{e}} - \frac{q_{\mathrm{o}}}{J_{\mathrm{o}}} \tag{6}$$

式中 p_{wf}——井底流压，MPa；

        p_{e}——供给边界压力，MPa。

    式（5）中地层水油密度差为地层水的密度与地层原油密度的差值。地层水的密度可以通过井下 PVT 取样实验测得，也可以通过经验公式进行计算或查图版加以确定，其值变化范围一般不大，可取区域值（1.1g/cm³）。

    对于不同的油气藏，地层原油的密度变化较大，而且还受地层温度和地层压力的严重影响。地层原油密度一般在 0.5～1.0g/cm³。通常通过井下 PVT 取样或地面分离器取油气样，在实验室模拟地层条件实测原油的密度。实验实测需要良好的取样条件和实验条件，在一些情况下很难做到。实际上，地层原油密度可以通过如图 2 所示的油井静压梯度测试曲线方便地获得。图 2 静压梯度曲线的方程为

$$p = p_0 + \rho_{\mathrm{o}} g D \tag{7}$$

式中 p——测点压力，MPa；

        p_0——截距压力，MPa；

        D——测点深度，m。

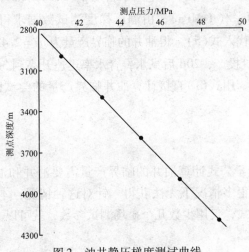

图 2   油井静压梯度测试曲线

2   应用举例

    [**例 1**]   某油井试采一砂岩底水油藏，井点处油层的含油高度 $h_{\mathrm{o}} = 17\mathrm{m}$，油层打开厚度 $h_{\mathrm{p}} = 11\mathrm{m}$，打开程度 $b = 64.7\%$，区域地层水的密度 $\rho_{\mathrm{w}} = 1.1\mathrm{g/cm}^3$，该井的稳定试井数据见表 1 和图 1，静压梯度测试数据见表 2 和图 2。

表 1   油井稳定试井数据表

油嘴/mm	4	6	8
井底流压 p_{wf}/MPa	52.58	51.08	49.92
油井产量 q_{o}/（m³/d）	63.85	150.72	221.79

表2 油井静压梯度测试数据表

测点深度 D/m	3000	3300	3600	3900	4200
测点压力 p/MPa	41.12	43.11	45.03	46.92	48.81

由图1获得的油井生产指示曲线方程为 $p_{wf} = 53.645 - 0.0169q_o$，由该方程得油井的采油指数为 $J_o = 59.2 m^3/(d \cdot MPa)$。

由图2获得的油井静压梯度曲线方程为 $p = 21.97 + 0.006397D$，由该方程得地层原油的密度为 $\rho_o = 0.65 g/cm^3$。

把上述参数代入式(5)，得油井的临界产量为 $q_c = 1.64 m^3/d$。

由于该井较深，且井筒大部分流体都已脱气，曾三次井下 PVT 取样均未获得合格的样品，因此，至今也未获得 ρ_o、B_o 和 μ_o 的实测值。也是由于井深，曾进行过一次压力恢复试井，结果不完整，未获得 s、r_e 和 k 的数值。虽然油井已投产很长时间，但仍无法用修正 Duipuit 临界产量公式(1)直接计算 q_c 的大小。然而，用矿场实用公式(5)却能方便快速地确定 q_c 的数值。

[例2] 某油井试采一碳酸盐岩底水油藏，井点处油层的含油高度 $h_o = 100 m$，油层打开厚度 $h_p = 56 m$，打开程度 $b = 56.0\%$，地层水密度 $\rho_w = 1.1 g/cm^3$，由稳定试井数据求得的油井采油指数为 $J_o = 17.0 m^3/(d \cdot MPa)$，由静压梯度测试数据求得的地层原油密度为 $\rho_o = 0.796 g/cm^3$，把所有参数代入式(5)，得油井的临界产量为 $q_c = 2.42 m^3/d$。

该井以 80 m^3/d 的产量投产，20d 后见水，含水率迅速升高到 30%，致使 PVT 取样和试井工作都无法进行，因此，用式(1)直接计算油井临界产量的尝试已不可能，但用式(5)却能方便地计算出临界产量。

3 结论

用修正 Duipuit 临界产量公式计算油井的临界产量需要油井和油层的很多参数，而这些参数的获取又十分困难，很多情况下无法获得。针对这种情况，本文提出了修正 Duipuit 临界产量公式的矿场实用形式，仅用少数几个矿场测试参数，就可以方便地确定出油井的临界产量，简便实用，精确可靠。

参 考 文 献

[1] Hagoort J. Fundamentals of gas reservoir engineering[M]. Elsevier Scientific Publishing Company, Amsterdam, 1988: 215 – 222.

[2] 李传亮. 修正 Duipuit 临界产量公式[J]. 石油勘探与开发, 1993, 20(4): 91 – 95.

[3] 葛家理. 油气层渗流力学[M]. 北京: 石油工业出版社, 1982: 59 – 60.

[4] 刘蔚宁. 渗流力学基础[M]. 北京: 石油工业出版社, 1985.

带隔板底水油藏油井临界产量计算公式*

摘　要：没有隔板的底水油藏水锥速度快，油井见水早，开发效益差。带有隔板的底水油藏有所不同，由于受到隔板的抑制作用，底水锥进的难度加大，水锥速度减慢，油井见水时间大幅度推迟，开发效益变好。对于带有隔板的底水油藏，油井的临界产量发生了很大的变化，比没有隔板的底水油藏油井高，因而不能再用修正 Dupuit 临界产量公式进行计算了，因为修正 Dupuit 临界产量公式只能计算没有隔板的底水油藏油井的临界产量。针对带有隔板的底水油藏，本文提出了新的临界产量公式，并称作隔板临界产量公式，该公式可用于带有隔板的底水油藏及油井的生产管理，计算结果表明，油井的隔板临界产量远高于修正 Dupuit 临界产量，这就为油井提高产量提供了技术保障和理论基础。

关键词：底水油藏；隔板；油井；临界产量；隔板临界产量

0　引言

临界产量是开采底水油藏油井的一个重要参数，油藏工程常用临界产量的大小来评价油井的"质量"[1]。如果油井的实际产量超过了临界产量，油井必将见水。因此，合理的油井产量应该低于临界产量的数值。油井的临界产量一般用修正 Dupuit 临界产量公式加以确定[2]。临界产量公式实际上是建立在动力和重力平衡基础之上的，动力促使水锥的形成，而重力又抑制水锥的形成，二者平衡时便形成了稳定的水锥。但需要指出的是，油井的修正 Dupuit 临界产量一般都很小，如果按照该临界产量安排油井的生产，油井将不能正常生产，或油井生产因产量太低而不能带来经济效益，开井生产还不如关井停产。因此，大多数底水油藏的油井都以远高于 Dupuit 临界产量的产量进行生产，以取得好的短期经济效益。这样做的结果，必然使油井过早水淹。因此，修正 Dupuit 临界产量公式具有理论价值，而无实用价值。

然而，油田开发实践常常出现令人惊奇的现象，一些开采底水油藏的油井，以远高于修正 Dupuit 临界产量的产量生产相当长的时间却不见水。究其原因，是因为油藏中存在着各式各样的不渗透或弱渗透夹层。这些夹层的存在，大大抑制了底水的锥进过程。一些夹层彻底改变了底水的锥进路线，而另外一些夹层则大幅度减缓了底水的锥进速度。理论上把油藏中存在的夹层称作"隔板"[3]，而隔板实际上还包括更为广泛的内容。

油藏带有隔板，油井的临界产量就不再是修正 Dupuit 临界产量了，而是隔板作用下的临界产量，该临界产量随隔板的位置和延伸范围而变化。隔板在油藏垂向上的位置可以通过录井和测井资料加以确定，隔板在油层中的延伸范围可以通过油藏地质的研究结果加以确定。

本文主要推导带有隔板的底水油藏油井的临界产量公式，并称之为隔板临界产量公式，最后给出应用实例。

---

* 该论文的合作者：宋洪才，秦宏伟

1　隔板分类

油藏中天然存在的隔板称作天然隔板，人工设置的隔板称作人工隔板。天然隔板的形态各式各样，为了便于研究，一般从以下几个方面对隔板进行分类。

1.1　隔板位置

（1）油藏内部隔板，如图1中的隔板1所示，这种隔板属构造性原生隔板，其形态与构造面一致，形成时间与油藏岩石相同。

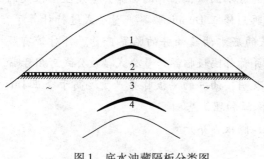

图1　底水油藏隔板分类图

（2）油藏外部隔板，如图1中的隔板4所示，这种隔板与油藏内部隔板的性质相同。

（3）油水界面上隔板，如图1中的隔板2所示，这种隔板属于非构造性次生隔板，它在油藏形成之后，由于原油与氧化性质的底水长时间接触，在油水界面附近形成的一个氧化稠油带，此氧化稠油带是一种有条件的隔板，其形态与油水界面一致。

（4）油水界面下隔板，如图1中的隔板3所示，这种隔板也属于非构造性次生隔板，它是在油藏形成之后，因底水与还原性质的原油长时间接触，底水中溶解的矿物质在油水界面附近析出，从而使岩石性质发生了变化并形成了隔板，其形态亦与油水界面一致。

1.2　隔板性质

（1）岩性隔板，是指由泥岩或其他非储集性质的岩石形成的隔板，图1中的隔板1和隔板4都可能是岩性隔板。

（2）物性隔板，是指储集岩层中含有较多的泥或其他充填物，致使岩石渗透率和储集性质变差，从而形成物性隔板。图1中的隔板1、隔板3和隔板4都可能是物性隔板。

（3）流体隔板，是指油藏中黏度异常高的流体带，它是一种有条件的隔板。图1中的隔板2即为流体隔板。

1.3　渗透性质

（1）不渗透隔板。这种隔板渗透性极差，在油藏正常的生产压差下，油藏流体无法通过，因此，它能完全阻止流体从隔板一侧渗流到另一侧。图1中的4种隔板都可能属于不渗透隔板。

（2）半渗透隔板。这种隔板的渗透性较差，但在油藏正常生产压差下，无法完全阻止流体的通过，只能延缓流体从隔板一侧渗流到另一侧的时间，并且，其性质不同，对流体通过的延缓程度也不同。

一个底水油藏的隔板可能是图1中4种隔板的任意组合与叠加。

如果隔板2和隔板3属于不渗透隔板，那么，所开采的油藏就完全属于封闭性油藏，而不再是纯粹的底水油藏，油藏的整个开采过程也不必考虑底水的作用。

隔板4虽然对底水油藏的开发起到些微的作用，但无法阻止底水的锥进。隔板1在油藏开发过程中的作用最为重要，其意义也最重大。

2　隔板临界产量

图 2 为带隔板底水油藏油井的底水锥进图。底水不是从井底直接锥进，而是在隔板边缘锥进，形成一个环形山似的水锥。按照文献[2]的方法，可以推导出带隔板底水油藏油井的临界产量公式（推导从略），称作隔板临界产量公式，即

$$q_{cb} = \frac{\pi k \Delta \rho_{wo} g (2 h_o h_b - h_b^2)}{B_o \mu_o \ln \dfrac{r_e}{r_b}} \tag{1}$$

式中　q_{cb}——隔板临界产量，m^3/Ms；

　　　k——油藏渗透率，D；

　　　$\Delta \rho_{wo}$——水油密度差，g/cm^3；

　　　ρ_w——地层水密度，g/cm^3；

　　　ρ_o——地层原油密度，g/cm^3；

　　　g——重力加速度，m/s^2；

　　　h_o——油柱高度，m；

　　　h_b——从油水界面起算的隔板高度，m；

　　　B_o——原油体积系数，dless；

　　　μ_o——地层原油黏度，$mPa \cdot s$；

　　　r_e——油井泄油半径，m；

　　　r_b——隔板半径，m。

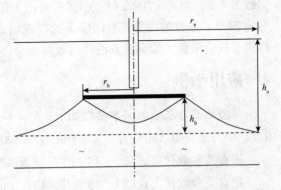

图 2　带隔板底水油藏油井的底水锥进图

若油井生产时的实际产量没超过隔板临界产量 q_{cb}，油井就不会见水。令人高兴的是，用式（1）进行计算，油井的临界产量将大幅度提高，因而保证了许多油井都能以较高的产量生产而不见水。带隔板油井的临界产量之所以大幅度提高，是因为隔板边缘处的水锥压差较小的缘故。水锥压差较小，意味着水锥的动力不足，水锥难度加大。若要使水锥突破隔板，必须大幅度提高油井的产量。

计算出了油井的临界产量，就可以据此对油井的生产进行管理。例如，为了防止油井见水，把油井实际产量控制在临界产量以下，还可以根据产量目标设计油井的打开程度等。

3　临界产量增大倍数

用修正 Dupuit 临界产量公式计算的临界产量是无隔板底水油藏油井的临界产量，用隔板临界产量公式计算的临界产量是带隔板底水油藏油井的临界产量。修正 Dupuit 临界产量公式为[2]

$$q_c = \frac{\pi k \Delta \rho_{wo} g (h_o^2 - h_p^2)}{B_o \mu_o \left(\ln \dfrac{r_e}{r_w} + s \right)} \tag{2}$$

式中　q_c——修正 Dupuit 临界产量，m^3/Ms；

　　　h_p——从油层顶界起算的油井打开厚度，m；

　　　r_w——油井完井半径，m。

在地质条件和射孔条件完全相同的情况下，油井的隔板临界产量随隔板半径的增大而增大，随隔板高度的增大而增大。相对于无隔板底水油藏，带隔板底水油藏油井的临界产量增大倍数为

$$\frac{q_{cb}}{q_c} = \frac{\ln\dfrac{r_e}{r_w} + s}{\ln\dfrac{r_e}{r_b}} \tag{3}$$

由式(2)可以看出，临界产量的增大倍数与隔板的大小有关。在 $r_e = 500m$、$r_w = 0.1m$ 和 $s = 3$ 的情况下，当 $r_b = 10m$ 时，临界产量增大倍数为 3；当 $r_b = 100m$ 时，临界产量增大倍数为 7.2；当 $r_b = 200m$ 时，临界产量增大倍数为 12.6；当 $r_b = 300m$ 时，临界产量增大倍数为 22.5。油井的临界产量因隔板的存在而成倍地增长，这就给提高底水油藏的单井产量提供了理论依据，油藏开发的经济效益也会因此而大幅度提高。

4 应用举例

某油藏油井系统的基本参数如下：$h_o = 17m$，$h_p = 11m$，$k = 0.4D$，$\rho_w = 1.1g/cm^3$，$\rho_o = 0.7g/cm^3$，$\mu_o = 0.5mPa \cdot s$，$r_e = 500m$，$r_b = 300m$，$h_b = 4m$，$r_w = 0.1m$，$s = 3$，$B_o = 1.5$。

把有关参数代入式(2)，得油井的隔板临界产量为 $q_{cb} = 1542m^3/Ms = 133m^3/d$。

把有关参数代入式(3)，得油井的修正 Dupuit 临界产量为 $q_c = 95.8m^3/Ms = 8.3m^3/d$。

计算结果显示，油井的隔板临界产量远远高于油井的修正 Dupuit 临界产量。

该井自投产以来在两年多的时间里一直以 $120m^3/d$ 左右的产量无水生产，由于油井的实际产量低于隔板临界产量，所以油井至今没有见水。

但是，油井的实际产量已远远高于油井的修正 Dupuit 临界产量，说明油井的临界产量不是修正 Dupuit 临界产量，而是隔板临界产量。

5 结论

(1)底水油藏带有隔板，可以有效抑制底水的锥进，推迟油井的见水时间。

(2)带有隔板的油井，其临界产量不再是修正 Dupuit 临界产量，而是隔板临界产量。

(3)隔板临界产量远高于修正 Dupuit 临界产量，这就为提高油井产量进行无水生产提供了保障和理论基础。

参 考 文 献

[1] Hagoort J. Fundamentals of gas reservoir engineering[M]. Elsevier Scientific Publishing Company, Amsterdam, 1988：215 – 222.

[2] 李传亮. 修正 Dupuit 临界产量公式[J]. 石油勘探与开发, 1993, 20(4)：91 – 95.

[3] 李传亮, 程远军, 沙有家. 砂岩底水油藏开采过程中的隔板作用[A]. 塔里木盆地油气勘探论文集, 乌鲁木齐：新疆科技卫生出版社(K), 1992：701 – 706.

带气顶底水油藏油井临界产量计算公式[*]

摘 要：带气顶底水油藏的油井投产后，同时存在气锥和水锥，使油井生产更加困难。为了防止气锥，油井射孔时需要一定的避气高度。为了防止水锥，需要一定的避水高度。因此，油井存在一个最佳的射孔位置，让气锥和水锥同时到达生产井底。本文给出了油井最佳射孔位置的确定方法。在最佳射孔位置条件下，油井存在一个临界产量，在该产量下气锥和水锥同时达到井底但又没有突破。本文给出了带气顶底水油藏油井的临界产量计算公式。

关键词：底水油藏；气顶；油井；临界产量；水锥；最佳射孔位置

0 引言

相对边水油藏来说，底水油藏的开发有一定困难，若油藏带有气顶，开发会更加困难。带气顶底水油藏的油井生产过程中同时产生气锥和水锥。为了防止气锥，油井射孔时需要保留一定的避气高度。为了防止水锥，又需要保留一定的避水高度。因此，油井存在一个最佳的射孔位置。

油井的产量较小时，气锥和水锥的程度都较小，对油井生产不会产生大的影响。产量较大时，气锥和水锥会在井底突破，从而对生产造成严重的影响。因此，油井存在一个既产生锥进但又不影响生产的产量，即所谓的临界产量[1]。对于开采底水油藏的油井，临界产量是一个重要参数，人们想尽早知道油井临界产量的大小，以便确立油井合理的工作制度。油藏工程师常用临界产量来评价底水油藏油井的"质量"，也常用临界产量计算公式来指导底水油藏油井射孔井段的确定[2]。底水油藏油井的水锥、临界产量及射孔原则已有较多的研究，但对气锥和水锥同时存在的油井，其临界产量问题却研究较少。本文针对这一问题进行了研究，提出了同时具有气锥、水锥的油井最佳射孔位置和临界产量的计算公式。

1 最佳射孔位置

带气顶底水油藏的油井射孔投产后，气顶气和底水将在生产压差的作用下向射孔井段锥进(图1)。油井的产量越高，生产压差越大，气顶气和底水的锥进程度也就越大。笔者把气顶气和底水锥进到射孔井段但又没有突破时的油井产量称作油井临界产量。显然，油井存在3个临界产量：底水锥进到射孔井段但没有突破时的油井产量，气顶气锥进到射孔井段但没有突破时的油井产量，气顶气和底水同时锥进到射孔井段但没有突破时的油井产量。油井的临界产量与油井射孔井段的长度及射孔位置有关，射孔井段的位置越低，水锥的临界产量 q_{cw} 就越小，而气锥的临界产量 q_{cg} 就越大。射孔井段的位置越高，气锥的临界产量就越小，而水锥的临界产量就越大。油井的临界产量 $q_c = \min(q_{cw}, q_{cg})$。因而，存在一个能使气锥临

* 该论文的合作者：张厚和

界产量和水锥临界产量相等，即油井的临界产量达到最大值的射孔位置，笔者称此射孔位置为油井最佳射孔位置。下面就最佳射孔位置作理论探讨。

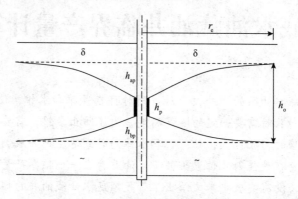

图1 气顶底水油藏锥进图

为了简化数学分析，本文在推导过程中作如下假设：①稳定流动；②油气藏均质，且各向同性；③忽略毛管压力，油、水和气、油的界面明显；④油、气、水的密度和黏度为常数。

在最佳射孔位置条件下，当油井产量达到临界产量（即气顶气和底水同时锥进到井底但没有突破）时，由于已假设忽略毛管压力，此时油水界面和油气界面两侧的油、水相压力和油、气相压力相等（图2），即

$$p_{oA} = p_{gA} = p_A \tag{1}$$

$$p_{oB} = p_{wB} = p_B \tag{2}$$

$$p_{oC} = p_{wC} = p_C \tag{3}$$

$$p_{oD} = p_{gD} = p_D \tag{4}$$

式中　p_{oA}——A 点处油相压力，MPa；

　　　p_{gA}——A 点处气相压力，MPa；

　　　p_A——A 点处压力，MPa；

　　　p_{oB}——B 点处油相压力，MPa；

　　　p_{wB}——B 点处水相压力，MPa；

　　　p_B——B 点处压力，MPa；

　　　p_{oC}——C 点处油相压力，MPa；

　　　p_{wC}——C 点处水相压力，MPa；

　　　p_C——C 点处压力，MPa；

　　　p_{oD}——D 点处油相压力，MPa；

　　　p_{gD}——D 点处气相压力，MPa；

　　　p_D——D 点处压力，MPa。

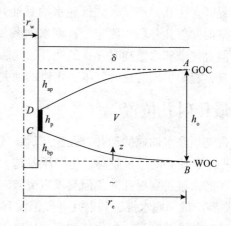

图2 无污染油井临界产量流动形态示意图

A 点位于供给边界 r_e 上的气油界面 GOC 处，B 点位于供给边界上的水油界面 WOC 处，C 点位于完井半径 r_w 上的水油界面处，D 点位于完井半径 r_w 上的气油界面处。

A、B、C、D 各点流体压力之间满足

$$p_A = p_B + \rho_o g h_o \tag{5}$$

$$p_C = p_B - \rho_w g h_{bp} \qquad (6)$$

$$p_D = p_A + \rho_g g h_{ap} \qquad (7)$$

式中 h_o——油层厚度或油柱高度，m；

h_{ap}——避气高度，m；

h_{bp}——避水高度，m；

ρ_o——地层原油密度，g/cm^3；

ρ_g——地层气密度，g/cm^3；

ρ_w——地层水密度，g/cm^3；

g——重力加速度，m/s^2。

p_C 和 p_D 之间满足

$$p_C = p_D + \rho_o g h_p = p_D + \rho_o g(h_o - h_{bp} - h_{ap}) \qquad (8)$$

式中 h_p——射孔厚度，m。

把式(5)~式(7)代入式(8)，整理后得

$$\frac{h_{ap}}{h_{bp}} = \frac{\Delta\rho_{wo}}{\Delta\rho_{og}} \qquad (9)$$

式中 $\Delta\rho_{wo}$——地层条件下的水油密度差，g/cm^3；

$\Delta\rho_{og}$——地层条件下的油气密度差，g/cm^3。

式(9)就是带气顶底水油藏最佳射孔位置的确定公式。由该式可以看出，油井的避气高度与避水高度应满足一定的比例，才能使气顶气和底水的锥进同时达到临界状态，此时油井的临界产量达到最大值。如果油井的射孔位置比由式(2)确定的位置低，则底水容易锥进而率先在井底突破；反之，则气顶气容易锥进而率先突破。这两种情况都不利于油井生产。因此，在对带气顶底水油藏油井进行射孔时应采用式(9)进行最佳射孔位置的优化设计。

2 临界产量公式

在油井最佳射孔位置确定了之后，人们想知道在最佳射孔位置条件下油井的临界产量值有多大，进而指导油井合理产量的确定。下面就存在污染和不存在污染两种情况对油井的临界产量公式进行推导。

2.1 无污染油井

无污染油井气顶气和底水同时锥进到临界状态时的流动形态如图2所示。密度为常数的流体在多孔介质中的流动遵守 Darcy 定律，即[3]

$$V = -\frac{k}{\mu}\nabla\Phi \qquad (10)$$

式中 V——渗流速度，m/ks；

k——地层渗透率，D；

μ——流体黏度，mPa·s；

Φ——流体势，MPa。

渗流过程的连续性方程为

$$\nabla \cdot V = 0 \qquad (11)$$

把式(10)代入式(11)，得

$$\nabla \cdot \nabla \varPhi = \Delta \varPhi = 0 \tag{12}$$

由式(12)可以看出，流体势满足 Laplace 方程。

如果油井以临界产量生产，底水(不流动)的压力为静水压力，则水相势为常数

$$\varPhi_w = p_w + \rho_w g z = 常数 \tag{13}$$

式中　z——从油水界面起算的垂向坐标(图2)，m；

　　p_w——水相压力，MPa；

　　$\varPhi_w$——水相势，MPa。

在高度为 z_{wo} 的油水界面处，有

$$p_o(z_{wo}) = p_w(z_{wo}) = \varPhi_w - \rho_w g z_{wo} \tag{14}$$

式中　z_{wo}——油水界面的高度，m；

　　p_o——油相压力，MPa。

因此，在油水界面上的油相势可以写成

$$\begin{aligned}
\varPhi_o(z_{wo}) &= p_o(z_{wo}) + \rho_o g z_{wo} \\
&= \varPhi_w - \rho_w g z_{wo} + \rho_o g z_{wo} \\
&= \varPhi_w - \Delta \rho_{wo} g z_{wo}
\end{aligned} \tag{15}$$

式中　$\varPhi_o$——油相势，MPa。

在井点处，$r = r_w$、$z_{wo} = h_{bp}$，油相势为

$$\varPhi_o(r_w) = \varPhi_w - \Delta \rho_w g h_{bp} \tag{16}$$

在外边界，$r = r_e$、$z_{wo} = 0$，油相势为

$$\varPhi_o(r_e) = \varPhi_w \tag{17}$$

油井处于临界状态时，气顶气也不流动，其压力为静水压力，气相势为常数，即

$$\begin{aligned}
\varPhi_g &= p_g + \rho_g g z = p_{gA} + \rho_g g h_o = p_{oA} + \rho_g g h_o \\
&= p_{oB} - \rho_o g h_o + \rho_g g h_o = p_{wB} - \Delta \rho_{og} g h_o \\
&= \varPhi_w - \Delta \rho_{og} g h_o = 常数
\end{aligned} \tag{18}$$

式中　$\varPhi_g$——气相势，MPa；

　　p_g——气相压力，MPa。

在高度为 z_{go} 的油气界面处

$$p_o(z_{go}) = p_g(z_{go}) = \varPhi_g - \rho_g g z_{go} \tag{19}$$

式中　z_{go}——油气界面的高度，m。

在油气界面上的油相势

$$\begin{aligned}
\varPhi_o(z_{go}) &= p_o(z_{go}) + \rho_o g z_{go} \\
&= \varPhi_g - \rho_g g z_{go} + \rho_o g z_{go} = \varPhi_g + \Delta \rho_{og} g z_{go} \\
&= \varPhi_w - \Delta \rho_{og} g h_o + \Delta \rho_{og} g z_{go} = \varPhi_w - \Delta \rho_{og} g (h_o - z_{go})
\end{aligned} \tag{20}$$

把第二格林公式应用到原油所占的油藏体积中，如果函数 U 和 W 在 V 和 S 上具有一阶连续偏导数，在 V 内具有连续的所有二阶偏导数，则下式成立[4]

$$\iiint\limits_V (W \Delta U - U \Delta W) \mathrm{d}V = \iint\limits_S \left(W \frac{\partial U}{\partial \boldsymbol{n}} - U \frac{\partial W}{\partial \boldsymbol{n}} \right) \mathrm{d}S \tag{21}$$

式中 S——油藏体积 V 的外表面积；

$\boldsymbol{n}$——表面上的外法线单位向量。

对于本文所研究的问题，函数 U 和 W 可选为

$$U = \boldsymbol{\varPhi}_\mathrm{o} \tag{22}$$

$$W = \ln\frac{r}{r_\mathrm{w}} \tag{23}$$

式中 r——径向距离，m。

两个函数均满足 Laplace 方程，因此式（21）可以化简为

$$\iint_S \left[\left(\ln\frac{r}{r_\mathrm{w}} \right)\frac{\partial \boldsymbol{\varPhi}_\mathrm{o}}{\partial \boldsymbol{n}} - \boldsymbol{\varPhi}_\mathrm{o}\frac{\partial}{\partial \boldsymbol{n}}\ln\frac{r}{r_\mathrm{w}} \right]\mathrm{d}S = 0 \tag{24}$$

表面 S 由径向对称的元素组成，即 BA、BC、CD 和 DA。在这些边界上，积分项可以转化。

沿 AB 线（图 2）

$$\ln\frac{r}{r_\mathrm{w}} = \ln\frac{r_\mathrm{e}}{r_\mathrm{w}} \tag{25}$$

$$\frac{\partial \boldsymbol{\varPhi}_\mathrm{o}}{\partial \boldsymbol{n}} = \frac{q_\mathrm{c}\mu_\mathrm{o}}{2\pi k h_\mathrm{o} r_\mathrm{e}} \tag{26}$$

$$\frac{\partial}{\partial \boldsymbol{n}}\ln\frac{r}{r_\mathrm{w}} = \frac{\partial}{\partial r}\ln\frac{r}{r_\mathrm{w}} = \frac{1}{r_\mathrm{e}} \tag{27}$$

$$\mathrm{d}S = 2\pi r_\mathrm{e}\mathrm{d}z \tag{28}$$

式中 μ_o——地层原油黏度，mPa·s；

q_c——油井临界产量（地下），m^3/Ms。

沿 BC 线（图 3）

$$\frac{\partial \boldsymbol{\varPhi}_\mathrm{o}}{\partial \boldsymbol{n}} = 0\ （流线） \tag{29}$$

$$\frac{\partial}{\partial \boldsymbol{n}}\ln\frac{r}{r_\mathrm{w}} = \boldsymbol{n}\cdot\nabla\left(\ln\frac{r}{r_\mathrm{w}} \right) = \frac{-\sin\alpha}{r} \tag{30}$$

$$\mathrm{d}S = 2\pi r\mathrm{d}l = \frac{2\pi r\mathrm{d}z}{\sin\alpha} \tag{31}$$

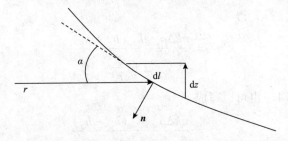

图 3　油水界面表面面元

沿 CD 线(图2)

$$\ln \frac{r}{r_{\mathrm{w}}} = 0 \tag{32}$$

$$\frac{\partial}{\partial \boldsymbol{n}} \ln \frac{r}{r_{\mathrm{w}}} = -\frac{\partial}{\partial r} \ln \frac{r}{r_{\mathrm{w}}} = -\frac{1}{r_{\mathrm{w}}} \tag{33}$$

$$\mathrm{d}S = 2\pi r_{\mathrm{w}} \mathrm{d}z \tag{34}$$

沿 DA 线(图4)

$$\frac{\partial \Phi_{\mathrm{o}}}{\partial \boldsymbol{n}} = 0 \,(\text{流线}) \tag{35}$$

$$\frac{\partial}{\partial \boldsymbol{n}} \ln \frac{r}{r_{\mathrm{w}}} = \boldsymbol{n} \cdot \nabla \left(\ln \frac{r}{r_{\mathrm{w}}} \right) = \frac{-\sin\beta}{r} \tag{36}$$

$$\mathrm{d}S = 2\pi r \mathrm{d}l = \frac{2\pi r \mathrm{d}z}{\sin\beta} \tag{37}$$

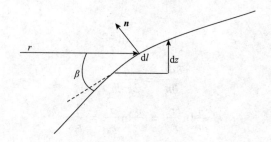

图4　油气界面表面面元

把式(25)~式(37)代入式(24),得

$$\frac{q_{\mathrm{o}}\mu_{\mathrm{o}}}{2\pi k} \ln \frac{r_{\mathrm{e}}}{r_{\mathrm{w}}} = \int_0^{h_{\mathrm{o}}} \Phi_{\mathrm{o}}(r_{\mathrm{e}}) \mathrm{d}z - \int_0^{h_{\mathrm{bp}}} \Phi_{\mathrm{o}}(z_{\mathrm{wo}}) \mathrm{d}z - \int_{h_{\mathrm{bp}}}^{h_{\mathrm{o}}-h_{\mathrm{ap}}} \Phi_{\mathrm{o}}(r_{\mathrm{w}}) \mathrm{d}z - \int_{h_{\mathrm{o}}-h_{\mathrm{ap}}}^{h_{\mathrm{o}}} \Phi_{\mathrm{o}}(z_{\mathrm{go}}) \mathrm{d}z \tag{38}$$

把边界条件式(16)和式(17)代入式(38),得

$$\frac{q_{\mathrm{o}}\mu_{\mathrm{o}}}{2\pi k} \ln \frac{r_{\mathrm{e}}}{r_{\mathrm{w}}} = \frac{1}{2}\Delta\rho_{\mathrm{wo}}g(h_{\mathrm{bp}}^2 + 2h_{\mathrm{bp}}h_{\mathrm{p}}) + \frac{1}{2}\Delta\rho_{\mathrm{og}}gh_{\mathrm{ap}}^2 \tag{39}$$

由式(9)得

$$h_{\mathrm{ap}}\Delta\rho_{\mathrm{og}} = h_{\mathrm{bp}}\Delta\rho_{\mathrm{wo}} \tag{40}$$

把式(40)代入式(39),得

$$q_{\mathrm{c}} = \frac{\pi k \Delta\rho_{\mathrm{wo}}gh_{\mathrm{bp}}(h_{\mathrm{o}} + h_{\mathrm{p}})}{\mu_{\mathrm{o}} \ln \dfrac{r_{\mathrm{e}}}{r_{\mathrm{w}}}} \tag{41}$$

根据式(40),式(41)也可以写成

$$q_{\mathrm{c}} = \frac{\pi k \Delta\rho_{\mathrm{og}}gh_{\mathrm{ap}}(h_{\mathrm{o}} + h_{\mathrm{p}})}{\mu_{\mathrm{o}} \ln \dfrac{r_{\mathrm{e}}}{r_{\mathrm{w}}}} \tag{42}$$

由于

$$h_{\mathrm{ap}} + h_{\mathrm{bp}} = h_{\mathrm{o}} - h_{\mathrm{p}} \tag{43}$$

和

$$h_{bp} = \frac{\Delta\rho_{og}}{\Delta\rho_{wg}}(h_o - h_p) \tag{44}$$

式中 $\Delta\rho_{wg}$——地层条件下的水气密度差，g/cm^3。

把式(44)代入式(41)，得完整形式的油井临界产量公式

$$q_c = \frac{\pi k \Delta\rho_{wo} \Delta\rho_{og} g (h_o^2 - h_p^2)}{\Delta\rho_{wg} \mu_o \ln\dfrac{r_e}{r_w}} \tag{45}$$

2.2 有污染油井

对于存在污染的情况，可在油井附近划出一个污染带(图5)，污染带的半径为 r_s，污染带的渗透率为 k_s。在污染带半径 r_s 处，式(9)可以写成

$$\frac{h_{as}}{h_{bs}} = \frac{\Delta\rho_{wo}}{\Delta\rho_{og}} \tag{46}$$

式中 h_{as}——r_s 处的气锥高度，m；
     h_{bs}——r_s 处的水锥高度，m。

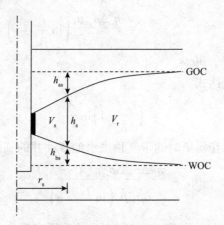

图5 有污染油井临界产量流动形态示意图

由于在污染带半径 r_s 处函数 Φ_o 没有连续的二阶偏导数，因此不能在原油所占的整个油藏体积 V 上应用第二格林公式。但在污染带内原油所占的油藏体积 V_s 和在未污染带内原油所占的油藏体积 V_r 中，Φ_o 分别有连续的二阶偏导数，因此在 V_s 和 V_r 上均可应用第二格林公式。

显然，对未污染带 V_r 应用第二格林公式，得

$$q_c = \frac{\pi k \Delta\rho_{wo} \Delta\rho_{og} g (h_o^2 - h_s^2)}{\Delta\rho_{wg} \mu_o \ln\dfrac{r_e}{r_s}} \tag{47}$$

式中 r_s——污染带半径，m；
     h_s——r_s 处的油柱高度，m。

对污染带 V_s 应用第二格林公式，得

$$q_c = \frac{\pi k_s \Delta\rho_{wo}\Delta\rho_{og}g(h_s^2 - h_p^2)}{\Delta\rho_{wg}\mu_o \ln\frac{r_s}{r_w}} \tag{48}$$

式中　k_s——污染带渗透率，D。

把式(47)和式(48)分别写成

$$\pi\Delta\rho_{wo}\Delta\rho_{og}g(h_o^2 - h_s^2) = \frac{q_c\Delta\rho_{wg}\mu_o}{k}\ln\frac{r_e}{r_s} \tag{49}$$

$$\pi\Delta\rho_{wo}\Delta\rho_{og}g(h_s^2 - h_p^2) = \frac{q_c\Delta\rho_{wg}\mu_o}{k_s}\ln\frac{r_s}{r_w} \tag{50}$$

式(49)与式(50)相加，得

$$\begin{aligned}
\pi\Delta\rho_{wo}\Delta\rho_{og}g(h_o^2 - h_p^2) &= \frac{q_c\Delta\rho_{wg}\mu_o}{k}\left(\ln\frac{r_e}{r_s} + \frac{k}{k_s}\ln\frac{r_s}{r_w}\right) \\
&= \frac{q_c\Delta\rho_{wg}\mu_o}{k}\left[\ln\frac{r_e}{r_w} + \left(\frac{k}{k_s} - 1\right)\ln\frac{r_s}{r_w}\right] \\
&= \frac{q_c\Delta\rho_{wg}\mu_o}{k}\left(\ln\frac{r_e}{r_w} + s\right)
\end{aligned} \tag{51}$$

式中　s——油井的表皮因子，dless。

式(51)中表皮因子的表达式为

$$s = \left(\frac{k}{k_s} - 1\right)\ln\frac{r_s}{r_w} \tag{52}$$

于是，由式(51)得到存在污染时的带气顶底水油藏油井的临界产量计算公式为

$$q_c = \frac{\pi k\Delta\rho_{wo}\Delta\rho_{og}g(h_o^2 - h_p^2)}{\Delta\rho_{wg}\mu_o\left(\ln\frac{r_e}{r_w} + s\right)} \tag{53}$$

引入地层原油的体积系数，得用地面体积表示的临界产量公式为

$$q_c = \frac{\pi k\Delta\rho_{wo}\Delta\rho_{og}g(h_o^2 - h_p^2)}{B_o\Delta\rho_{wg}\mu_o\left(\ln\frac{r_e}{r_w} + s\right)} \tag{54}$$

式中　B_o——地层原油的体积系数，dless。

3　计算举例

某油藏油井系统的有关参数为：$h_o = 13\text{m}$，$h_p = 3\text{m}$，$k = 0.4\text{D}$，$\rho_w = 1.1\text{g/cm}^3$，$\rho_o = 0.7667\text{g/cm}^3$，$\rho_g = 0.2897\text{g/cm}^3$，$\mu_o = 0.5\text{mPa·s}$，$r_e = 500\text{m}$，$r_w = 0.1\text{m}$，$B_o = 1.6$，$s = 2$。

该井点处有14m的气顶，并带有11m厚的底水，把有关参数代入式(9)，得最佳射孔位置为：$h_{bp} = 5.9\text{m}$，$h_{ap} = 4.1\text{m}$。把有关参数代入式(54)，得：$q_c = 3.97\text{m}^3/\text{d}$。

如果射孔井段 $h_p = 5\text{m}$，则 $h_{bp} = 4.71\text{m}$，$h_{ap} = 3.29\text{m}$，$q_c = 3.57\text{m}^3/\text{d}$。显然，射孔井段越长，油井的临界产量就越小。

4 结论

(1)带气顶底水油藏油井的射孔井段存在一个最佳位置，本文给出了最佳位置的设计公式。

(2)带气顶底水油藏的油井在最佳射孔位置情况下存在一个临界产量，本文给出了临界产量计算公式。

参 考 文 献

[1] Hagoort J. Fundamentals of gas reservoir engineering[M]. Elsevier Scientific Publishing Company，Amsterdam，1988：215 – 222.

[2] 李传亮. 修正 Dupuit 临界产量公式[J]. 石油勘探与开发，1993，20(4)：91 – 95.

[3] 葛家理. 油气层渗流力学[M]. 北京：石油工业出版社，1982：22 – 24.

[4] 南京工学院. 数学物理方程与特殊函数[M]. 第二版，北京：高等教育出版社，1982.

带隔板底水油藏油井见水时间预测公式

摘　要： 开采底水油藏的油井容易见水，而且见水对油井的生产产生重要的影响，通过理论公式预测油井的见水时间对油井的生产管理十分有利。对于没有隔板的底水油藏，油井见水比较早。如果油藏带有隔板，则油井的见水时间会大幅度推迟。经过理论研究，给出了带隔板底水油藏油井的见水时间预测公式。

关键词： 底水油藏；隔板；油井；见水；预测

0　引言

油井的临界产量[1,2]和见水时间是底水油藏开发过程中的两大核心问题。如果利用有关的理论，在油井见水之前就能够准确预测见水时间，无论对油井本身，还是对整个油藏的管理工作都有着十分重要的指导意义。知道了油井的见水时间，就可以更合理地制定油藏的开发方案，并合理安排油井的日常管理工作，如油井取样、水处理设施建设和防水堵水作业等。

人们已经提出了纯底水型油藏油井的见水时间预测公式，本文主要研究带隔板底水油藏油井的见水时间预测问题，并给出理论计算公式，以期对生产管理有所帮助。

1　无隔板底水油藏

如果油藏中没有隔板，则底水直接向井底锥进（图1）。由于 a 点离井底的距离最近，因此，底水从 a 点流动到 b 点的时间就是油井的见水时间。底水锥进的距离为油井射孔的避水高度，即 $h_o - h_p$。根据渗流力学的理论，可以得出底水锥进的真实速度为[3]

$$v = \frac{\mathrm{d}z}{\mathrm{d}t} = \frac{\alpha k \Delta p}{\phi \mu_w (h_o - h_p)} \tag{1}$$

式中　v——水锥真实速度，m/ks；

　　　z——底水锥进的垂向高度，m；

　　　t——油井生产时间，ks；

　　　k——地层的水平渗透率，D；

　　　Δp——油井的生产压差，MPa；

　　　ϕ——储集层岩石孔隙度，f；

　　　μ_w——地层水的黏度，mPa·s；

　　　h_o——油柱高度，m；

　　　h_p——油井射孔厚度（从油层顶部起算），m；

　　　α——地层的垂向渗透率系数，dless。

垂向渗透率系数定义为地层垂向渗透率与水平渗透率的比值，即

$$\alpha = \frac{k_v}{k} \tag{2}$$

式中 k_v——地层的垂向渗透率，D。

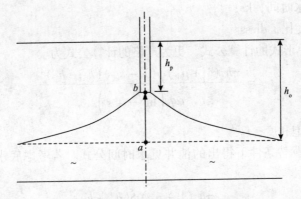

图1　无隔板油藏底水锥进示意图

对式(1)进行积分，得底水锥进到井底所需的时间，即油井的见水时间为

$$t_{bt} = \frac{h_o - h_p}{v} = \frac{\phi\mu_w(h_o - h_p)^2}{\alpha k \Delta p} \tag{3}$$

稳定生产时的油井产量公式为

$$q_o = \frac{2\pi k h_o \Delta p}{\mu_o\left(\ln\dfrac{r_e}{r_w} + s_t\right)} \tag{4}$$

$$s_t = s_p + \frac{s}{b} \tag{5}$$

$$s = \left(\frac{k}{k_s} - 1\right)\ln\frac{r_s}{r_w} \tag{6}$$

$$s_p = \left(\frac{1}{b} - 1\right)\left(\ln\frac{h_o}{r_w\sqrt{\alpha}} - 2.0\right) \tag{7}$$

式中 q_o——油井产量(地下)，m^3/ks；

　　s_t——油井的总表皮因子，dless；

　　s——油井的机械表皮因子，dless；

　　s_p——油井的打开不完善表皮因子，dless；

　　r_e——油井泄油半径，m；

　　r_w——油井完井半径，m；

　　b——油井的打开程度，dless。

油井的打开程度用下式定义

$$b = \frac{h_p}{h_o} \tag{8}$$

由式(4)求出生产压差，然后代入式(3)，得无隔板底水油藏油井的见水时间公式

$$t_{bt} = \frac{2\pi h_o \mu_R \phi (h_o - h_p)^2}{\alpha q_o \left(\ln \dfrac{r_e}{r_w} + s_t \right)} \tag{9}$$

式中　t_{bt}——油井见水时间，ks；

　　　μ_R——水油黏度比，dless。

式(9)是一个简单形式的计算公式，更为严格的计算公式为

$$t_{bt} = \frac{\pi h_o (1 + \mu_R) \phi (1 - s_{wc}) (h_o - h_p)^2}{\alpha q_o \left(\ln \dfrac{r_e}{r_w} + s_t \right)} \tag{10}$$

式中　s_{wc}——束缚水饱和度，f。

式(10)是在活塞驱替条件下得出的油井见水时间公式。若考虑底水的非活塞驱替，式(10)可以写成

$$t_{bt} = \frac{\pi h_o (1 + \mu_R) \phi (h_o - h_p)^2}{\alpha q_o f'_{wf} \left(\ln \dfrac{r_e}{r_w} + s_t \right)} \tag{11}$$

式中　f'_{wf}——水驱前缘分流率的导数，由分流率曲线确定。

由式(11)可以看出，油井的产量越高，油井的避水高度越小，油井见水就越早。

2　带隔板底水油藏

对于带有不渗透隔板的底水油藏来说，底水锥进的路径发生了根本性的改变。底水首先锥进到隔板的边缘，然后绕过隔板，再沿着径向距离继续向井底推进(图2)。底水在井底突破的时间由两部分组成：从 a 点锥进到 b 点的时间 t_{ab} 和从 b 点推进到 c 点的时间 t_{bc}，即

$$t_b = t_{ab} + t_{bc} \tag{12}$$

式中　t_b——带隔板油井的见水时间，ks。

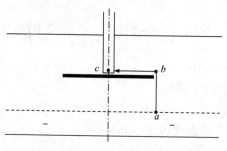

图2　带不渗透隔板油藏底水锥进路径图

根据式(9)，很容易得出 t_{ab} 的计算公式

$$t_{ab} = \frac{2\pi h_o \mu_R \phi h_b^2}{\alpha q_o \ln \dfrac{r_e}{r_b}} \tag{13}$$

式中　r_b——隔板半径，m；

　　　h_b——隔板高度(从油水界面起算)，m。

地层水从 b 点向 c 点的流动为平面径向流，流动的径向距离为隔板的半径 r_b，径向流动的真实速度为

$$v = \frac{q_o}{2\pi r(h_o - h_b)\phi} = \frac{dr}{dt} \qquad (14)$$

式中　r——径向距离，m。

对式(14)进行积分

$$\int_0^{t_{bc}} dt = \frac{\pi(h_o - h_b)\phi}{q_o} \int_{r_b}^{r_w} 2r dr \qquad (15)$$

积分的结果为

$$t_{bc} = \frac{\pi(h_o - h_b)\phi}{q_o}(r_b^2 - r_w^2) \approx \frac{\pi(h_o - h_b)\phi r_b^2}{q_o} \qquad (16)$$

把式(13)和式(16)代入式(12)，得油井的见水时间公式

$$t_b = \frac{2\pi h_o \mu_R \phi}{\alpha q_o}\left[\frac{h_b^2}{\ln\dfrac{r_e}{r_b}} + \frac{(1-b)\alpha r_b^2}{\mu_R}\right] \qquad (17)$$

式(17)是一个简单形式的计算公式，更为严格的计算公式为

$$t_b = \frac{\pi h_o(1 + \mu_R)\phi(1 - s_{wc})}{\alpha q_o}\left[\frac{h_b^2}{\ln\dfrac{r_e}{r_b}} + \frac{(1-b)\alpha r_b^2}{1 + \mu_R}\right] \qquad (18)$$

若考虑水的非活塞驱替，式(18)则可以写成

$$t_b = \frac{\pi h_o(1 + \mu_R)\phi}{\alpha q_o f_{wf}'}\left[\frac{h_b^2}{\ln\dfrac{r_e}{r_b}} + \frac{(1-b)\alpha r_b^2}{1 + \mu_R}\right] \qquad (19)$$

3　应用举例

塔里木盆地带隔板底水油藏的一口油井基本参数为：$h_o = 17\text{m}$，$h_b = 4\text{m}$，$h_p = 12\text{m}$，$r_e = 500\text{m}$，$r_b = 200\text{m}$，$r_w = 0.1\text{m}$，$k = 0.4\text{D}$，$\phi = 0.17$，$\alpha = 0.5$，$\mu_R = 0.5$，$s_t = 2$。油井的地下产量为 $q_o = 232\text{m}^3/\text{d}$。

把有关参数代入式(9)，得无隔板油井的见水时间为 $t_{bt} = 0.19\text{d}$。

把有关参数代入式(17)，得带隔板油井的见水时间为 $t_b = 922\text{d} \approx 2.5\text{a}$。实际上该井生产了 2 年多才见水。

由计算结果可以看出，油井因为带有隔板而大幅度推迟了见水时间，油井也因此多采了很多的原油。

4　结论

本文给出了带隔板底水油藏油井的见水时间计算公式，该公式可以用来预测油井的见水时间，给油井生产管理提供参考。

参 考 文 献

[1] Hagoort J. Fundamentals of gas reservoir engineering[M]. Elsevier Scientific Publishing Company, Amsterdam, 1988: 215 – 222.

[2] 李传亮. 修正 Dupuit 临界产量公式[J]. 石油勘探与开发, 1993, 20(4): 91 – 95.

[3] 葛家理. 油气层渗流力学[M]. 北京: 石油工业出版社, 1982: 22 – 24.

带隔板底水油藏油井射孔井段的确定方法

摘　要：研究了带隔板底水油藏油井的射孔井段确定问题，提出了最佳射开程度的确定方法。在底水油藏存在的诸多隔板中，凡是临界产量高、油井产量也高的隔板予以保护和利用；临界产量高、油井产量低或临界产量低、油井产量高的隔板可以射开。按照隔板分布进行射孔的油井不仅产量高，而且见水时间大大延迟。带有隔板的底水油藏，不仅具有天然能量相对充足的优点，同时也克服了无隔板底水油藏无水采油期短的缺点。

关键词：底水油藏；临界产量；射孔井段；隔板

0　引言

底水油藏开发过程中的水锥使油井过早见水，并严重影响油井的正常生产。油井见水是因为油井的产量超过了油井的临界产量所致。所谓临界产量是底水刚刚锥进到井底时的油井产量[1,2]。对于特定的油藏，油井的临界产量与油井射孔井段的大小（或油层的射开程度）有关。射开程度越大，油井的临界产量就越小。

为了抑制底水锥进，有两条措施可以采用：第一，控制油层射开程度，增大油井临界产量；第二，控制油井产量，降低水锥高度。用常规的理论公式确定的油井临界产量通常很小，因此这两条措施的实用性很差。如果按临界产量安排油井的生产，油井产量常常因为太低而不具有经济效益。因此，底水油藏油井的射孔井段一般不按照临界产量进行设置，而是根据油田开发的经验加以确定。

如果油藏带有隔板（如油藏中的一些不渗透夹层），情况则完全不同。油井的临界产量会因为隔板的存在而大幅度提高[3]，即使油井的产量超过了油井的临界产量，也会因为隔板的存在而使油井的见水时间大大延迟[4]。隔板对底水锥进起到很好的抑制作用，在仔细研究底水油藏中存在的天然隔板分布之后，按照隔板的性质进行射孔，对提高油井产量、延长无水采油期是一个很好的保证。

1　无隔板底水油藏

对于无隔板底水油藏的油井（图1）来说，油层的射开程度 b 越小，或者说油井射孔井段的避水高度越大，油井的临界产量 q_c 就越大；另一方面，油井的射开程度越小，油井的产量 q_o 就会越低。因此，从技术上考虑，油井存在一个最佳的射开程度。在该射开程度下，油井的产量与油井的临界产量相等。油井产量曲线和油井临界产量曲线的交点横坐标，即为无隔板底水油藏油井的最佳射开程度 b_{opt}[5]。

图1中无隔板底水油藏油井的临界产量计算公式为[1,2]

$$q_c = \frac{\pi k \Delta\rho_{wo} g \left(h_o^2 - h_p^2 \right)}{B_o \mu_o \left(\ln \dfrac{r_e}{r_w} + s \right)} \qquad (1)$$

式中 q_c——油井临界产量，m^3/Ms；

   k——地层渗透率，D；

   $\Delta\rho_{wo}$——地层水油密度差，g/cm^3；

   g——重力加速度，m/s^2；

   h_o——油柱高度，m；

   h_p——射孔厚度（从油层顶部起算），m；

   B_o——地层原油体积系数，dless；

   μ_o——地层原油黏度，$mPa·s$；

   r_e——油井泄油半径，m；

   r_w——油井完井半径，m；

   s——油井表皮因子，dless。

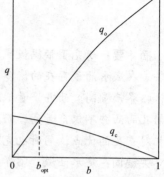

图1 无隔板底水油藏油井
最佳射开程度确定图

油井的射开厚度与油柱高度的比值为油层的打开程度，即

$$b = \frac{h_p}{h_o} \qquad (2)$$

式中 b——油层打开程度，dless。

图2为油井射开厚度与油柱高度示意图。

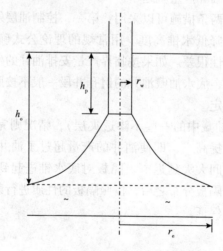

图2 底水油藏油井参数图

用图1方法确定的射开程度通常较小，因而油井的产量也较小。因此，底水油藏油井的射开程度通常都不是根据图1中的方法，而是根据油田开发经验加以确定：裂缝性碳酸盐岩底水油藏的射开程度一般为油层厚度顶部的 1/3～1/2；砂岩底水油藏的射开程度一般为油层厚度顶部的 1/2～2/3。

2 带隔板底水油藏

对于隔板比较发育的底水油藏，油井应根据隔板的分布进行射孔。通常情况下，油藏中的天然隔板往往不止一个，因此，首先应把每个隔板的临界产量都计算出来，然后再与产量曲线进行对比。凡是临界产量较高、同时又能使油井产量较高的隔板都可考虑给予保护和利用，其他的隔板可以射开。

图 3 是带隔板底水油藏油井的射开程度确定方法图。如果不考虑隔板的存在，则油井的射开程度较小，油井的产量也较小。但是，油井剖面上存在着 3 个隔板，位置最高的隔板 1 的临界产量 q_{cb1} 最高。如果按隔板 1 对油井进行射孔，油井的射开程度最小，油井的产量也最小。虽然油井生产不会见水，但开发效益较低。位置最低的隔板 3 其临界产量 q_{cb3} 最小，如果按隔板 3 对油井进行射孔，则油井的射开程度最大，油井的产量也最高。由于油井产量远高于临界产量，油井生产很快就会见水。隔板 2 的临界产量 q_{cb2} 与油井产量十分接近，它既能保证油井有较高的临界产量，又能保证油井有较高的产量，因此油井应按照隔板 2 的位置进行射孔。

图 3 中带隔板底水油藏油井的隔板临界产量计算公式为[3]

$$q_{cb} = \frac{\pi k \Delta \rho_{wo} g (2h_o h_b - h_b^2)}{B_o \mu_o \ln \dfrac{r_e}{r_b}} \tag{3}$$

式中　q_{cb}——油井的隔板临界产量，m^3/Ms；

　　　h_b——隔板高度（从油水界面算起），m；

　　　r_b——隔板半径，m。

图 4 为油井的隔板参数示意图。

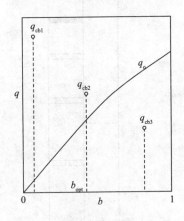

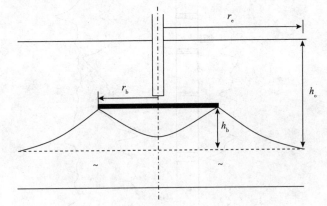

图 3　带隔板底水油藏油井　　　　　　　图 4　带隔板油藏油井的底水锥进图
　　　　射开程度确定图

3　应用举例

图 5 为一油井的测井曲线及解释成果图，从图中曲线可以解释出砂岩储层厚度 40m，上部 17m 为油层，下部 23m 为水层，是典型的底水油藏。

如果无视隔板的存在，按经验数据射开油层厚度的 2/3，即顶部 12m 油层，则根据式（1）计算的油井临界产量 $q_c = 6.0 m^3/d$。若按临界产量安排油井的生产，则因产量太低而不能带来经济效益。

经过精细解释之后，储层砂岩层段共分布 6 个隔板（图 5），其中 1、5 和 6 号隔板为钙质隔板，2、3 和 4 号隔板为泥质隔板。油层段内分布着 3 个隔板，对油井生产将产生重要影响。水层段的 3 个隔板对油井的生产不会产生太直接的作用。

经过综合研究，1 号隔板的临界产量 $q_{cb1} = 224.7 m^3/d$；2 号隔板的临界产量 $q_{cb2} = 176.95 m^3/d$；3 号隔板的临界产量 $q_{cb3} = 112.45 m^3/d$。

由计算结果可以看出，带隔板油井的临界产量比无隔板油井的临界产量要高得多，因此，油井可以以更高的产量生产。

从测井曲线可以看出，1 号隔板上面的物性较差，恐日后的油井产量太低，因此 1 号隔板不宜保留；3 号隔板位置略显偏低，隔板高度只有 4m，投产后容易见水；因此，应按照 2 号隔板对油井进行射孔。

但实际射孔时，人们对隔板理论还一无所知，就按照经验法则射开了 2 号隔板，无意识地保留了 3 号隔板。油井射孔后，一直以 6mm 油嘴 140～150t/d 左右的产量生产，且生产 2.5 年才开始产水(图 6)。

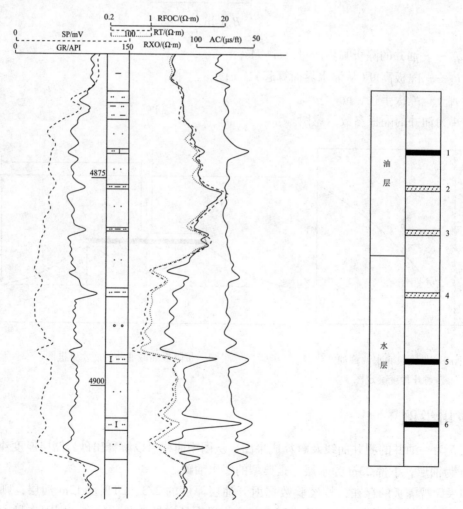

图 5 油井测井曲线及解释成果图

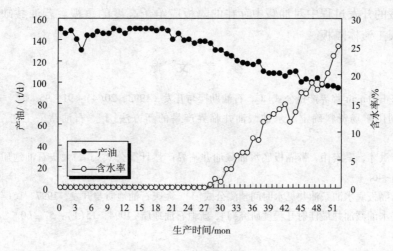

图6　油井生产曲线

该井所在油藏的生产曲线如图7所示，油藏衰竭式开采7年多，采出程度高达23%，而地层压力仅下降2.8MPa左右，说明油藏天然能量十分充足。油藏的综合含水还不到20%，仍处于中低含水阶段，说明油藏开采过程中隔板对水锥起到了很好的抑制作用。

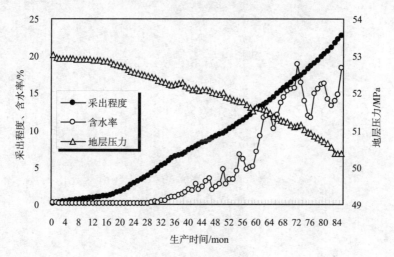

图7　油藏生产曲线

4　结论

本文给出了带隔板底水油藏油井最佳射开井段的确定方法：在隔板较为发育的底水油藏中，隔板临界产量和油井产量都较高的隔板应予以保护和利用，隔板临界产量低而油井产量高或隔板临界产量高而油井产量低的隔板可以射开。

油井产水不仅大量消耗地下能量，同时也会降低油井的举升能力而影响油井生产。因此，底水油藏的一个重要开发原则，就是通过优化射孔井段，防止底水锥进和减少油井产水。

底水油藏具有天然能量相对充足的优点，但有见水早、无水采油期短的缺点；带隔板的底水油藏，克服了见水早、无水采油期短的缺点，同时还拥有天然能量相对充足的优点。

底水油藏的开发过程中对油藏中存在的隔板应给予高度的重视。若油藏缺乏天然隔板，应考虑设置人工流体隔板。

参 考 文 献

[1]李传亮. 修正 Dupuit 临界产量公式[J]. 石油勘探与开发，1993，20(4)：91－95.

[2]李传亮. 利用矿场资料确定底水油藏油井临界产量的新方法[J]. 石油钻采工艺，1993，15(5)：59－62.

[3]李传亮，宋洪才，秦宏伟. 带隔板底水油藏油井临界产量计算公式[J]. 大庆石油地质与开发，1993，12(4)：43－46.

[4]李传亮. 带隔板底水油藏油井见水时间预测公式[J]. 大庆石油地质与开发，1997，16(4)：49－50.

[5]李传亮. 底水油藏油井最佳射开程度研究[J]. 新疆石油地质.1994，15(1)：57－60.

底水油藏的压锥效果分析*

摘　要： 底水锥进是影响底水油藏开发效果的重要因素。底水锥进常常使油井过早见水、含水上升迅速、产量递减加快。关井压锥是人们常常想到的抑制底水锥进的方法之一，但压锥效果并不理想。从理论上分析了压锥效果差的原因，底水锥进的动力为油井的生产压差，水锥动力强，水锥速度快，而压锥的动力为地层的水油重力差，压锥动力弱，压锥速度慢。本文还通过数值模拟方法对压锥效果进行了研究，模拟结果显示，压锥后油井的含水快速升高至压锥前的水平，油井产量虽略有提高，但与压锥期间油井关井损失的产量相比，仍然得不偿失。建议矿场上不要采用关井压锥的方法来克服底水锥进带来的不利影响。

关键词： 油藏；底水；锥进；生产；含水

0　引言

底水油藏开发面临的最大问题就是底水的锥进，底水锥进使油井过早见水、产油量骤减和含水快速上升，并导致水处理费用增加和开发成本升高。为提高油藏的开发效益，人们想出了很多办法来克服底水锥进带来的负面影响。第一个办法就是降低油井的产量：让油井以较低的产量水平生产，进而降低底水的锥进动力，这样虽会起到些微的作用，但因产量较低，会影响油藏的开发收益，因此，矿场上一般不愿意采用这种办法。第二个办法就是关井压锥：让油井先以较高的产量水平生产，油井生产一定时间之后必定见水，然后关井压锥，关井一定时间之后重新开井生产。关井压锥的思想非常朴素，开发底水油藏时人们一般都会想到，但实施压锥后的效果一般都不理想。不仅关井期间会影响油井的产油量，开井后油井含水又会快速升高至关井压锥前的水平。本文试图从机理分析和数值模拟两个方面，对关井压锥的效果做一探讨。

1　机理分析

为防止底水锥进，开采底水油藏的油井，射孔井段一般位于含油层段的顶部，底部留有一定的避水高度(图1)。油井投产之后，底水在生产压差的作用下不断向上锥进。底水从油水界面锥进到井底的时间，即油井的见水时间可以用下式计算

$$t_{bt} = \frac{\phi \mu_w (h_o - h_p)^2}{\alpha k \Delta p} \tag{1}$$

式中　t_{bt}——油井见水时间，ks；

　　　ϕ——油层孔隙度，f；

　　　μ_w——地层水黏度，mPa·s；

＊　该论文的合作者：杨学锋

h_o——油柱高度，m；

h_p——射开厚度（从油层顶界算起），m；

α——垂向渗透率系数，即油层垂向渗透率与水平渗透率的比值，dless；

k——油层渗透率，D；

Δp——油井生产压差，MPa。

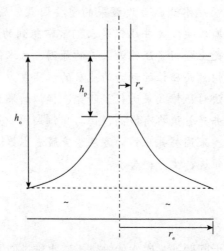

图1 底水油藏油井底水锥进图

若用油井的产量表示，式（1）也可以写成[1]：

$$t_{bt} = \frac{2\pi h_o \mu_R \phi (h_o - h_p)^2}{\alpha q_o \left(\ln \dfrac{r_e}{r_w} + s_t \right)} \qquad (2)$$

式中　q_o——油井产量（地下），m^3/ks；

μ_R——地层水油黏度比，dless；

r_e——油井泄油半径，m；

r_w——油井完井半径，m；

s_t——表皮因子，dless。

由式（2）可以看出，油井的产量越高，油井的生产压差就越大，底水锥进的动力就越强，油井见水就越早。若用较低的产量生产，油井会推迟见水，但开发收益会有所降低。

若生产过程中，对油井进行关井压锥，则油井的压锥动力为地层的水油重力差，即为 $\Delta\rho_{wo} g (h_o - h_p)$。底水从井底回落到油水界面所需的时间，可以用下式计算

$$t_{cd} = \frac{\phi \mu_w (h_o - h_p)}{\alpha k \Delta\rho_{wo} g} \qquad (3)$$

若油井的含油高度为50m，射开厚度为20m，油井产量为100m^3/d，地层水黏度为0.5mPa·s，地层原油黏度为1mPa·s，地层水平渗透率为0.1D，垂向渗透率系数为0.3，油井泄油半径为500m，油井完井半径为0.1m，油井的表皮因子为3，储层岩石的孔隙度为0.15，地层原油密度为0.6g/cm^3，地层水密度为1.0g/cm^3。则由式（2）计算的油井见水时间大约为30d，由式（3）计算的油井压锥时间为221d。计算结果显示，因锥进压差大，锥进动

力强，底水锥进的时间非常短暂。可是，油井的压锥压差小，压锥动力弱，压锥过程需要较长的时间。若重新开井，底水又会快速锥进至井底。

2 数模研究

前面仅从静态的角度研究了底水的锥进问题，为了研究锥进的动态过程，下面通过数值模拟方法对单井锥进过程进行分析。单井的地质模型如图 1 所示，油层含油高度 50m，底水高度 70m，油层打开厚度 20m，避水高度 30m。油藏垂向网格划分 12 个，径向网格按等比数列划分 50 个。

图 2 为油井生产 4a 后关井压锥前后的生产曲线。曲线显示，油井关井前的产量为 $37.46m^3/d$，含水率为 62.57%。关井 1 个月进行压锥，重新开井后油井含水快速上升，仅 15d 的时间就接近关井前的含水率水平；关井后的油井产量比关井前略有提高，刚开井时的油井产量为 $42.25m^3/d$，但随后随着含水的升高而递减。开井后两个月的生产时间内共增产 $145m^3$ 原油。表面上看来，似乎压锥产生了效果。但实际上，油井压锥期间因关井一共少生产了 $1124m^3$ 原油，油井压锥得不偿失。

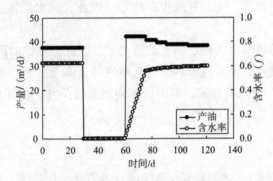

图 2　关井 1 月压锥生产曲线

图 3 为油井生产 4a 后关井 3 个月的压锥月度生产曲线，图 4 为油井生产 4a 后关井 5 个月的压锥月度生产曲线。曲线显示，油井初投产时见水早、含水上升迅速，产量递减也比较快，这是底水油藏的共同特点。关井压锥后的生产动态十分类似，含水上升快，产量略有提高，但很快就恢复到压锥前的水平。整体上看来，压锥效果并不理想，而且还因关井少生产了大量原油。

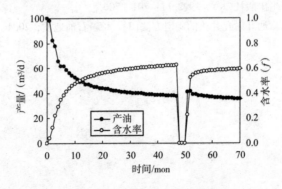

图 3　关井 3 月压锥生产曲线

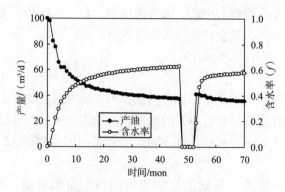

图 4　关井 5 月压锥生产曲线

建议今后开发底水油藏时，尽量不要使用关井压锥的办法来抑制底水锥进给油井生产带来的不利影响。若要开发好底水油藏，应在隔板理论的指导下对油井进行科学的管理[2~7]。

3　结论

（1）底水锥进的动力较强，为油井的生产压差，因此，底水的锥进速度较快，油井见水较早。

（2）油井压锥的动力较弱，为地层的水油重力差，因此，水锥的回落速度较慢。

（3）数值模拟结果显示，油井压锥后的含水率快速升高至压锥前的水平，压锥的效果不明显，虽然压锥后油井产量略有提高，但因压锥期间需要关井，油井少生产了很多原油，基本上得不偿失。

参 考 文 献

[1]李传亮. 带隔板底水油藏油井见水时间预测公式[J]. 大庆石油地质与开发，1997，16(4)：49－50.

[2]李传亮. 底水油藏油井最佳射开程度研究[J]. 新疆石油地质. 1994，15(1)：57－60.

[3]李传亮. 修正 Dupuit 临界产量公式[J]. 石油勘探与开发，1993，20(4)：91－95.

[4]李传亮. 利用矿场资料确定底水油藏油井临界产量的新方法[J]. 石油钻采工艺，1993，15(5)：59－62.

[5]李传亮，宋洪才，秦宏伟. 带隔板底水油藏油井临界产量计算公式[J]. 大庆石油地质与开发，1993，12(4)：43－46.

[6]李传亮，程远军，沙有家. 砂岩底水油藏开采过程中的隔板作用[J].《塔里木盆地油气勘探论文集》，乌鲁木齐：新疆科技卫生出版社(K)，1992.11：701－706.

[7]李传亮. 带隔板底水油藏油井射孔井段的确定方法[J]. 新疆石油地质，2004，25(2)：199－201.

底水油藏不适合采用水平井

摘 要： 为了更好地采用水平井开发地层原油，本文分析了水平井对底水油藏的不适应性。分析认为，水平井对水锥的抑制效果有限，水平井的极限采收率低于直井，水平井的增产措施难以实施，裂缝会加快水锥，因此，水平井并不适合底水油藏的开发。水平井适合于薄层、低渗和稠油等直井产能较低的边水油藏。若采用水平井开发底水油藏，必须把水平井打在油层的顶部。

关键词： 油藏；水平井；底水；锥进；边水

0 引言

相对于边水油藏来说，底水油藏因见水早、含水上升快而变得十分难以开采[1]。人们想出了很多旨在改善底水油藏开发效果的措施和办法，水平井技术就是其中之一[2,3]。但实践表明，水平井并不适合底水油藏。

1 抑制水锥效果有限

人们采用水平井开采底水油藏，是想抑制底水的锥进。因为水平井的生产压差 Δp 比直井略小，底水锥进的动力小，可以把底水压住。实际上，这种想法过于朴素。真正能够抑制水锥的动力是水油重力差 Δp_{wo}，生产压差是底水锥进的动力。

抑制水锥的动力为

$$\Delta p_{wo} = (\rho_w - \rho_o)gh_w \qquad (1)$$

式中 Δp_{wo}——压锥动力压差，MPa；

ρ_w——地层水的密度，g/cm^3；

ρ_o——地层原油的密度，g/cm^3；

g——重力加速度，m/s^2；

h_w——水平井的避水高度，即水平井离油水界面的位置(图1)，m。

底水锥进的动力为

$$\Delta p = p_e - p_{wf} \qquad (2)$$

式中 Δp——水锥动力压差，即生产压差，MPa；

p_e——油藏外边界压力，MPa；

p_{wf}——井底流压，MPa。

由于水油重力差与生产压差存在数量级的差别，即使采用了水平井，生产压差依然远大于水油重力差，即 $\Delta p \gg p_{wo}$，底水锥进仍难以避免。

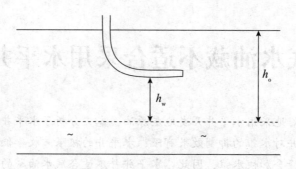

图1　水平井开采底水油藏

2　最终采收率低下

采用水平井开采底水油藏，因生产井段较直井长，油井的初期产能会大幅度提高，水平井的产量一般是直井产量的3~5倍。但是，油藏的采收率却没有因水平井的采用而有所提高。由于底水中蕴藏着丰富的天然能力，因此，底水油藏一般采用天然能量开采，油藏的驱动方式主要为垂向驱动(图2)。底水驱替的上限为水平井所在的平面位置，水平井上方的地层原油无法被驱替而成为剩余油，油藏的极限采收率为水平井下面的原油数量占整个油层地质储量的百分数。由于储集层通常为正韵律地层，即顶部物性差、底部物性好，因此，人们在部署水平井时，一般不会将其部署在油层的顶部，部署在顶部存在一定的钻探风险和产能风险；因底水锥进的原因，人们也不会把水平井部署在油层的底部。如果把水平井部署在油柱高度一半的位置，则油藏的极限采收率为50%，实际采收率比50%还要低。油井的位置越低，极限采收率就越低。

但是，如果用直井开采底水油藏，情况就完全不同，底水可以垂向驱替到油层的顶部，极限采收率可以达到100%(图3)。

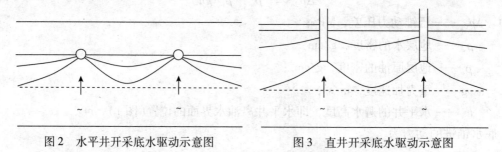

图2　水平井开采底水驱动示意图　　　　图3　直井开采底水驱动示意图

3　开发措施难以实施

众所周知，水平井完井后再进行作业十分困难，许多增产措施都难以实施或实施成本太高。水平井的最大特点就是：初期产量高，后期作业难。与水平井相比，直井在进行增产作业方面有较大的优势。直井可以在隔板理论[1,4~13]的指导下通过优化射孔改善油井的生产状况(图4)，也可以在隔板理论的指导下进行各种人工堵水作业(图5)。

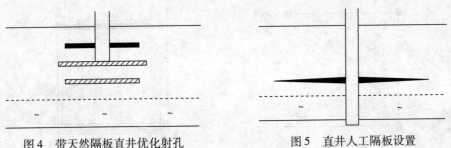

图 4　带天然隔板直井优化射孔　　　　　图 5　直井人工隔板设置

4　裂缝性底水油藏更不宜采用

如果底水油藏带有天然裂缝(图 6),采用水平井开采不仅不能抑制底水的锥进,反而会加快底水的锥进。油井投产后,很快就会被水淹而成为停趟井。

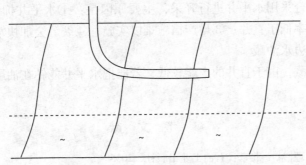

图 6　天然裂缝底水油藏水平井开采

5　边水油藏适合采用水平井

从上面的分析不难看出,底水油藏并不适合采用水平井进行开发。因而,边水油藏就成了水平井的主要开采对象。当然,并不是所有的边水油藏都适合采用水平井,只有薄层、低渗和稠油油藏,即直井产能较低的边水油藏才能显示出水平井的优势。如果边水油藏中存在天然裂缝,水平井连通裂缝的概率增大,会增强水平井的优势(图 7)。如果采用直井,则可能因钻遇裂缝的概率偏小而成为低产井。

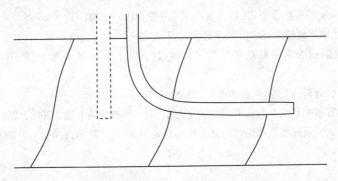

图 7　天然裂缝边水油藏水平井开采

如果采用水平井进行人工注水开发(图 8),因水平驱动致使波及面积的大幅度提高,采收率及开采效果也会随之大幅度提高。

（a）直井低波及

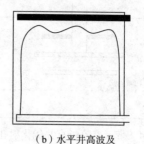

（b）水平井高波及

○注水井　●采油井

图8　水平井与直井波及状况对比

6　结论

底水油藏并不适合采用水平井进行开采，主要原因是：①水平井抑制水锥的效果有限；②水平井的极限采收率低于直井；③增产措施难以实施；④裂缝会加快水锥。水平井适合于薄层、低渗和稠油等边水油藏。

对于薄层底水油藏，由于直井的产能较低，若能把水平井能钻在油层的顶部，则可以考虑采用水平井技术。

参　考　文　献

[1]李传亮.油藏工程原理[M].北京：石油工业出版社，2005.

[2]万仁溥.水平井开采技术[M].北京：石油工业出版社，1995.

[3]万仁溥.中国不同类型油藏水平井开采技术[M].北京：石油工业出版社：1997.

[4]李传亮.底水油藏油井最佳打开程度研究[J].新疆石油地质，1994，15（1）：57－60.

[5]李传亮，宋洪才，秦宏伟.带隔板底水油藏油井临界产量计算公式[J].大庆石油地质与开发，1993，12（4）：43－46.

[6]李传亮.利用矿场资料确定底水油藏油井临界产量的新方法[J].石油钻采工艺，1993，15（5）：59－62.

[7]李传亮，张厚和.带气顶底水油藏油井临界产量计算公式[J].中国海上油气（地质），1993，7（5）：47－54.

[8]李传亮.修正 Dupuit 临界产量公式[J]石油勘探与开发，1993，20（4）：91－95.

[9]李传亮.带隔板底水油藏油井见水时间预报公式[J].大庆石油地质与开发，1997，16（4）：49－50.

[10]李传亮.半渗透隔板底水油藏油井见水时间预报公式[J].大庆石油地质与开发，2001，20（4）：32－33.

[11]李传亮.水锥形状分析[J].新疆石油地质，2002，23（1）：74－75.

[12]李传亮.带隔板底水油藏油井射孔井段的确定方法[J].新疆石油地质，2004，25（2）：199－201.

[13]李传亮，靳海湖.气顶底水油藏最佳射孔井段的确定方法[J].新疆石油地质，2006，27（1）：94－95.

多相渗流的数学模型研究

摘　要： 不互溶流体的渗流数学模型需要很多参数才能求解，相渗曲线和毛管压力曲线都是求解的基础参数。根据研究发现，实测相渗曲线与毛管压力曲线之间存在相关关系，不能作为独立参数加以应用。现用数学模型存在重复使用实测相渗曲线和毛管压力曲线的缺陷，需要加以改进。为了克服现用模型存在的不足，本文对现用模型进行了改进，提出了两个新的渗流数学模型。

关键词： 多相渗流；数学模型；数值模拟；相渗曲线；毛管压力曲线

0　引言

地下流体在多孔介质中的渗流数学模型是油藏数值模拟、试井分析等油藏工程方法的基础。油藏工程所使用的描述多相不互溶流体在多孔介质中同时流动的数学模型在很久以前就已经建立了。该模型使许多油藏工程方法从理论到实践都得到了很大的发展，尤其是建立于其上的数值模拟技术已日臻完善并在油田开发中起着越来越重要的作用。本文以两相不互溶流体在多孔介质中的同时流动为例，对数学模型进行研究，指出现用数学模型存在的问题，并给出更为合理的新模型。

1　现用模型简介

渗流数学模型包括基本流动方程和定解条件。基本流动方程是数学模型的核心，本文主要研究基本流动方程而不涉及模型的定解条件。

描述两相不互溶流体在多孔介质中同时流动的基本流动方程由两个偏微分方程和两个辅助方程组成。以油水两相渗流为例，渗流基本方程为[1~3]

$$\begin{cases} \nabla \cdot \left[\dfrac{kk_{ro}}{\mu_o}(\nabla p_o - \rho_o g \nabla D) \right] = \dfrac{\partial}{\partial t}\left(\dfrac{\phi s_o}{B_o} \right) + \overline{q}_o \\[2ex] \nabla \cdot \left[\dfrac{kk_{rw}}{\mu_w}(\nabla p_w - \rho_w g \nabla D) \right] = \dfrac{\partial}{\partial t}\left(\dfrac{\phi s_w}{B_w} \right) + \overline{q}_w \\[2ex] p_c = p_o - p_w \\[1ex] s_w + s_o = 1 \end{cases} \tag{1}$$

式中　k——地层渗透率，D；

ϕ——地层孔隙度，f；

k_{ro}——油相相对渗透率，f；

k_{rw}——水相相对渗透率，f；

p_o——油相压力，MPa；

p_w——水相压力，MPa；

ρ_o——油相密度，g/cm³；

ρ_w——水相密度，g/cm³；

g——重力加速度，m/s²；

D——深度，km；

s_o——油相饱和度，f；

s_w——水相饱和度，f；

B_o——油相体积系数，dless；

B_w——水相体积系数，dless；

μ_o——油相黏度，mPa·s；

μ_w——水相黏度，mPa·s；

p_c——毛管压力，MPa；

t——生产时间，ks；

$\bar{q}_o$——单位岩石体积的产油量（注入为负），m³/(ks·m³)；

$\bar{q}_w$——单位岩石体积的产水量（注入为负），m³/(ks·m³)。

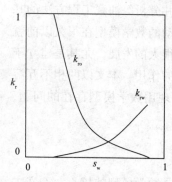

图 1　实测相对渗透率曲线

模型(1)有 4 个未知数(s_o、s_w、p_o、p_w)，并且由 4 个方程构成，因而是一个有解问题。方程虽然有解，但难以实现解析求解。因此，通常用数值方法求解该模型。

模型(1)中的系数可以是常数，也可以是变量，所有系数均由实验或经验方法确定。

地下流体可以是牛顿流体，也可以是非牛顿流体，μ_o 和 μ_w 可以是常数，也可以是随剪切速率变化的变量。

ϕ、B_o 和 B_w 随压力而变化，p_c 随流体饱和度 s_w 而变化(毛管压力曲线)。

相对渗透率曲线(相渗曲线)如图 1 所示，k_{ro} 和 k_{rw} 是流体饱和度 s_w 的函数。

2　相渗曲线的测定

相渗曲线是由如图 2 所示的实验测得的。当两种不互溶流体以一定比例同时流过岩心并达到稳定后，在岩心两端建立了压差，然后测量岩心中的流体饱和度，并用下面的公式计算出相对渗透率

$$
\begin{cases}
k_{ro} = \dfrac{q_o \mu_o \Delta L}{Ak\Delta p} \\[2mm]
k_{rw} = \dfrac{q_w \mu_w \Delta L}{Ak\Delta p}
\end{cases}
\tag{2}
$$

式中　q_o——油相流量，m³/ks；

　　　q_w——水相流量，m³/ks；

　　　A——岩心横截面积，m²；

　　　ΔL——岩心长度，m；

Δp——岩心两端压差，MPa。

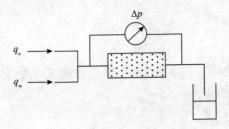

图 2　相对渗透率测量装置

与式（2）对应的 Darcy 方程为

$$\begin{cases} q_o = \dfrac{Akk_{ro}\Delta p}{\mu_o \Delta L} \\[3mm] q_w = \dfrac{Akk_{rw}\Delta p}{\mu_w \Delta L} \end{cases} \qquad (3)$$

如果改变 q_o 和 q_w 流过岩心的比例，则 Δp、s_w 以及 k_{ro} 和 k_{rw} 都将相应地发生变化，于是就得到了如图 1 所示的相渗曲线。

3　现用模型存在的问题

渗流数学模型（1）的建立，源于下面形式的 Darcy 方程

$$\begin{cases} q_o = -\dfrac{Akk_{ro}}{\mu_o}(\nabla p_o - \rho_o g \nabla D) \\[3mm] q_w = -\dfrac{Akk_{rw}}{\mu_w}(\nabla p_w - \rho_w g \nabla D) \end{cases} \qquad (4)$$

方程（4）与方程（3）的主要区别在于：方程（3）中使用了总压差 Δp，而方程（4）中则使用了相压差 Δp_o 和 Δp_w，即使用了相压力梯度 ∇p_o 和 ∇p_w。对于同一个流动，用式（3）和式（4）计算的流量完全不同，实际上同一个流动不可能有两个水相流量和两个油相流量。方程（3）中包括了毛管压力的效应，即图 1 中的相渗曲线已反映了毛管压力的作用。而方程（4）中却没有包括毛管压力，因而它所使用的相渗曲线也不应该是图 1 所示的曲线。如果把方程（3）中的毛管压力效应去除，即采用下面形式的 Darcy 方程计算实测的相渗曲线

$$\begin{cases} q_o = \dfrac{Akk_{ro}\Delta p_o}{\mu_o \Delta L} \\[3mm] q_w = \dfrac{Akk_{rw}\Delta p_w}{\mu_w \Delta L} \end{cases} \qquad (5)$$

则所得到的相渗曲线为如图 3 所示的对角直线。实际上，实验室很难测到相压差 Δp_o 和 Δp_w，因而图 3 也只是理论分析曲线。对于毛管压力可忽略不计的缝洞介质和超低界面张力的情况，实测相渗曲线的形态接近如图 3 所示的情形。

有研究表明[4]，毛管压力曲线与实测相渗曲线不是相互独立

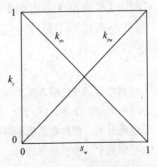

图 3　理论相对渗透率曲线

的，可以用数学方法将他们相互转化。因此实测相渗曲线与毛管压力曲线不能同时引入同一个数学模型。

4　新模型

鉴于现用模型错误地使用了相渗曲线和毛管压力曲线，因而提出了下面两个新的数学模型，以克服现用模型的不足。

4.1　数学模型 I

模型 I 为下面的方程(6)，该模型使用了总压差和实测相渗曲线，没有使用毛管压力曲线。

$$
\begin{cases}
\nabla \cdot \left[\dfrac{kk_{ro}}{\mu_o}(\nabla p - \rho_o g \nabla D) \right] = \dfrac{\partial}{\partial t}\left(\dfrac{\phi s_o}{B_o}\right) + \overline{q}_o \\[2ex]
\nabla \cdot \left[\dfrac{kk_{rw}}{\mu_w}(\nabla p - \rho_w g \nabla D) \right] = \dfrac{\partial}{\partial t}\left(\dfrac{\phi s_w}{B_w}\right) + \overline{q}_w \\[2ex]
s_w + s_o = 1
\end{cases}
\tag{6}
$$

4.1　数学模型 II

模型 II 为下面的方程(7)，该模型使用了相压差和理论相渗曲线以及毛管压力曲线。

$$
\begin{cases}
\nabla \cdot \left[\dfrac{kk_{ro}}{\mu_o}(\nabla p_o - \rho_o g \nabla D) \right] = \dfrac{\partial}{\partial t}\left(\dfrac{\phi s_o}{B_o}\right) + \overline{q}_o \\[2ex]
\nabla \cdot \left[\dfrac{kk_{rw}}{\mu_w}(\nabla p_w - \rho_w g \nabla D) \right] = \dfrac{\partial}{\partial t}\left(\dfrac{\phi s_w}{B_w}\right) + \overline{q}_w \\[2ex]
p_c = p_o - p_w \\[1ex]
s_w + s_o = 1
\end{cases}
\tag{7}
$$

5　结束语

本文通过理论分析提出了两个新的两相不互溶流体在多孔介质中的渗流数学模型，新模型比现用模型更合理。虽然新模型与现用模型在形式上差别不大，但可以肯定，新模型对油藏工程计算尤其是数值模拟计算将产生很大的影响。事实上，在许多数值模拟计算中都已经使用过新模型 I，并得到了令人满意的结果，但该模型尚待从理论上确认它的合理性。新模型 II 与新模型 I 是完全等价的，只是在形式上稍有不同。

参　考　文　献

[1]葛家理.油气层渗流力学[M].北京：石油工业出版社，1982.

[2]秦同洛，李璗，陈元千.实用油藏工程方法[M].北京：石油工业出版社，1989.

[3]陈月明.油藏数值模拟基础[M].山东东营：中国石油大学出版社，1989.

[4]何更生.油层物理[M].北京：石油工业出版社，1994.

油藏水侵量计算的简易新方法

摘　要：本文根据油藏物质平衡理论，提出了两种计算水侵量的简易方法：亏空体积曲线法和生产指示曲线法。新方法应用油藏生产动态数据资料，即可计算出油藏的水侵量大小，不需要对水体形态和大小做任何猜测，因而消除了传统方法的繁琐试算和水侵量计算过程中的不确定性。方法简便，而且实用。

关键词：油藏；水体；水侵量；物质平衡

0　引言

几乎所有的油藏都与一定大小的水体相连，采油过程中的水侵作用是不可避免的。有些油藏的水体十分活跃，采油过程中的水侵作用显得较强；而有些油藏的水体则不太活跃，采油过程中的水侵作用就显得较弱。水侵作用十分微弱的油藏，其生产动态呈现出封闭性油藏的特征。水侵作用较强的油藏，水侵量对生产动态产生较大的影响。封闭性油藏的开采动态相对简单，而活跃边底水驱动油藏的开采动态则较为复杂。研究边底水驱动油藏的生产动态，首先就要研究水侵量的大小，并据此判断水侵作用程度的强弱。

水侵量的计算是一项十分复杂的工作，一般都采用 van Everdingen 和 Hurst 提出的水侵量计算方法[1~3]。用他们的方法计算水侵量首先要对水体形态和大小进行一定的猜测，然后进行试算，计算过程繁琐而又带有明显的不确定性。实际上，水体形态和大小是很难确定的，而且它们也随着开采动态的变化而变化。针对这种情形，本文介绍两种新的计算水侵量的简易方法。新方法仅仅通过油藏生产动态数据，就可计算油藏的水侵量数据，而不需要猜测水体的形态和大小。

1　亏空体积曲线法

水压驱动未饱和油藏的物质平衡方程可以表示成[4,5]

$$N_p B_o = N B_{oi} c_{eff} \Delta p + W_e + W_{inj} B_w - W_p B_w \tag{1}$$

式中　N_p——油藏累产油量，m^3；

　　　N——油藏动态地质储量，m^3；

　　　B_o——地层原油的体积系数，dless；

　　　B_{oi}——原始条件下地层原油的体积系数，dless；

　　　B_w——地层水的体积系数，dless；

　　　W_e——水侵量，m^3；

　　　W_{inj}——累计注水量，m^3；

　　　W_p——累产水量，m^3；

Δp——油藏压降，$\Delta p = p_i - p$，MPa；

p_i——油藏原始地层压力，MPa；

p——油藏目前地层压力，MPa；

c_{eff}——油藏有效压缩系数，MPa^{-1}。

有效压缩系数用下式计算

$$c_{eff} = \frac{s_o c_o + s_w c_w + c_p}{s_o} \tag{2}$$

式中 s_o——地层原油饱和度，f；

s_w——地层水饱和度，f；

c_o——地层原油的压缩系数，MPa^{-1}；

c_w——地层水的压缩系数，MPa^{-1}；

c_p——岩石（孔隙）的压缩系数，MPa^{-1}。

方程（1）中有动态地质储量 N 和水侵量 W_e 两个未知数，其余均为已知量或可测量。一个方程有两个未知参数，用常规方法难以求解，必须采用特殊的方法方可求解。把式（1）改写成

$$N_p B_o + W_p B_w - W_{inj} B_w = N B_{oi} c_{eff} \Delta p + W_e \tag{3}$$

由式（3）可以看出，$N_p B_o + W_p B_w$ 为油藏累产液量（油和水）的地下体积，而 $W_{inj} B_w$ 为油藏累注水量的地下体积，二者之差为净采出体积，即所谓的油藏亏空体积。油藏亏空体积是一个可计算量，用亏空体积表示式（3），则变为

$$V_v = N B_{oi} c_{eff} \Delta p + W_e \tag{4}$$

式中 V_v——油藏亏空体积，m^3。

把方程（4）绘制于图1，则得到所谓的油藏亏空体积变化曲线（图中实线）。

在油藏开采初期，压降较小，边底水还来不及侵入油藏，油藏为弹性驱动，因此式（4）可以写成弹性驱动阶段的亏空体积

$$V_{ve} = N B_{oi} c_{eff} \Delta p \tag{5}$$

式中 V_{ve}——弹性驱动阶段的亏空体积，m^3。

式（5）表明，弹性驱动的亏空体积曲线为一直线，即图1中虚线。

式（4）与式（5）相减，即得到油藏的水侵量计算公式

$$W_e = V_v - V_{ve} \tag{6}$$

式（6）表明，油藏水侵量可以用图1中实线与虚线的水平差值进行计算。

2 生产指示曲线法

把物质平衡方程式（1）改写成

$$N_p B_o = N B_{oi} c_{eff} \Delta p + W \tag{7}$$

W 由下式计算

$$W = W_e + W_{inj} B_w - W_p B_w \tag{8}$$

式（8）中的 $W_e + W_{inj} B_w$ 为油藏外来水量，$W_p B_w$ 为油藏产出水量，二者之差为净外来水量，本文称之为油藏存水量。油藏存水量一部分来自边底水，另一部分来自注入水。

把式(7)绘制于图2,即得到所谓的油藏生产指示曲线(图中实线)。油藏生产指示曲线是笔者在文献[6]中提出的概念,它是油藏累产油量与油藏压降之间的关系曲线。

油藏开采初期以弹性驱动为主,油藏存水量为0,此时式(7)可以写成

$$N_p B_o = N B_{oi} c_{eff} \Delta p \tag{9}$$

式(9)表明,弹性驱动的油藏生产指示曲线为一直线,即图2中虚线。图2中实线与虚线的水平差值为油藏存水量 W。由油藏存水量可进一步计算出油藏的水侵量

$$W_e = W + W_p B_w - W_{inj} B_w \tag{10}$$

3　计算举例

某油藏生产数据列于表1,由生产数据计算的油藏亏空体积也列于表1。由表中数据绘制的油藏亏空体积曲线为图1,油藏生产指示曲线为图2。由指示曲线计算的油藏存水量也列于表1。用二种方法计算的水侵量数据完全相同,见表1。

表1　油藏生产数据和水侵量计算数据表

时间/ a	$W_p B_w$/ $10^4 m^3$	$N_p B_o$/ $10^4 m^3$	$W_{inj} B_w$/ $10^4 m^3$	Δp/ MPa	V_v/ $10^4 m^3$	V_{ve}/ $10^4 m^3$	W/ $10^4 m^3$	W_e/ $10^4 m^3$
1	0.00	4.88	0.00	0.10	4.88	4.88	0	0
2	0.00	20.40	0.00	0.70	20.40	20.40	0	0
3	0.00	48.75	0.00	1.90	48.75	48.75	0	0
4	0.00	106.34	0.00	3.30	106.34	95.65	10.69	10.69
5	0.00	172.90	0.00	4.10	172.90	118.70	54.20	54.20
6	0.00	250.90	0.00	4.80	250.90	138.88	112.02	112.02
7	0.70	335.40	6.77	4.50	329.33	130.23	205.17	199.10
8	1.40	418.60	42.27	4.80	377.73	138.88	279.72	238.85
9	3.60	501.80	74.17	4.00	431.23	115.82	385.98	315.41
10	8.10	575.90	104.77	3.80	479.23	110.06	465.84	369.17
11	15.70	639.60	130.27	3.50	525.03	101.41	538.19	423.62
12	24.70	691.60	165.67	2.60	550.63	75.48	616.12	475.15

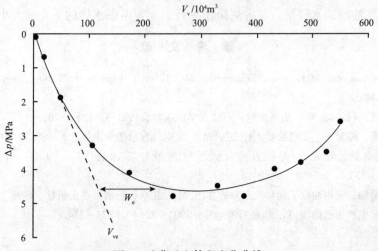

图1　油藏亏空体积变化曲线

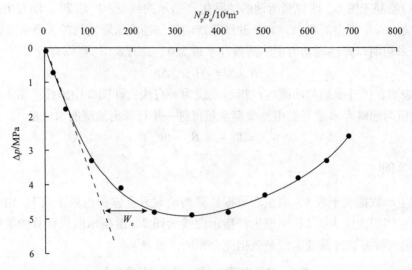

图 2　油藏生产指示曲线

由以上计算可以看出，油藏的水侵量可以从油藏生产指示曲线或亏空体积曲线上直接计算得到，而不需要考虑水体的形态和大小，充分反映了物质平衡理论的"储罐模型"和零维特性。

实际上，在油藏生产管理过程中，水体的形态和大小并不重要，人们最关心的是水侵量的大小及其对油藏生产动态的影响。要完全弄清楚水体的形态和大小是一件极其困难的事，因而用传统方法计算的水侵量其可靠程度也是可想而知的。传统方法理论上可行，实际操作却较为困难。但是，用生产指示曲线法和亏空体积曲线法计算的水侵量其精度与生产数据资料的可靠程度完全一致。与其花费大量精力去猜测和试算与油藏生产动态关系不大的水体形态和大小，还不如准确地确定出油藏的水侵量数值。

4　结论

本文根据油藏物质平衡理论，提出了计算油藏水侵量的两种简易方法：亏空体积曲线法和生产指示曲线法。新方法应用油藏生产动态数据，绘制出油藏的亏空体积曲线和生产指示曲线，进而计算油藏的水侵量。新方法简便易行，无须考虑水体的形态和大小。

参 考 文 献

[1] Dake L P. Fundamentals of Reservoir Engineering[M]. Elsevier Scientific Publishing Company, Amsterdam, 1978：302 - 340.

[2] 郎兆新. 油藏工程基础[M]. 山东东营：石油大学出版社，1991.3：153 - 170.

[3] 秦同洛，李璩，陈元千. 实用油藏工程方法[M]. 北京：石油工业出版社，1989.7：99 - 124.

[4] 杨通佑，范尚炯，陈元千 等. 石油及天然气储量计算方法[M]. 北京：石油工业出版社，1990.4：108 - 131.

[5] 黄炳光，刘蜀知. 实用油藏工程与动态分析方法[M]. 北京：石油工业出版社，1998.9：103 - 124.

[6] 李传亮. 油藏生产指示曲线[J]. 新疆石油地质，2001，22(4)：333 - 334.

异常高压气藏开发上的错误认识

摘 要：异常高压气藏与正常压力气藏没有本质的区别，只是压力稍高而已。所有气藏的生产指示曲线都会向下弯曲，并非只有异常高压气藏才向下弯曲。异常高压气藏的生产指示曲线是一条光滑的曲线，而非折线形式。异常高压气藏的岩石压缩系数并非很高，而是与常规气藏一样，取很低的数值。异常高压气藏的岩石压缩系数与气藏埋藏深度无关，而与孔隙度和骨架硬度有关。

关键词：气藏；异常高压；生产指示曲线；拟压力；岩石压缩系数；气藏工程

0 引言

异常高压气藏是指气藏压力高于静水压力，并且压力系数大于 1.2 的气藏。异常高压气藏与正常压力气藏并没有本质的区别，只是压力稍高而已，它们之间也没有绝对的界限，1.2 的压力系数只是人为的界定，并没有特别的物理意义。因此，异常高压气藏与正常压力气藏，在开发特征上也不应该存在本质的区别，只是产能稍有不同而已。然而，在过去相当长的时间内，人们把异常高压气藏特殊化了，并总结出了完全不同于正常压力气藏的开发特征，即正常压力气藏的生产指示曲线为直线，而异常高压气藏的生产指示曲线为下弯折线（图 1）。压力系数为 1.21 的异常高压气藏与压力系数为 1.19 的正常压力气藏，真的有如此大的差别么？它们会遵守不同的开发理论吗？若异常高压气藏的生产指示曲线为下弯折线，异常低压气藏的生产指示曲线又是什么样子呢？现在看来，这是开发上的错误认识，需要尽早予以纠正，以便更好地指导气藏的开发工作。

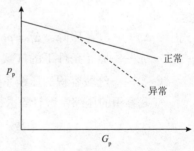

图 1　正常压力和异常高压气藏生产指示曲线对比

笔者在文献[1]中把气藏分成了定容气藏、封闭气藏和水驱气藏三大类。这种分类也是相对的，不是绝对的。事实上，绝对的定容气藏和封闭气藏都是不存在的，所有气藏都与一定的水体相连，都是水驱气藏。若水驱气藏的水体不活跃，则可以将其视为封闭气藏。若忽略气藏容积的压缩性，则可以将封闭气藏近一步简化为定容气藏。

1 定容气藏

定容气藏的物质平衡方程为[1,2]

$$p_p = p_{pi}\left(1 - \frac{G_p}{G}\right) \tag{1}$$

式中　G_p——气藏的累产气量，m^3；

　　　G——气藏的动态地质储量，m^3；

p_p——气藏的拟压力，MPa；

p_{pi}——原始条件下的气藏拟压力，MPa。

气藏拟压力的定义式为

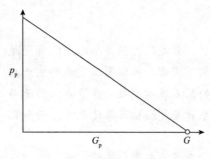

图2　定容气藏生产指示曲线

$$p_p = \frac{p}{Z} \tag{2}$$

式中　p——气藏压力，MPa；

　　　Z——气体的偏差因子，dless。

根据式（1）绘制的气藏生产指示曲线如图2所示，即气藏的拟压力与气藏的累产气量之间为一条直线。

式（1）的推导并未涉及气藏的压力状态，也就是说，不管气藏是正常压力，还是异常压力，只要是定容气藏，就满足方程（1），其生产指示曲线就是图2中的直线。

2　封闭气藏

封闭气藏的物质平衡方程为[1,2]

$$p_F = p_{Fi}\left(1 - \frac{G_p}{G}\right) \tag{3}$$

式中　p_F——气藏的 F 压力，MPa；

　　　p_{Fi}——原始条件下的气藏 F 压力，MPa。

F 压力的计算公式为

$$p_F = \frac{p}{Z}(1 - c_c \Delta p) \tag{4}$$

式中　Δp——气藏压降，$\Delta p = p_i - p$，MPa；

　　　p_i——原始条件下的气藏压力，MPa；

　　　c_c——气藏容积的压缩系数，MPa^{-1}。

气藏容积的压缩系数计算公式为

$$c_c = \frac{c_p + s_{wc} c_w}{1 - s_{wc}} \tag{5}$$

式中　c_p——岩石（孔隙）的压缩系数，MPa^{-1}；

　　　c_w——地层水的压缩系数，MPa^{-1}；

　　　s_{wc}——气藏的束缚水饱和度，f。

由式（5）可以看出，气藏容积的压缩系数为一常数，因此，由式（3）绘制的气藏 F 压力与气藏累计采气量之间的关系曲线为一直线，该直线为封闭气藏的生产指示曲线（图3虚线）。

式（3）的推导也未涉及气藏的压力状态，因而它既适合于正常压力气藏，也适合于异常高压气藏。

由于 F 压力不够直观，因此，气藏的生产管理中，人们通常不绘制图3中的 F 压力曲线，而直接绘制气藏

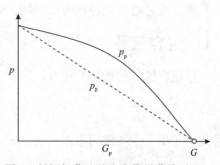

图3　封闭气藏两种生产指示曲线对比

的拟压力曲线。把式(3)写成拟压力的形式

$$p_p(1 - c_c\Delta p) = p_{pi}\left(1 - \frac{G_p}{G}\right) \tag{6}$$

由式(6)绘制的气藏拟压力曲线如图3中的实线所示。

由图3可以看出，封闭气藏的拟压力曲线与F压力曲线是完全不同的，但在两个端点却是重合的。由于气藏的拟压力大于气藏的F压力，因而拟压力曲线在F压力曲线的上方。也就是说，封闭气藏的F压力是一条直线，而拟压力则是一条下凹型的曲线。由式(3)和式(6)可以得出拟压力与F压力的差值，即拟压力曲线与F压力曲线的垂向距离为

$$\Delta p_F = \frac{p}{Z}c_c(p_i - p) \tag{7}$$

由式(7)可以看出，在产气量较小即地层压降较小时，两压力的差值也较小；随产气量的增大，地层的压降也增大，两压力的差值也逐渐增大，大约在地层压力下降到原始地层压力的一半即 $p = p_i/2$ 时，两压力的差值达到最大，最大差值约为

$$\Delta p_{Fmax} = \frac{c_c p_i^2}{4Z} \tag{8}$$

当地层压降超过原始地层压力的一半时，继续降低地层压力，产气量会继续增大，但两个压力的差值反而逐渐变小，直至最后趋于相同。

由式(7)可以看出，若忽略气藏容积的压缩系数，拟压力曲线与F压力曲线则完全重合，封闭气藏的物质平衡方程式(3)则退化为定容气藏的物质平衡方程式(1)。

3 异常高压气藏

定容气藏实际上是不存在的，封闭气藏也是不存在的，异常高压气藏与周围水体构成的地层系统则是封闭的，否则，气藏压力不会出现异常。异常高压气藏的水体属于封闭水体。若忽略水体的作用，异常高压气藏则为封闭气藏。

若用F压力绘制封闭气藏的生产指示曲线，则一定是一条直线(图3虚线)。若用拟压力绘制封闭气藏的生产指示曲线，则一定是一条下凹型的曲线(图3实线)。对于封闭气藏，其生产指示曲线在生产一定时间之后向下弯曲，是十分正常的事情，与气藏压力是否异常没有任何关系。

水驱气藏生产一定时间之后，生产指示曲线也向下弯曲[2]。因此，向下弯曲并不是异常高压气藏所独有的性质。但是，多数水驱气藏因水侵作用，生产指示曲线还未来得及向下弯曲，就因产水而停喷并废弃。异常高压气藏的水体往往不够活跃，加之压力较高，气藏压力下降的空间较大，生产指示曲线出现弯曲的情况也较多。

然而，长期以来，人们一直认为生产指示曲线向下弯曲，是异常高压气藏的显著特征。图3中的拟压力曲线是一条光滑的下凹型曲线，但看上去像是两个直线段形成的折线，于是人们就得出了一个错误认识：异常高压气藏的生产指示曲线，是由两直线段形成的折线(图1)[3,4]。这实在没有什么理论根据。

人们对此现象的解释也颇耐人寻味。气藏岩石的压缩系数本来是一个常数，但实验过程因系统误差所致，却测量出了变化的压缩系数(图4)。人们把图4中的岩石压缩系数曲线，与异常高压气藏的生产指示曲线联系了起来。在气藏开发的初期，气藏压力较高，有效上覆压力则较小，因而岩石的压缩系数则较高，气藏生产指示曲线上出现了第一直线段。当气藏

生产一定时间之后，气藏压力降低，有效上覆压力增大，岩石的压缩系数变小，因而气藏的生产指示曲线向下转折，出现了所谓的第二直线段。

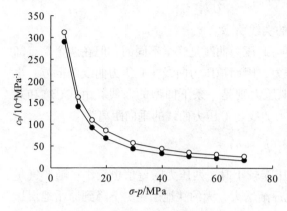

图4　实测岩石压缩系数曲线

以上解释中的主观成分较多，实际上却没有任何道理。岩石的压缩系数怎么会随有效上覆压力的增大而减小呢？岩石的应变曲线一般如图5所示，在线弹性范围内，应变曲线为一直线，因而岩石的压缩系数为一常数。当应力数值较大并超过弹性极限时，才出现塑性变形，压缩系数才会增大。现在的实验结果恰好相反，在应力较小时，岩石压缩系数却较大。这实在是对岩石力学行为的一个误解。岩石压缩系数的计算公式为[5,6]

$$c_p = \frac{\phi}{1-\phi}c_s \qquad (9)$$

式中　c_s——岩石骨架的压缩系数，MPa^{-1}；

　　　ϕ——岩石孔隙度，f。

岩石骨架的压缩系数计算公式为

$$c_s = \frac{3(1-2\nu)}{E_s} \qquad (10)$$

式中　ν——岩石骨架的泊松比，dless；

　　　E_s——固体骨架的弹性模量，MPa。

由式(9)和式(10)可以看出，岩石的压缩系数只与孔隙度和骨架的硬度有关，与气藏的压力大小没有任何关系。

人们普遍认为异常高压气藏的岩石压缩系数较高，这个错误认识主要来自于图4中的实测岩石压缩系数曲线。笔者曾多次论述过岩石压缩系数测量中存在的问题[7~12]。图4中的测量结果显然都是错误的，岩石的压缩系数已高于地层流体，在净围压为5MPa时已达到$300 \times 10^{-4} MPa^{-1}$，这个数值已超过气体，缺少基本的合理性。更为不可思议的是，有人竟然认为异常高压气藏的岩石压缩系数与气藏的埋藏深度有关，并给出了计算公式[3]

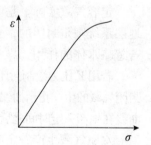

图5　岩石应变曲线

$$c_p = (8.82D - 2.51) \times 10^{-4} \qquad (11)$$

式中　D——气藏埋藏深度，km。

由式(11)可以看出，气藏埋藏越深，岩石的压缩系数就越大，即岩石越容易压缩。实际上，气藏埋藏越深，岩石的压实程度就越高，岩石的压缩系数应该越小。

用式(11)计算的岩石压缩系数极高，这样就高估了岩石的弹性能量。如果压力系数为1.21的异常高压气藏，用式(11)计算岩石的压缩系数，那么，压力系数为1.19的正常压力气藏该怎样计算呢？若用式(11)计算，则得到极高的压缩系数，若用式(9)计算，则得到极低的压缩系数。因此，气藏工程理论在这里产生了混乱。混乱的原因来自于对异常高压气藏的错误认识。

4 实例分析

图6为用文献[3]和文献[4]中给出的美国路易斯安那海上某异常高压气藏的生产数据绘制的气藏生产指示曲线，该曲线为一条光滑的下凹型曲线，但不知为什么原文献都把它绘制成了两直线段的折线形式。原文献中的折线图让许多人对异常高压气藏产生了错误的开发认识。

图6中的曲线用岩石的压缩系数根本无法校正成直线，说明气藏开采过程中产生了一定的水侵作用，需要用水驱气藏的物质平衡方程进行研究[2]，但不知原文献如何把它校正成了直线形式，而且校正前后曲线的起始点却不重合。

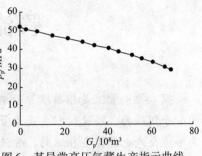

图6 某异常高压气藏生产指示曲线

5 结论

(1)异常高压气藏与正常压力气藏没有本质的区别，只是压力和产能稍有不同而已。

(2)所有气藏生产一定时间之后，其生产指示曲线都会向下弯曲，向下弯曲不是异常高压气藏所特有的性质。

(3)异常高压气藏与普通气藏一样，其生产指示曲线是光滑的曲线，而不是折线。

(4)异常高压气藏的岩石压缩系数与普通气藏一样，不是极高，而是极低，不应该用错误的实验数据来解释异常高压气藏的生产行为。

(5)异常高压气藏的岩石压缩系数与气藏埋藏深度无关，与有效应力大小无关，而与孔隙度和骨架硬度有关。

参 考 文 献

[1]李传亮. 气藏生产指示曲线的理论研究[J]. 新疆石油地质，2002，23(3)：236 - 238.

[2]李传亮. 油藏工程原理[M]. 北京：石油工业出版社，2005.11：115 - 128.

[3]秦同洛，李璗，陈元千. 实用油藏工程方法[M]. 北京：石油工业出版社，1989.7：145 - 152.

[4]Ramagost B P，Farshad F F. P/Z abnormally pressured gas reservoirs[J]. SPE1015，56th SPE Fall Meeting，San Antonio，Texas，October，1981.

[5]李传亮. 岩石压缩系数与孔隙度的关系[J]. 中国海上油气(地质)，2003，17(5)：355 - 358.

[6]Chuanliang Li，Xiaofan Chen，Zhimin Du. A new relationship of rock compressibility with porosity [A]. SPE88464，presented at SPE Asia Pacific Oil and Gas Conference and Exhibition (APOGCE)，18 - 20 October 2004，Perth，Australia.

[7]李传亮，周涌沂. 岩石压缩系数对气藏动态储量计算结果的影响研究[J]. 新疆石油地质，2004，25(5)：503 - 504.

[8]李传亮，王双才，周涌沂. 岩石压缩系数对油藏动态储量计算结果的影响研究[J]. 大庆石油地质与开发，2004，23(6)：31 - 32.

[9]李传亮，陈小凡，杜志敏. 岩石压缩系数对试井解释结果的影响研究[A]. 中国科学技术大学学报，2004，34(增刊)：203 - 206.

[10]李传亮. 低渗透储层不存在强应力敏感[J]. 石油钻采工艺，2005，27(4)：61 - 63.

[11]李传亮. 实测岩石压缩系数偏高的原因分析[J]. 大庆石油地质与开发，2005，24(5)：53 - 54.

[12]李传亮. 储层岩石的应力敏感问题. 石油钻采工艺，2006，28(6)：86 - 88.

管流与渗流的统一*

摘　要： 管流是指单根管子中的流动，渗流是指多孔介质中的流动，多孔介质是由大量的管子组成的，渗流过程也是由管流来实现的，因此，管流与渗流是完全统一的，管流公式与渗流公式也是完全相通的。管流公式适用于管子数目少、且管径便于测量的情形，而渗流公式适用于管子数目多或管子数目少但管径不便测量的情形。实际应用时，应根据具体的情形选用相应的公式。

关键词： 多孔介质；管子；流动；Darcy 方程；Poiseuille 方程；Kozeny – Carman 方程

0　引言

随着缝洞型碳酸盐岩油藏的开发，人们逐步认识到，流体在缝洞介质中的流动规律，与在砂岩孔隙介质中的流动规律有很大的不同。主要差别在于，砂岩油藏的产能相对较低，但稳产时间相对较长；而缝洞型油藏的产能相对较高，但稳产时间相对较短。这种差别也可以表述为，流体在缝洞介质中的流动速度相对较快，而在砂岩孔隙介质中的流动速度则相对较慢。由于人们一般把砂岩孔隙介质中的流动理解为渗流，因而自然想到缝洞介质中的流动可能不是渗流，而倾向于是管流。

其实，管流与渗流是统一的，只是称谓有所不同而已。

流体力学通常研究单根管子中的流动，因而称作管流。渗流力学通常研究多孔介质中的流动，因而称作渗流。多孔介质是由大量的管子组成的，管径大小很不均匀，因此，渗流力学通常不关注管子本身，而只关注流动的宏观效果。管流与渗流的主要区别在于，管流是单根管子中的流动，而渗流则是多根管子中的流动。既然都是管子中的流动，它们的流动规律应该是统一的。

1　管流方程

如果只有一根圆形管子(图1)，在层流状态下管子中的流动满足 Poiseuille 定律[1]

$$q = \frac{\pi r^4 \Delta p}{8\mu \Delta L} \tag{1}$$

式中　Δp——管子两端的压差，即流动压差，Pa；

ΔL——管子的长度，m；

μ——流体的黏度，Pa·s；

r——管子半径，m；

q——管子流量，m³/s。

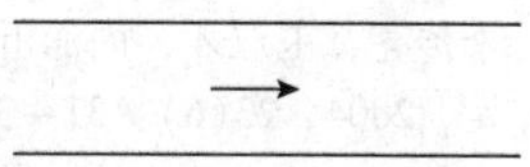

图 1　单根管子流动

* 该论文的合作者：张学磊

如果不是单根管子，而是一束管子（图2），则所有管子的总流量为[1]

$$q = \frac{n\pi r^4 \Delta p}{8\mu\tau\Delta L} \tag{2}$$

式中　n——管子数目，根；

　　　τ——管子的迂曲度，dless。

所谓迂曲度，就是管子的实际长度与管子视长度的比值，它反映了管子的弯曲程度。

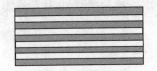
图2　多根管子流动

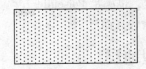
图3　多孔介质渗流

2　渗流方程

在层流状态下，多孔介质（图3）中的流动满足 Darcy 定律[2]

$$q = \frac{Ak\Delta p}{\mu\Delta L} \tag{3}$$

式中　A——介质横截面积，m^2；

　　　k——介质渗透率，D。

3　管流与渗流的统一

图3中的多孔介质岩石，可以用图2中的管子束模型进行模拟。通过 Kozeny - Carman 方程，可以计算出图2中管子束的渗透率[1]

$$k = \frac{\phi r^2}{8\tau^2} \tag{4}$$

孔隙度定义为单位岩石外观体积中的孔隙体积，于是图2管子束模型的孔隙度为

$$\phi = \frac{n\pi r^2 \tau\Delta L}{A\Delta L} = \frac{n\pi r^2 \tau}{A} \tag{5}$$

把式（5）代入式（4），得

$$k = \frac{n\pi r^4}{8\tau A} \tag{6}$$

再把式（6）代入式（3），即得到管流的式（2）。由此可见，管流和渗流的公式是完全统一的。渗流过程是通过大量的管子中的流动来实现的，它不应该与管流有什么本质的区别。

由于岩石的孔隙较多，且孔径分布很不均匀，难以定量描述，因此，通常情况下没有人用管流公式来描述渗流问题。渗流公式适用于管子数目大或管子数目小但管径极不均匀的情形。若管子数目有限，管径又极其均匀，此时人们就倾向于直接采用管流的公式而不再采用渗流的公式了。

人们自然会问，有限根管子中的流动还属于渗流吗？还存在渗透率的概念吗？回答是肯定的，即使是一根管子中的流动，也仍然属于渗流，也存在渗透率的概念。

若地层中只有有限根管子（图2），则依然可以用式（5）计算出地层的孔隙度，可以用式

（4）或式（6）计算出地层的渗透率，然后，用式（3）计算地层的流量。

对于图1中的单根管子而言，显然孔隙度 $\phi = 1$，横截面积 $A = \pi r^2$，迂曲度 $\tau = 1$，代入式（4），得管子的渗透率

$$k = \frac{r^2}{8} \tag{7}$$

把式（7）代入式（3）的 Darcy 方程，即得到管流公式（1）。因此，单根管子中的流动即满足 Darcy 方程，也满足 Poiseulle 方程。由式（7）可以看出，单根管子也有渗透率，只是渗透率的数值通常较高而已。

4 缝洞型地层

对于缝洞型地层，孔隙数目一般较少，孔径却较大（图4）。虽然用式（7）计算的单个孔隙的渗流能力（渗透率）较大，但折算到整个横截面积上之后，得到的地层渗透率却并不高。整个地层的渗透率用式（4）计算，由于缝洞型地层的孔隙度一般都较低，因而渗透率通常不是特别高。尽管如此，缝洞型地层的渗透率仍然比砂岩地层的高，因为根据式（4），孔隙度对渗透率的影响是一次方的，而孔径对渗透率的影响是二次方的。

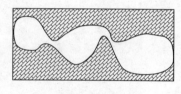

图4 缝洞型地层

虽然缝洞型地层中的孔隙数目较少，但却很少有人采用管流公式来研究地层中的流动问题，而依然采用渗流的公式。这是因为地层中的孔径不断变化且难以精确测量，而且，孔隙数目虽然少但仍难以确定，在这种情况下，只有采用渗流的公式了。同一个流动，可以用渗流公式进行研究，也可以用管流公式进行研究，实际应用中可根据方便的程度加以选用。渗流和管流只是研究方法的不同，并不是流动的本质。管流是管子中的流动，但没有限定是粗管中的流动。渗流是多孔介质中的流动，但没有限定多孔介质的孔隙一定是微小孔隙。

5 结论

（1）管流公式适用于管子数目少、且管径均匀的情形。渗流公式适用于管子数目多或管子数目少但管径不便测量的情形。

（2）渗流与管流是统一的，计算公式也是相通的，Kozeny – Carman 方程可以把渗流公式和管流公式相互转换，实际应用时应根据具体的情形选用相应的公式。

参 考 文 献

[1]何更生. 油层物理[M]. 北京：石油工业出版社，1994：297，43.

[2]李传亮. 油藏工程原理[M]. 北京：石油工业出版社，2005：46.

孔喉比对地层渗透率的影响

摘　要： 通过理论分析研究了孔喉比对地层渗透率的影响。孔隙渗透率是单根孔隙的渗透率，地层渗透率是孔隙渗透率折算到整个地层截面积之上的渗透率。孔隙渗透率通常很高，但地层渗透率却不高。地层渗透率是岩石孔隙特性的综合反映。孔隙半径、孔隙密度和孔喉比对地层渗透率均产生影响。孔喉比对地层渗透率的影响很大，喉道大小是制约渗透率的重要因素（瓶颈效应）。提出了修正 Kozeny – Carman 方程来反映孔喉比对地层渗透率的影响。

关键词： 油藏；岩石；渗透率；孔隙；孔喉比

0　引言

地层岩石的渗透率是孔隙特性的反映。孔隙开度越大，孔隙的数目越多，渗透率就越高。孔隙开度用孔隙半径表示，孔隙数目用孔隙度衡量。Kozeny – Carman 方程描述了地层岩石渗透率与孔隙开度和孔隙数目的关系。

地层岩石渗透率还受孔隙结构的影响。本文在对孔隙结构进行简化的情况下，研究了孔喉比对地层岩石渗透率的影响，提出了修正 Kozeny – Carman 方程。

1　孔隙渗透率

在层流状态下，一根均匀圆管孔隙（图 1）的流量用 Poiseuille 公式计算[1,2]，即

$$q = \frac{\pi r^4 \Delta p}{8\mu\tau\Delta L} \tag{1}$$

式中　q——孔隙流量，m^3/Ps；

　　　r——管子半径，μm；

　　　Δp——管子两端的压差，即流动压差，Pa；

　　　μ——流体黏度，$mPa·s$；

　　　ΔL——管子的长度，m；

　　　τ——管子的迂曲度，dless。

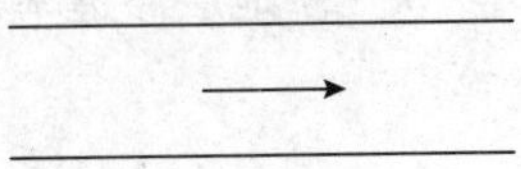

图 1　单根管子流动

所谓迂曲度，就是管子的实际长度与管子视长度的比值，它反映了管子的弯曲程度。

多孔介质地层（图 2）的流量用 Darcy 公式[3,4]计算，即

$$q = \frac{kA\Delta p}{\mu\Delta L} \tag{2}$$

式中　q——地层流量，m^3/ks；

　　　k——地层渗透率，D；

　　　A——渗流截面积，m^2。

图 2　多孔介质地层中的流动

单根孔隙的等效渗流面积等于孔隙的截面积与迂曲度的乘积

（图1），因此，式（1）也可以写成

$$q = \frac{r^2 A \Delta p}{8\mu\tau^2 \Delta L} \tag{3}$$

联立式（2）和式（3），得出单根孔隙的渗透率，即

$$k_\mathrm{p} = \frac{r^2}{8\tau^2} \tag{4}$$

式中　k_p——孔隙渗透率，D。

地层岩石由许多根孔隙组成，每一根孔隙都有一个孔隙渗透率。计算结果显示（表1），地层的孔隙渗透率很高，半径为 $10\mu\mathrm{m}$ 的孔隙，其渗透率就高达 12.5D。普通砂岩的孔隙半径大都在几十到几百微米之间，因此，砂岩地层的孔隙渗透率通常也很高。

表1　管子半径与渗透率数据

$r/\mu\mathrm{m}$	k_p/D	k/D	k/D	k/D
1	0.125	0.0125	0.0000768	0.000005
10	12.5	1.25	0.00768	0.0005
100	1250	125	0.768	0.05
备注	$\tau = 1$	等径，$\phi = 0.1$	$R_\mathrm{pt} = 5$，$\phi = 0.1$	$R_\mathrm{pt} = 10$，$\phi = 0.1$

2　地层渗透率

由式（4）计算的渗透率为地层岩石的孔隙渗透率，其数值很高，矿场上很难遇到。矿场上所说的渗透率通常不是孔隙渗透率，而是地层渗透率。地层渗透率是孔隙渗透率折算到整个地层截面积之上的渗透率。

当图1中的孔隙出现在图3的地层中时，孔隙的流量依然由式（1）计算。整个地层的流量就是孔隙的流量，可用式（1）计算，也可以用式（2）计算，因此，联立式（1）和式（2），得到整个地层的渗透率，即

$$k = \frac{\pi r^4}{8\tau A} \tag{5}$$

式中　k——地层渗透率，D。

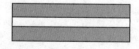

图3　地层单根孔隙流动

地层岩石的孔隙体积与外观体积的比值为地层岩石的孔隙度，因此式（5）也可以写成

$$k = \frac{\phi r^2}{8\tau^2} \tag{6}$$

式中　ϕ——岩石孔隙度，f。

式（6）就是 Kozeny - Carman 方程[5]，它不仅适用于单根孔隙，也适用于多根孔隙（图4）。对比式（4）和式（6），可以得到地层渗透率与孔隙渗透率之间的关系式，即

$$k = \phi k_\mathrm{p} \tag{7}$$

取 $\phi = 0.1$，由式(6)计算的地层渗透率列于表 1 第 3 列。由表 1 的计算结果可以看出，地层渗透率比孔隙渗透率低了很多，这是因为岩石的孔隙度通常都较小的缘故。但是，用式(6)计算的地层渗透率仍然很高，当孔隙半径为 $100\mu m$ 时，地层渗透率仍然高达 125D，这与矿场上的实际情况仍然相差较远。

图 4　地层多根孔隙流动

3　孔喉比的影响

用式(6)计算地层渗透率时，把孔隙考虑成了等径圆管，实际上地层岩石的孔隙都是粗细相间的(图 5)，粗的部分称作孔腹，细的部分称作孔喉(喉道)。孔腹与孔喉半径的比值，称作孔喉比，通常用该值衡量孔隙开度的非均匀程度。

为了研究孔喉比对地层渗透率的影响，把图 5 中的真实孔隙等效成图 6 中的理想模型。理论模型中的孔腹和喉道等长。

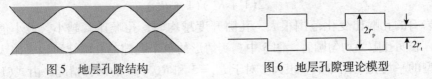

图 5　地层孔隙结构　　　　图 6　地层孔隙理论模型

孔喉比的计算公式为

$$R_{pt} = \frac{r_p}{r_t} \tag{8}$$

式中　R_{pt}——孔喉比，dless；

　　　r_p——孔腹半径，μm；

　　　r_t——喉道半径，μm。

当流体在孔隙中流动时，由于喉道与孔腹串联在一起，因此，喉道部分和孔腹部分的流量完全相等，即

$$q = \frac{\pi r_t^4 \Delta p_t}{4\mu \Delta L} = \frac{\pi r_p^4 \Delta p_p}{4\mu \Delta L} \tag{9}$$

式中　Δp_t——喉道部分的流动压差，MPa；

　　　Δp_p——孔腹部分的流动压差，MPa。

孔隙两端的总压差为喉道部分和孔腹部分的压差之和，即

$$\Delta p = \Delta p_t + \Delta p_p \tag{10}$$

式中　Δp——孔隙总压差，MPa。

联立式(9)和式(10)，得

$$\Delta p_t = \frac{r_p^4}{r_t^4 + r_p^4} \Delta p \tag{11}$$

把式(11)代入式(9)，并结合式(8)，得单根孔隙的流量为

$$q = \frac{\pi r_p^4 \Delta p}{4(1 + R_{pt}^4)\mu \Delta L} \tag{12}$$

如果地层岩石的孔隙数目为 n，则整个地层的流量为

$$q = \frac{n\pi r_p^4 \Delta p}{4(1 + R_{pt}^4)\mu\Delta L} \tag{13}$$

对比式(2)和式(13)，得地层渗透率为

$$k = \frac{n\pi r_p^4}{4(1 + R_{pt}^4)A} \tag{14}$$

式中　A——地层横截面积，m^2。

对于不等径孔隙的情形，孔隙度为

$$\phi = \frac{n\pi(r_p^2 + r_t^2)\Delta L}{2A\Delta L} = \frac{n\pi r_p^2(1 + R_{pt}^2)}{2AR_{pt}^2} \tag{15}$$

联合式(14)和式(15)，得

$$k = \frac{\phi R_{pt}^2 r_p^2}{2(1 + R_{pt}^4)(1 + R_{pt}^2)} \tag{16}$$

地层岩石的孔喉比变化范围很大，孔隙开度越均匀，孔喉比就越小，最小值为 1。当 $R_{pt} = 1$ 时，表明孔隙为均匀圆管。图 5 中真实情形的单个孔隙的孔喉比可以无限大，但图 6 中理论模型的平均孔喉比却不会很大。对于 $R_{pt} = 5$ 和 $R_{pt} = 10$ 的两种情况，由式(16)计算的地层渗透率列于表 1 的第 4 和第 5 列，计算结果比较接近矿场实际情况。由此可见，孔喉比对地层渗透率的影响是非常大的。孔隙越大，地层渗透率就越高。但是，如果喉道很小，大孔隙也无法产生高的地层渗透率。这就是地层岩石孔隙中的"瓶颈"效应。

在测得了岩石的孔、渗及孔径参数之后，还可以用式(16)反求地层的孔喉比参数。

若考虑孔隙的迂曲度，则式(16)可进一步写成

$$k = \frac{\phi R_{pt}^2 r_p^2}{2(1 + R_{pt}^4)(1 + R_{pt}^2)\tau^2} \tag{17}$$

式(17)就是本文提出的修正 Kozeny - Carman 方程。当 $R_{pt} = 1$ 时，式(17)则退化为 Kozeny - Carman 方程式(6)。

4　结论

(1)定义了孔隙渗透率和地层渗透率的概念，孔隙渗透率是单根孔隙的渗透率，其数值通常很高，地层渗透率是孔隙渗透率折算到整个地层横截面积之上的渗透率。

(2)直接用孔隙半径计算的地层渗透率偏高，孔隙喉道对孔隙中的流动起到了很大的节流作用(瓶颈效应)，考虑孔喉比之后的地层渗透率计算结果比较接近地层实际情况。孔喉比对地层渗透率的影响，体现在新提出的修正 Kozeny - Carman 方程中。

参 考 文 献

[1]贝尔 J 著，李竞生，陈崇希 译. 多孔介质流体动力学[M]. 北京：中国建筑工业出版社，1999：125.

[2]Tiab D, Donaldson E C. Petrophysics[M]. 2nd edition. Elsevier, Amsterdam, 2004：453.

[3]翟云芳. 渗流力学(第二版)[M]. 北京：石油工业出版社，2003：10 - 11.

[4]孔祥言. 高等渗流力学[M]. 合肥：中国科学技术大学出版社，1999：31 - 39.

[5]何更生. 油层物理[M]. 北京：石油工业出版社，1994：43.

再谈启动压力梯度[*]

摘　要：启动压力梯度其实并不存在，只是一个实验假象。通过分析启动压力梯度导致的一些错误结果，证明了启动压力梯度不存在。若存在启动压力梯度，当地层中未注入流体时，压力却可以升高，这违背科学原理；地层将不存在静平衡压力，而是存在压力梯度不为0的压力分布，这与实际情况不符；地层压力将永远恢复不到原始地层压力，显然与实际情况不相符；地层压力分布将出现动边界奇点，数学上将不能自洽；油气运移将无法进行，也就不会有油气聚集，实际情况并非如此；流体静止时将具有抗剪切能力，违背了流体力学的基本原理。

关键词：低渗透油藏；渗流力学；启动压力梯度；压力分布；油藏；动边界；Darcy 定律

0　引言

笔者 2008 年发表了"启动压力其实并不存在"的观点[1]，由此拉开了启动压力梯度学术大讨论的序幕[2~5]。大量的室内实验测量到了启动压力梯度的存在，而谢全博士精心设计的室内实验却没有测量到启动压力梯度的存在[6]。还有许多专家对启动压力梯度的应用问题进行了研究[7,8]。笔者撰写此文的目的是继续分析启动压力梯度不存在的原因，以期与同行达成共识，也期望该问题能够早日得到解决。

1　渗流模式

1.1　Darcy 渗流

当流体在岩石中的流动符合 Darcy 定律时，被称作 Darcy 渗流，其渗流指示曲线为一条通过原点的直线（图 1 中的虚线部分）。Darcy 渗流的本构方程为[9,10]

$$V = -\frac{k}{\mu}\nabla p \tag{1}$$

式中　V——渗流速度，m/ks；

　　　k——岩石渗透率，D；

　　　μ——流体黏度，mPa·s；

　　　p——流体压力，MPa；

　　　∇p——压力梯度，MPa/m。

由式(1)可以看出，Darcy 渗流不需要启动压力梯度，只要存在压力梯度，流体就会流动。增大压力梯度，流速就会随之增大。增大渗流速度，地层的压力梯度就会升高。采油井

＊　该论文的合作者：朱苏阳

和注水井都是根据 Darcy 定律的原理进行工作的。

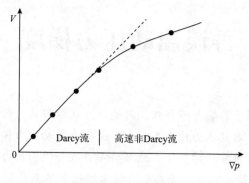

图 1 渗流指示曲线

1.2 高速非 Darcy 渗流

Darcy 渗流只发生在较低的渗流速度范围内。当渗流速度较高时，流速与压力梯度的关系将不再是直线，而是向右弯曲的曲线（图 1 中的实线部分），这就是所谓的高速非 Darcy 渗流。

由图 1 还可以看出，在相同的流速条件下，高速非 Darcy 渗流比 Darcy 渗流多消耗一定的压力。高速非 Darcy 渗流满足 P. Forchheimer 提出的方程[11]，即

$$|\nabla p| = \frac{\mu}{k}V + \beta\rho V^2 \tag{2}$$

式中 ρ——流体的密度，g/cm^3；

β——非 Darcy 渗流系数，pm^{-1}，通常称作惯性阻力系数或湍流系数。

Darcy 渗流和高速非 Darcy 渗流都是有理论基础的。Darcy 渗流与流体力学中的层流相对应，高速非 Darcy 渗流与流体力学中的湍流（紊流）相对应[12]。当油井的产量不太高时，通常都满足 Darcy 方程，其生产指示曲线为一条直线。但是，许多高产气井通常都满足高速非 Darcy 渗流方程，其生产指示曲线为二次曲线。因此，Darcy 渗流和高速非 Darcy 渗流也都是有实践基础的。

1.3 低速非 Darcy 渗流

所谓的低速非 Darcy 渗流，是指在低速条件下不满足 Darcy 方程的流动（图 2），其渗流指示曲线不通过原点，而是存在一个截距，通常被称作启动压力梯度。低速非 Darcy 渗流的本构方程可以写成[13]

$$V = \begin{cases} -\dfrac{k}{\mu}\nabla p\left(1 - \dfrac{\lambda}{|\nabla p|}\right) & |\nabla p| > \lambda \\ 0 & |\nabla p| < \lambda \end{cases} \tag{3}$$

式中 λ——启动压力梯度，MPa/m。

由式（3）和图 2 可以看出，低速非 Darcy 渗流的渗流速度与压力梯度之间不是单值函数关系，而是具有多值性，即渗流速度为 0 的地层中，压力梯度可以为 0，也可以为 λ，还可以是二者之间的任何数值。这是低速非 Darcy 渗流非常奇怪的地方。

Darcy 渗流和高速非 Darcy 渗流的渗流速度与压力梯度之间都是一一对应的单值函数关

系。是什么原因导致了低速非 Darcy 渗流？有人说是边界层所致，也有人说是毛管压力所致，笔者在文献[14]中对这些说法都给予了否定。也有人说稠油存在启动压力梯度，其实目前测试启动压力梯度的很多实验采用的都是气体[15,16]。还有人说是静摩擦所致，其实流体没有静摩擦，只有内摩擦，固体才有静摩擦。油田上很多注水井的启动压力，其实都是地层的破裂压力或解堵压力。

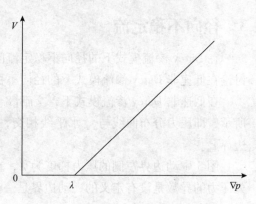

图2　低速非 Darcy 渗流指示曲线

2　直线稳定流

图3为一直线地层，x 为地层到注入端的距离，从地层的左端注入流体，从右端流出流体，同时右端定压。在注入流体之前，地层的压力分布为一条水平线（图3中的实线），即压力梯度为0。若向地层注入流体，地层的压力就会升高，压力分布曲线的斜率就会增大，即地层的压力梯度就会增大（图3中的虚线和点划线）。图3中点划线的压力梯度为 λ。

地层中的压力和流量都是不能跃升的，只能连续地升高。如果不存在启动压力梯度，按照式(1)，注入的速度小，压力梯度就小，压力分布曲线就比较平缓；注入的速度高，压力梯度就大，压力分布曲线就比较陡。如果存在启动压力梯度，则按照式(3)，在压力梯度增大到 λ 之前，流速为0。也就是说，在没有注入流体的情况下，地层中的压力却不断升高，压力分布曲线也不断变陡，直到压力梯度达到 λ 时，地层中才开始有流量（图3）。那么，在没有注入流体的情况下，地层的压力是如何升高的？

当地层的注入速度很快时，压力梯度也会很高，即压力分布曲线很陡（图4中的虚线）。若逐渐降低注入速度，压力分布曲线便不断变得平缓，压力梯度也不断变小。当压力梯度降为 λ 时（图4中的实线），按照式(3)，地层中流体的流动就停止了。由于没有流量泄压，地层将永远保持这个压力分布。换句话说，任何地层中都没有所谓的静平衡压力，而是存在一个压力梯度不为0的压力分布。那么，油藏开采之前的压力分布是这样的吗？如果是这样的话，渗流数学模型的初始条件为何都写成下式呢？

$$p \big|_{t=0} = p_i \tag{4}$$

式中　p_i——原始地层压力，MPa。

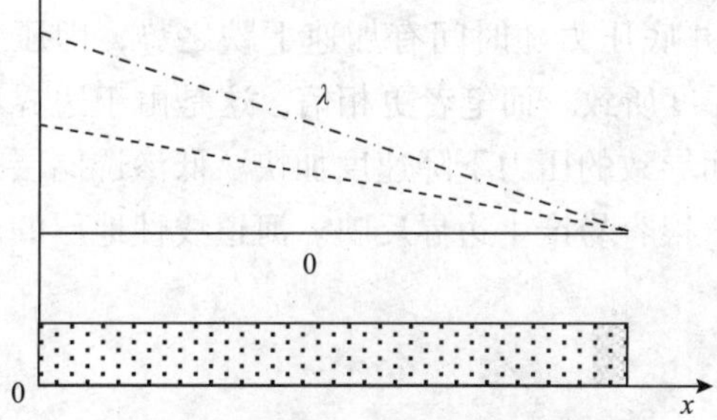

图3　直线稳定流压力分布（Ⅰ） 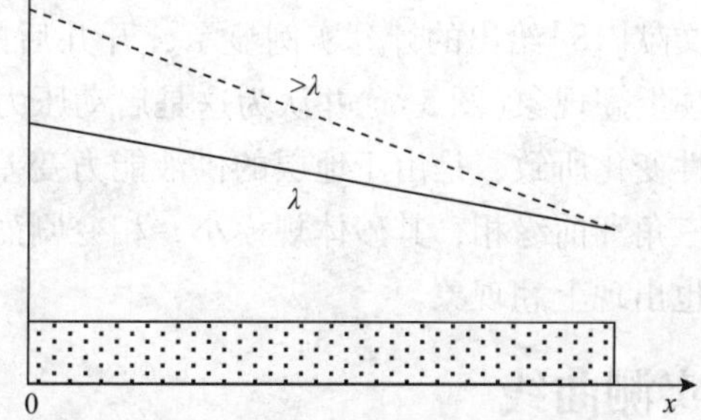　　　　图4　直线稳定流压力分布（Ⅱ）

3 径向不稳定流

在 Darcy 渗流模式下的径向不稳定流问题，笔者在文献[17]中进行过详细讨论，这里只讨论在低速非 Darcy 渗流模式下的径向不稳定渗流问题。

在低速非 Darcy 渗流模式下，文献[8]根据文献[18]的研究结果绘制的压力分布如图 5 所示，即压力分布曲线与 p_i 水平线相交，而不是相切。相交点的径向距离，就是所谓的动边界 r_b。

图 5 中动边界左侧的压力梯度为 λ，在动边界的右侧压力梯度为 0，也就是说在动边界处压力的导数是没有定义的，动边界是一个奇点，可是很多人却神奇般地写出了如下形式的外边界条件

$$\left.\frac{\partial p}{\partial r}\right|_{r=r_b} = \lambda \tag{5}$$

式中 r——径向距离，m；

r_b——动边界距离，m。

文献[8]没有绘制压力恢复时的压力分布。若关井停止生产，地层中的压力就会恢复。由于远处的地层压力高于近井区的地层压力，因此，地层流体就会由远处流向近井区，致使近井区的地层压力不断升高，地层压力分布的斜率即压力梯度就会减小。当压力梯度减小至 λ 时，根据式(3)，流动就会停止。因此，压力恢复结束后的地层压力分布就会如图 6 所示，即地层压力永远恢复不到原始的地层压力。对于半径为 1000m 的地层，若启动压力梯度为 0.1MPa/m，则井底恢复压力比原始地层压力低了 100MPa；若启动压力梯度为 0.01MPa/m，则井底恢复压力比原始地层压力低了 10MPa。实际情况会是这样吗？显然不是。

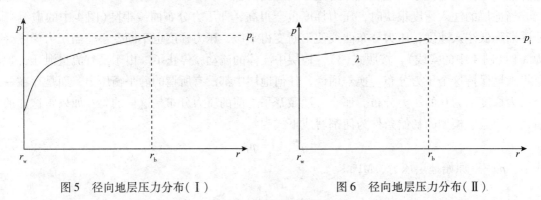

图 5　径向地层压力分布（Ⅰ）　　　　　　图 6　径向地层压力分布（Ⅱ）

文献[18]给出的计算实例显示，开井后的井底压力随时间有加速下跌之势，即压力导数出现上翘现象(图 5)，并认为这是启动压力梯度所致。而笔者更相信，这是由于边界反映或物性变化所致，是由于地层的供液能力变差而导致的压力下降速度加快。低渗透储层一般位于三角洲前缘相，其砂体规模小，相变剧烈，很容易产生边界反映。河道线性地层的压力导数也出现上翘现象。

4 实测曲线

图 7 所示为一块岩心的实测渗流指示曲线图，岩心的渗透率为 0.8mD，启动压力梯度为

0.25MPa/m，有些实验的测量结果甚至更高[15,16,19]。实测的低渗透岩心渗流指示曲线大都如图7所示，曲线一般由两部分组成，即高速直线段和低速曲线段。高速直线段部分对油田开发没有指导意义，这是因为压力梯度太高，地层中很少遇到。对油田开发具有指导意义的低速曲线段部分一般都无法测到或无法被很好测量，这是因为流速太低、仪器精度不够所致。

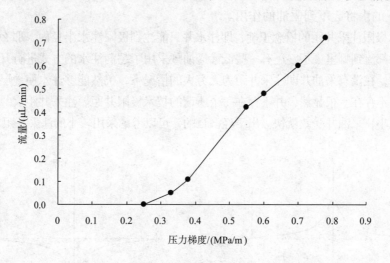

图7　实测渗流指示曲线

若实验测量结果正确，则地下的油气运移将无法实现。因为油气运移的动力为浮力，浮力提供的驱动压力梯度在 0.001 ~ 0.005MPa/m，比实验测量的启动压力梯度小得多，这样油气将无法在地层中运移，也就无法聚集成藏。实际上，油气在地层中的运移十分顺利，这说明启动压力梯度根本就不存在。油气一般先是在泥岩中进行初次运移，然后在储集层中进行二次运移，之后才能在圈闭中聚集成藏(图8)。若低渗透储层存在启动压力梯度，油气当初是如何运移进入圈闭的呢？这个问题显然无法回答。

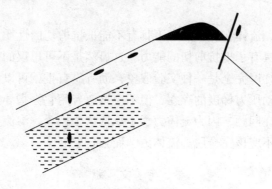

图8　油气运移

5　应用问题

低渗透储层近年来的成功开发，主要归功于压裂技术的提高，与启动压力梯度的研究没有任何关系。由于低渗透储层的自然产能低，无论有没有启动压力梯度，都必须进行压裂提高单井产能。

启动压力梯度没有实质性的用途，但很多人用它来计算技术极限井距。根据启动压力梯度，油井只能从一个极限半径内采油，更远处的油因为存在启动压力梯度而无法流动（图9）。注水井也存在一个极限注水半径。二者加起来，就是所谓的技术极限注采井距。若注采井距过大，超过了技术极限注采井距，中间区域因压力梯度较小将成为不流动区，从注水井注到地下的水将起不到驱油的作用。

如果技术极限注采井距的概念正确，即注水井只能注到极限注水半径内，那么，注水井每天注到地下的水都流到哪里去了？还有一些低渗透油藏采用了超前注水的方式进行开发，即在采油之前先期注水，在没有采油井即注采井距为无穷大的情况下，仍然能够注水使地层增压，说明极限注水半径并不存在。很显然，并不存在一个所谓的技术极限井距。注采井距大，采油井受效就慢；注采井距小，采油井受效就快。出于经济目的，可以考虑采用较小的注采井距。

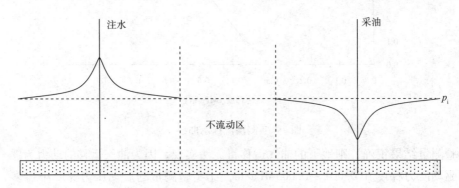

图9　注采井分布模式图

还有很多研究在假定启动压力梯度存在的前提下，任意给定一个启动压力梯度数值，然后计算油气井的产能变化。这样的计算没有任何意义，因为计算的结果无法验证。

6　结束语

根据流体力学理论，流体在静止状态下具有不能抵抗剪切的性质，可是在启动压力梯度出现之后，地层流体便具有了抵抗剪切的能力，这显然是不可思议的。

实际上，启动压力梯度完全是一种实验假象，沥青靠自重就可以流动，油气就不能流动吗？虽然实验测出了启动压力梯度的存在，但不应该急着用它去指导生产，而是去检查实验方法和实验精度是否存在问题，因为流体力学不承认这个概念。渗流力学应该在流体力学的范围内发展和完善，而不应该完全脱离流体力学而独自发展。

参 考 文 献

[1]李传亮，杨永全. 启动压力其实并不存在[J]. 西南石油大学学报，2008，30（3）：167 – 170.

[2]窦宏恩. 质疑不存在启动压力之观点[J]. 特种油气藏，2009，16（1）：53 – 57.

[3]窦宏恩. 正确对待岩石孔隙压缩系数是认识低渗透储层的基础[J]. 特种油气藏，2010，17（5）：119 – 122.

[4]李传亮. 应科学看待低渗透储集层[J]. 特种油气藏，2009，16（4）：97 – 100.

[5]李传亮. 低渗透储层很特殊吗？[J]. 特种油气藏，2011，18（5）：131 – 134.

[6]谢全，何顺利，焦春艳，等. 超低渗单相渗流不存在启动压力梯度的实验[J]. 新疆石油地质，2011，

　　　　32(2)：173 – 175.

[7]陈元千．线性流的启动压力梯度不能用于平面径向流方程[J]．石油学报，2011，32(6)：1088 – 1091.

[8]王晓东，郝明强，韩永新．启动压力梯度的含义与应用[J]．石油学报，2013，34(1)：188 – 191.

[9]葛家理．油气层渗流力学[M]．北京：石油工业出版社，1982：22 – 24.

[10]翟云芳．渗流力学(第二版)[M]．北京：石油工业出版社，2003：10 – 12.

[11]Dake L P. Fundamentals of reservoir engineering[M]．Elsevier Scientific Publishing Company，Amsterdam，
　　　　1978：256.

[12]庄礼贤，尹协远，马晖扬．流体力学[M]．合肥：中国科学技术大学出版社，1991：1 – 10.

[13]邓英儿，刘慈群，黄润秋，等．高等渗流理论与方法[M]．北京：科学出版社，2004：25.

[14]李传亮．启动压力梯度真的存在吗？[J]．石油学报，2010，31(5)：867 – 870.

[15]章星，杨胜来，张洁，等．致密低渗气藏启动压力梯度实验研究[J]．特种油气藏，2011，18(5)：
　　　　103 – 104.

[16]王道成，李闽，乔国安，等．天然气启动压力梯度实验研究[J]．钻采工艺，2007，30(5)：53 – 55.

[17]李传亮．动边界其实并不存在[J]．岩性油气藏，2010，22(3)：121 – 123.

[18]王晓冬，侯晓春，郝明强，等．低渗透介质有启动压力梯度的不稳态压力分析[J]．石油学报，2011，
　　　　32(5)：847 – 851.

[19]宋付权，刘慈群，吴柏志．启动压力梯度的不稳定快速测量[J]．石油学报，2001，22(3)：67 ~ 70.

渗吸的动力不是毛管压力[*]

摘 要： 渗吸作用是开采基质孔隙原油的有效方法，但渗吸作用的动力问题一直没有得到很好的解决。文中应用渗流力学的基本原理，研究了渗吸作用的动力问题。渗吸作用的动力不是毛管压力，而是浮力。毛管压力是渗吸作用的阻力，加入表面活性剂可减小毛管压力，从而提高驱油效果。渗吸作用的驱油机理是重力分异，需要的时间较长，间歇注水、周期注水及低速注水均可提高开发效果。

关键词： 渗吸；毛管压力；基质；润湿性；岩石；孔隙

0 引言

对于由裂缝和基质岩块组成的双重介质油藏，若采用注水开发，储集在裂缝中的原油很容易被水驱替出来，而储集在基质孔隙中的原油则较难被水驱替出来。如何采出基质孔隙中的原油，是裂缝－孔隙型双重介质油藏注水开发成败的关键。室内实验和矿场实践表明，基质孔隙中的原油靠常规水驱效果欠佳，而靠渗吸作用却十分有效[1~6]。周期注水开发和低速注水开发，都是靠渗吸驱油的典型例子。但是，渗吸作用的机理一直被人们所误解，大家普遍认为渗吸的动力是毛管压力[7]，其实渗吸的动力是浮力，与毛管压力没有任何关系，相反，毛管压力还是渗吸作用的阻力。

多层非均质油藏的开采也存在同样的问题，高渗层段中的原油容易被水驱替，而低渗层段中的原油难以被水驱替，只能依靠渗吸作用。

1 毛管压力

由于地层水的长期浸泡和岩石表面的极性基团，地下岩石都表现出了亲水的特性，地下没有亲油的岩石。当油水两相共存于岩石表面时，由于亲和力的差异，水总是倾向于润湿岩石[8]，即润湿角小于90°（图1）。润湿角的大小从密度大的流体一侧算起。

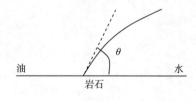

图1 岩石表面油水润湿性

若油水两相共存于岩石孔隙中，由于润湿性的差异，油水界面将不是水平的，而是一个弯液面（图2）。弯液面两侧的压力是不相等的，油相的压力高于水相的压力，该差值数值上等于毛管压力的数值，毛管压力总是指向油相一侧（图2），即

$$p_c = p_o - p_w \tag{1}$$

式中 p_c——毛管压力，MPa；

---

* 该论文的合作者：李冬梅

p_o——油相压力，MPa；

p_w——水相压力，MPa。

毛管压力的计算公式为[9]

$$p_c = \frac{2\sigma\cos\theta}{r} \qquad (2)$$

式中　σ——油水界面张力，N/m；

r——毛细管半径，μm；

θ——润湿角，(°)。

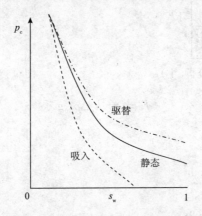

图2　孔隙中油水界面
形态及毛管压力

静态的毛管压力只有一个数值，动态的毛管压力却因润湿滞后而有多个数值。不管是水驱油，还是油驱水，都存在润湿滞后现象，即润湿角是一个随驱替过程不断变化的量。因此，不同驱替过程中测量的毛管压力曲线也是不同的(图3)。若岩心饱和了水，用油驱水测量的毛管压力曲线为驱替曲线(drainage)[7,9]；若岩心饱和了油，用水驱油测量的毛管压力曲线为吸入曲线(imbibition)[7,9]。由于岩石的亲水特性，油驱水比较困难，水驱油比较容易，水可以自动吸入岩心。严格说来，驱替曲线应称为油驱水曲线，吸入曲线应称为水驱油曲线。静态润湿的毛管压力曲线实际上是很难测量的，人们测量到的毛管压力曲线多少都有一定的润湿滞后。

图3　不同驱替过程的毛管压力曲线

驱替曲线的毛管压力比吸入曲线高，完全是由于润湿滞后所致。油驱水时弯液面曲率加大，润湿角变小，毛管压力增大，如图4(a)所示；水驱油时弯液面曲率变小，润湿角变大，毛管压力减小，如图4(b)所示。

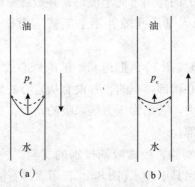

（a）　　　　　　　（b）

图4　动态油水界面形态及毛管压力

2 渗吸动力

渗流力学把水自动吸入岩石孔隙并进行驱油的过程称为渗吸，也就是前面所说的吸入。很多人认为渗吸是由于岩石的亲水特性所致，毛管压力起到了动力的作用。渗吸的动力是毛管压力吗？当然不是。图5中的基质岩块孔隙饱和了油，岩块周围被地层水所包围。地层水要进入孔隙并驱替其中的油，需要动力的支持。虽然岩石具有亲水特性，孔隙端部的毛管压力也都指向孔隙中的油相，但孔隙左右两端的毛管压力数值相等、方向相反，因此，水无法在毛管压力的作用下进入孔隙。毛管压力既不是渗吸的动力，也不是驱油的动力[10~13]。

实际上，渗吸作用的动力是浮力。油在浮力的作用下被驱替出孔隙，水也随之进入孔隙填补亏空。图6中基质岩块孔隙中的油柱受到顶、底端毛管压力的作用，但二者数值相等、方向相反，油柱并不会在毛管压力的作用下流出孔隙。但是，油柱除受到毛管压力的作用之外，还受到来自地层水的浮力和自身的重力，扣除重力后，油柱受到的净浮力为

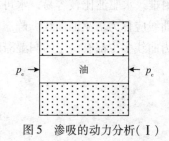

图5　渗吸的动力分析（Ⅰ）

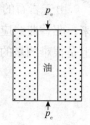

图6　渗吸的动力分析（Ⅱ）

$$F = \pi r^2 h_o \Delta\rho_{wo} g \tag{3}$$

式中　F——浮力，N；

h_o——油柱高度，m；

$\Delta\rho_{wo}$——水油密度差，g/cm^3；

g——重力加速度，m/s^2。

油柱单位面积上的净浮力为

$$f = \frac{F}{\pi r^2} = h_o \Delta\rho_{wo} g \tag{4}$$

式中　f——单位面积上的浮力，Pa。

由于$f>0$，所以油会在浮力的作用下向上流动，并最终流出孔隙，地层水也随之流入孔隙填补亏空。由此可见，水吸入基质孔隙并不是毛管压力作用的结果，而是浮力作用的结果。

实验室在做吸水排油实验时（图7），把饱和了油的岩心放入水中，水会自动吸入岩心，并排出其中的油，但都是从岩心顶部排出的，并没有从岩心的侧面或底部排出，这说明渗吸的动力不是毛管压力，而是浮力。若毛管压力是渗吸的动力，排油过程会从岩心的四周同时进行，而不仅仅是从岩心的顶部。

实验室不仅做吸水排油的实验，还做吸油排水的实验[9]，即把饱和了水的岩心放入油中，油会自动吸入岩心，并排出其中的水（图8）。若亲水岩石能够靠毛管压力吸水排油，那么，岩石吸油排水的动力又是什么呢？若还是毛管压力，则与吸水排油的动力发生了矛盾。

若吸水排油的动力为浮力，吸油排水的动力为重力，二者就完全统一了。

图7　吸水排油实验　　　　　　图8　吸油排水实验

3　渗吸速度

基质岩块孔隙中的油柱，在浮力的作用下向上流动，流动的速度可以用 Poiseuille 公式计算

$$v = \frac{r^2 f}{8\mu_o h_o} = \frac{r^2 \Delta\rho_{wo} g}{8\mu_o} \tag{5}$$

式中　v——渗吸速度，m/ks；

　　　μ_o——油的黏度，mPa·s。

由式(5)可以看出，渗吸速度与孔隙半径、原油黏度和水油密度差有关。渗吸作用，实际上就是油水在基质孔隙中的重力分异。水油密度差越大，分异速度就越快；油的黏度越大，分异速度就越慢；孔隙半径越小，分异的速度就越慢。

基质岩块的孔隙尺度变化很大，根据式(5)，大孔隙中的油优先流出孔隙，小孔隙中的油流出孔隙的速度极慢，以至于基质岩块中的油在很长时间内都采不完，这与实际情况完全相符。

若毛管压力是渗吸的动力，情况则正好相反。小孔隙中的油因毛管压力较大，驱替动力较强，应首先被采出；大孔隙中的油因毛管压力较小，驱替动力较弱，应最后被采出，这与实际情况完全不符，说明毛管压力不是渗吸的动力。

由式(5)计算的速度为渗吸速度的上限值，即净浮力全部用来驱油。实际上，由于润湿滞后的原因，在水驱油的过程中毛管压力起到了阻力的作用，从而减弱了渗吸的动力。

文献[14]和文献[15]研究了表面活性剂对渗吸过程的影响，在水中加入表面活性剂之后，可提高渗吸作用的最终采收率。但根据式(1)，表面活性剂将降低界面张力，进而减小毛管压力。若毛管压力是渗吸的动力，加入表面活性剂后，会降低渗吸的驱油效果。而实验结果正好相反，加入表面活性剂后，会增强渗吸作用的驱油效果。由此可见，毛管压力不是水驱油的动力，而是水驱油的阻力，表面活性剂的加入减小了阻力，致使驱油效果变好。

根据上述分析，渗吸驱油的主要机制是重力分异，因此，提高开发效果的措施，不应该是提高注水压力，而是延长渗吸时间，即有足够长的油水置换时间。间歇注水、周期注水及低速注水都是可供采用的方法。由于毛管压力是渗吸作用的阻力，加入表面活性剂降低毛管压力可提高渗吸速度。

4　结论

(1)渗吸作用的动力不是毛管压力，而是浮力。

（2）渗吸驱油的机制是重力分异，需要的时间较长。

（3）毛管压力是渗吸作用的阻力，加入表面活性剂可提高渗吸速度。

（4）间歇注水、周期注水及低速注水均可提高开发效果。

参 考 文 献

[1]刘向君，戴岑璞. 低渗透砂岩渗吸驱油规律实验研究[J]. 钻采工艺，2008，31（6）：110 - 112.

[2]马小明，陈俊宇，唐海，等. 低渗裂缝性油藏渗吸注水实验研究[J]. 大庆石油地质与开发，2008，27（6）：64 - 68.

[3]王家禄，刘玉章，陈茂谦，等. 低渗透油藏裂缝动态渗吸机理实验研究[J]. 石油勘探与开发，2009，36（1）：86 - 90.

[4]王锐，岳湘安，尤源，等. 裂缝性低渗油藏周期注水与渗吸效应实验[J]. 西安石油大学学报（自然科学版），2007，22（6）：56 - 59.

[5]彭昱强，何顺利，郭尚平，等. 岩心渗透率对亲水砂岩渗吸的影响[J]. 大庆石油学院学报，2010，34（4）：51 - 56.

[6]游利军，康毅力. 油气储层岩石毛细管自吸研究进展[J]. 西南石油大学学报（自然科学版），2009，31（4）：112 - 116.

[7]贝尔 J 著. 多孔介质流体动力学[M]. 北京：中国建筑工业出版社，1983：354 - 355.

[8]李传亮. 油藏工程基础[M]. 北京：石油工业出版社，2005：55.

[9]何更生. 油层物理[M]. 北京：石油工业出版社，1994：192 - 215.

[10]李传亮. 气水可以倒置吗？[J]. 岩性油气藏，2010，22（2）：128 - 132.

[11]李传亮. 油气倒灌不可能发生[J]. 岩性油气藏，2009，21（1）：6 - 10.

[12]李传亮. 毛管压力是油气运移的动力吗？[J]. 岩性油气藏，2008，20（3）：17 - 20.

[13]李传亮，张景廉，杜志敏. 油气初次运移理论新探[J]. 地学前缘，2007，14（4）：132 - 142.

[14]韩冬，彭昱强，郭尚平. 表面活性剂对水湿砂岩的渗吸规律及其对采收率的影响[J]. 中国石油大学学报（自然科学版），2009，33（6）：142 - 147.

[15]李士奎，刘卫东，张海琴，等. 低渗透油藏自发渗吸驱油实验研究[J]. 石油学报，2007，28（2）：109 - 112.

地下没有亲油的岩石

摘　要： 岩石是亲油、还是亲水，通过实验测量就可以确定。但地下不存在亲油的岩石，实验测量不出岩石的亲油特性，只能测量岩石亲水程度的强弱。地下岩石的亲水特性，为油气顺利运移至圈闭提供了保障，也为油藏压力的正常分布提供了保障。若岩石亲油，油气将散失在运移途中，从而无法聚集成藏。若油藏中的岩石亲油，地层压力的分布将出现不可思议的现象。因此，地下没有亲油的岩石，地下的岩石只能亲水。

关键词： 岩石；油藏；润湿性；亲油；亲水；压力分布；油气运移

0　引言

通过对油藏岩石的研究，笔者得到了两点认识："地下没有张开的裂缝"，"地下没有亲油的岩石"。第一个认识发表在文献[1]中，由于地层岩石中的裂缝在强大的上覆压力和水平地应力的作用下都处于闭合状态，因此，裂缝性油藏的应力敏感也极其微弱，生产过程完全可将其忽略[2]。

第二个认识，就是本文要研究的内容。虽然人们可以测量油藏岩石的润湿性[3]，但只能测量岩石亲水程度上的不同，而测量不出岩石的亲油特性，因为地下没有亲油的岩石，经过化学处理过的岩样除外。

1　机理分析

储层岩石主要有砂岩储层和碳酸盐岩储层两大类[4]，砂岩储层的主要矿物成分是石英，而碳酸盐岩的主要矿物成分是方解石和白云石。这些矿物都是结晶体，其表面都有极性，因此，根据相似相亲原理，它们与极性水都有较强的亲和力，其憎油特性都比较明显。当然，岩石的矿物组成十分复杂，也包含一些亲油矿物颗粒，但数量极少，岩石整体上会表现出亲水特性。

国内外文献报道的实测相对渗透率曲线没有出现亲油的特征，大都表现出亲水的特征，即等渗点水相饱和度大于50%，束缚水饱和度大于残余油饱和度，残余油饱和度下的水相相对渗透率低于1。

对于亲水岩石，水赋存于岩石的颗粒表面和小孔隙中，而油则位于粒间的大孔隙中，水一般为束缚水，不能流动，只有油才可以流动[图1(a)][3]。对于亲油岩石，情况则正好相反，油赋存于岩石的颗粒表面和小孔隙中，而水则位于粒间的大孔隙中，油一般为束缚油不能流动，只有水才可以流动[图1(b)]。

矿场上岩心的滴水试验会呈现出含油岩心的憎水(亲油)特征，但这不是润湿性测试，而是岩心的含油饱和程度检验。由于岩石饱含油，岩心表面有一层油膜，测量出的憎水现象其实是油水不相溶的性质，而不是岩石颗粒表面的润湿特性，因为滴水无法与岩石颗粒表面接触。

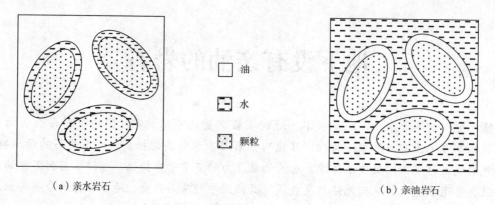

（a）亲水岩石 （b）亲油岩石

图1　岩石的油水赋存状态

　　若地下岩石亲油，则油气在运移途中会被岩石颗粒束缚，完全散失在运移途中，从而无法到达圈闭，更无法形成油气藏。显然，从油气运移的角度分析，地下岩石不能亲油，只能亲水。

　　若地下岩石亲油，油井投产就会产水，而不是产油，这与实际情况完全相反，因此，从生产的角度分析，地下岩石也不能亲油，只能亲水。

2　压力分析

　　岩石是由大量的毛细管组成的，毛细管中的油水分界面不是水平的，而是弯曲的，弯液面两侧的压力是不相同的。由于弯液面总是凸向润湿相一侧（凹向非湿相一侧），因此，地层岩石中非湿相流体的压力总是高于湿相流体的压力，高出的部分数值上等于毛管压力[5]。若岩石亲水，则油相的压力高于水相的压力[图2（a）]。若岩石亲油，则油相的压力低于水相的压力[图2（b）]。

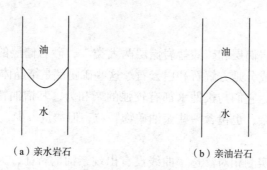

（a）亲水岩石 （b）亲油岩石

图2　毛细管中的油水分界面形态

　　地层中的流体是按照密度大小进行分层（重力分异）的，轻者在上，重者在下，因此，油藏中的油水分布一定如图3（a）所示，即油在上、水在下，并且存在一个油水分界面。

　　由于油的密度比水小，因此，油藏中的压力分布一定如图3（b）所示，即油藏中有两条压力分布曲线，油相的压力分布曲线位于水相压力分布曲线的右上方，二者在油水界面（严格说来是自由水面）处相交，显然油相的压力高于水相压力[5]。

　　由于同一深度处油相的压力高于水相的压力，这说明油为非湿相，地下的岩石是亲水的。若地下的岩石亲油，油相的压力就会低于水相的压力，油藏的压力分布就会出现不可思议的现象。因此，地下不可能存在亲油的岩石。

（a）油水分布

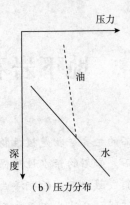

（b）压力分布

图3 油藏的油水及压力分布

3 结束语

（1）地下没有亲油的岩石，地下的岩石全部亲水。

（2）岩石的亲水特性，为油气顺利运移至圈闭提供了保障；若岩石亲油，油气就会散失在运移途中，从而形不成油气聚集，地下也就没有油气藏可供开采了。

（3）岩石的亲水特性，还为油藏压力的正常分布提供了保障，否则，压力分布将不可思议。

参 考 文 献

[1]李传亮. 裂缝性油藏的应力敏感性及产能特征[J]. 新疆石油地质，2008，29（1）：72-75.

[2]李传亮，张学磊. 对低渗透储层的错误认识[J]. 西南石油大学学报，2009，31（6）：177-180.

[3]何更生. 油层物理[M]. 北京：石油工业出版社，1994：188-192.

[4]赵澄林，朱筱敏. 沉积岩石学（第三版）[M]. 北京：石油工业出版社，2001.

[5]李传亮. 油藏工程原理[M]. 北京：石油工业出版社，2005：56，105-108.

地下岩石的润湿性分析

摘　要： 岩石的主要矿物是极性物质，地层水的极性比油强，因此，岩石是亲水的，地下没有亲油的岩石。岩石的亲水性质保证了油气运移的顺利进行，亲油岩石把油气散失在运移途中而无法聚集成藏。实测的相渗曲线表明了岩石的亲水性质。油藏压力的正常分布也是岩石亲水性质的证明。亲油岩石根本无法作为盖层封堵油气，只能散失油气。实验室测量到的亲油岩石，没有代表地下情况，因而是没有实际意义的。

关键词： 岩石；油藏；润湿性；亲油；亲水；压力分布；油气运移；相渗曲线

0　引言

笔者于 2011 年提出了"地下没有亲油的岩石"的观点[1]，并从机理分析和压力分布两个方面进行了分析。李正科先生不同意笔者的观点，并撰文质疑[2]。为此，笔者再撰文与李先生商榷。

1　岩石润湿性

储集层岩石的润湿性不是一个绝对概念，而是一个相对概念。当岩石孔隙中只有一种流体存在时，岩石与所有的流体会亲和在一起，即单相流体不存在润湿性的概念。当岩石孔隙中存在两相流体时，必定有一相流体倾向于亲和岩石。根据相似相亲原理，极性强的流体倾向于亲和极性强的固体。因此，当油水两相流体共存于岩石孔隙时，水是优先亲和岩石的，即水是润湿相，油是非湿相，或岩石是亲水的。

当然，岩石的矿物成分十分复杂，有少量的矿物颗粒呈现出亲油的特性也是可能的，但这并不影响岩石整体的亲水特性。常见的岩石矿物中，尚未发现何种矿物亲油。李正科先生说岩石中的黏土矿物所占比重较大，黏土矿物的高比面对原油具有较强的吸附作用，可促使润湿性反转[2]。黏土矿物大都是极性物质，它们对水、酸、碱具有很强的敏感性[3]，对油气不敏感，怎么可能吸附更多的原油呢？

地层流体的组成也十分复杂，水是极性物质，原油的主要成分是极性较弱的烃类物质，即使原油中含有一些极性稍强的胶质成分，但与地层水相比，其极性还是弱得多，否则，它们为什么溶解在极性较弱的油中而不是溶解在极性较强的地层水中呢？

2　流体赋存状态

若岩石孔隙中只有单相流体(油或水)，则流体是充满所有大小孔隙的。若岩石孔隙中存在两相流体，由于毛管压力的控制作用，湿相流体(地层水)赋存在小孔隙之中，非湿相流体(油)赋存在大孔隙之中。骨架颗粒通常被湿相流体(地层水)所包围，非湿相流体(油)

卷曲在大孔隙中，甚至都无法与固体颗粒相接触（图1）。

地层岩石最初都是被水饱和的，油气是后来运移进入的，因此，地层流体的赋存状态与流体的饱和顺序也存在一定的关系。李正科先生说原油中的极性成分会吸附到矿物颗粒表面上去[2]，若要实现这一过程，原油的极性成分必须首先溶解到水中，然后才有可能与颗粒接触并吸附上去。如果原油的极性成分能够溶解在水中，它不会等到成藏之后才开始溶解，而是在运移途中早就溶解了，并且早就散失在浩淼的地层水中而变得无影无踪了。

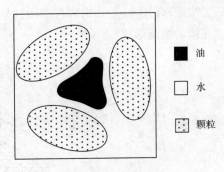

油
水
颗粒

图1 岩石的油水赋存状态

3 相渗曲线特征

油水两相的相渗曲线一般如图2所示。相渗曲线有5个特征参数[4]，2个端点饱和度即束缚水饱和度（s_{wc}）和残余油饱和度（s_{or}）、等渗点饱和度（s_{wx}）、等渗点相渗（k_{rx}）、右端点相渗（k_{rw}）。

若岩石亲水，必定 $s_{wc} > s_{or}$，$s_{wx} > 0.5$，$k_{rw} < 1$；若岩石亲油，必定 $s_{wc} < s_{or}$，$s_{wx} < 0.5$，$k_{rw} > 1$。图2是亲水岩石的相渗曲线，图3是亲油岩石的相渗曲线，笔者见到的实测相渗曲线都如图2所示，因此，地层岩石也都是亲水的。李正科先生说地下存在亲油的岩石[2]，那么实验室能测出如图3所示的相渗曲线吗？

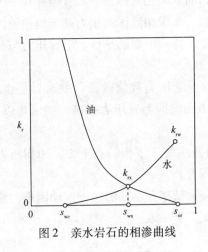

图2 亲水岩石的相渗曲线

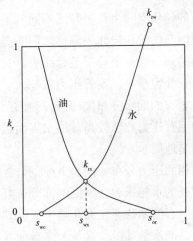

图3 亲油岩石的相渗曲线

4 油气运移过程

油气运移分初次运移和二次运移，初次运移都是垂向运移，二次运移包括垂向运移和斜向上运移两部分[5]。李正科先生说油气运移存在优势通道，在输导层中运移的实际通道只占输导层的1%～10%，即使岩石亲油，油气在运移途中的散失量也不大[2]。李先生只说了二次运移，而没有考虑初次运移。实际上初次运移的面积大，路径多，几乎整个烃原岩地层都是运移的途径。

油滴或气泡在烃源岩中生成时呈分散状态，在烃源岩中进行初次运移时也是呈分散状态，只是在砂岩地层的二次运移过程中汇聚成连续的细流，然后沿着优势通道进行长距离的二次运移（图4）。如果岩石亲油，呈分散状态的油气在汇聚之前就散失完了，哪里还能等到连续的细流形成？

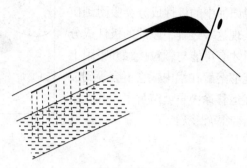

图4 油气运移示意图

李正科先生认为油气需要高于地层水的充注压力才能进入圈闭，并排出地层水[2]。其实，油气运移的动力就是浮力[6~11]，油气在浮力的作用下向上运移，占据圈闭的高部位，并排出其中的地层水，这就是所谓的重力分异，充注压力其实并不高。这个过程与地面的雨水汇聚成河，流入低洼处并排出其中的空气的道理完全相同。

5 油藏压力分布

岩石的储集空间由许多开度不同的毛细管组成，油水两相流体在毛细管中存在一个弯液面，弯液面凸向湿相流体一侧，凹向非湿相流体一侧。非湿相流体的压力高于湿相流体的压力，高出的部分数值上等于毛管压力，只有这样才能保持弯液面的平衡。毛管压力与孔隙半径成反比，孔隙越小，毛管压力就越大。

亲水岩石的油水分布如图5(a)所示。大孔隙的毛管压力数值较低，油水界面也较低。小孔隙的毛管压力数值较高，油水界面也较高。极小孔隙的毛管压力极高，油气难以进入，里面只能是地层水。

油水相的压力分布如图5(b)所示。油相的压力曲线位于水相的右上方，油相压力高于相同深度处的水相压力，高出的部分正好平衡毛管压力。

亲水岩石的油赋存在大孔隙中，流动容易；地层水赋存在小孔隙中，流动困难。油井开井即产油，产水量甚微。这与大多数油井的生产状况完全一致。

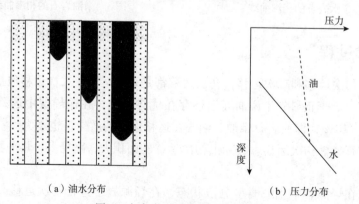

（a）油水分布　　　　　　　（b）压力分布

图5　亲水岩石的油水及压力分布

亲油岩石的油水分布与亲水岩石正好相反。由于岩石亲油，油气优先进入小孔隙，大孔隙中则赋存地层水［图6(a)］。由于弯液面凹向水相一侧，因此，水相的压力比相同深度处的油相压力高，油水相的压力分布如图6(b)所示。油相压力曲线位于了水相的左下方。

亲油岩石的油赋存在小孔隙中，流动困难；地层水赋存在大孔隙中，流动容易。油井开井即产水，产油量甚微。这与大多数油井的生产状况完全相反。

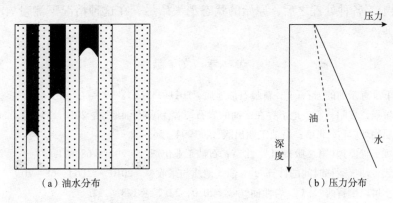

（a）油水分布　　　　　　（b）压力分布

图6　亲油岩石的油水及压力分布

6　盖层封堵机理

亲水岩石的盖层小孔隙中全是地层水，储集层大孔隙中的油气，因为毛管压力的封堵而无法进入盖层孔隙[9]，从而使油气聚集起来形成油气藏［图7(a)］。

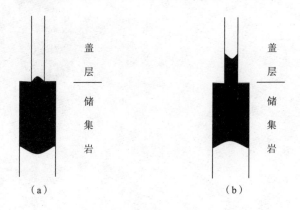

图7　油气聚集(a)和散失(b)机理

若岩石亲油，情况就大不相同了。由于毛管压力的牵引，油会顺利地运移进入盖层小孔隙，从而逃逸掉，即储集层无法聚集油气［图7(b)］。因此，图6中的油水和压力分布其实是不存在的。

7　结束语

地下没有亲油的岩石，地下的岩石全部亲水。岩石的这种性质，保证了油气运移的顺利进行，否则，油气将全部散失在运移途中而无法聚集成藏。今天的地下也就没有可供开采的石油了。

实测的相渗曲线也说明岩石具有亲水性质，而没有亲油性质。亲油岩石无法封堵油气，只能散失油气。

岩石的亲水性质与油水密度的完美结合，保证了油藏压力的正常分布，否则，油藏压力将出现不可思议的现象。

实验测量出的亲油岩石，只代表了地面条件，而不能代表地下情况。岩石在地面经过抽提、清洗、烘干等各种处理之后，原始的状态消失殆尽，在这种情况下测量岩石的润湿性，还有实际意义吗？

参 考 文 献

[1]李传亮. 地下没有亲油的岩石[J]. 新疆石油地质，2011，32(2)：197－198.

[2]李正科，王厉强，袁昭，等. 地下存在亲油的岩石[J]. 新疆石油地质，2012，33(2)：244－246.

[3]何更生. 油层物理[M]. 北京：石油工业出版社，1994：56－62.

[4]李传亮. 油藏工程原理(第二版)[M]. 北京：石油工业出版社，2011：68－71.

[5]李传亮，龙武. 油气运移时间的计算[J]. 油气地质与采收率，2010，17(6)：68－70.

[6]李传亮. 气水可以倒置吗？[J]. 岩性油气藏，2010，22(2)：128－132.

[7]李传亮. 油气倒灌不可能发生[J]. 岩性油气藏，2009，21(1)：6－10.

[8]李传亮. 毛管压力是油气运移的动力吗？[J]. 岩性油气藏，2008，20(3)：17－20.

[9]李传亮，张景廉，杜志敏. 油气初次运移理论新探[J]. 地学前缘，2007，14(4)：132－142.

[10]李传亮. 油气初次运移模型研究[J]. 新疆石油地质，2006，27(2)：247－250.

[11]李传亮. 油气初次运移机理分析[J]. 新疆石油地质，2005，26(3)：331－335.

低渗透储层容易产生高速非 Darcy 流吗？

摘　要： 高速非 Darcy 流导致附加的压力损失，降低地层流体的流动效率，对油气生产十分不利。到底是低渗透储层容易产生高速非 Darcy 流，还是高渗透储层容易产生，一直没有明确的认识。前人研究结果显示，低渗透储层容易产生高速非 Darcy 流，但低渗透储层的流体流动极其困难，生产过程很难产生高的渗流速度。根据流体力学的相关知识，研究了高速非 Darcy 流产生的条件和高速非 Darcy 流的影响因素，并认为高渗透储层容易产生高速非 Darcy 流，而低渗透储层不容易产生，低渗透储层的开发过程可忽略高速非 Darcy 流的影响。

关键词： 低渗透；Darcy 流；非 Darcy 流；储集层；Reynolds 数

0　引言

符合 Darcy 方程的流动，称作 Darcy 流。Darcy 流的渗流速度与压力梯度呈线性关系，因此也称作线性流。不符合 Darcy 方程的流动，称作非 Darcy 流。非 Darcy 流的渗流速度与压力梯度呈非线性关系，因此也称作非线性流[1]。Darcy 流是层流所致，而非 Darcy 流则由湍流（紊流）所致，湍流只发生在较高的 Reynolds 数下，而在生产过程中高 Reynolds 数对应较高的渗流速度和产量。

与 Darcy 流相比，高速非 Darcy 流消耗更多的地层能量，流动效率较低，因此，生产过程一般应避免出现高速非 Darcy 流。

现在的问题是，到底是高渗透储层容易出现高速非 Darcy 流，还是低渗透储层容易出现？高速非 Darcy 流出现的条件是什么？这是一个没有得到很好解决的理论问题，笔者拟对此进行研究，以便更好地指导生产。

1　非 Darcy 流

1886 年 H. Darcy 建立的 Darcy 方程为[2,3]

$$q = \frac{kA\Delta p}{\mu \Delta L} \tag{1}$$

式中　q——流量，m^3/ks；

　　　k——岩石渗透率，D；

　　　A——岩石渗流截面积，m^2；

　　　Δp——流动压差，MPa；

　　　μ——流体黏度，$mPa \cdot s$；

　　　ΔL——岩石长度，m。

式(1)也可以写成微分方程的形式

$$V = \frac{q}{A} = -\frac{k}{\mu}\frac{\mathrm{d}p}{\mathrm{d}x} \tag{2}$$

式中　V——渗流速度，m/ks；

　$\mathrm{d}p/\mathrm{d}x$——压力梯度，MPa/m。

由图 1 可以看出，落在 I 区的数据符合 Darcy 方程，为 Darcy 流，可用式（1）或式（2）描述。落在 II 区的数据不符合 Darcy 方程，为非 Darcy 流，不能用式（1）或式（2）描述。显然，非 Darcy 流需要消耗更多的能量，才能产生与 Darcy 流相同的渗流速度或流量。

由图 1 还可以看出，非 Darcy 流发生在较高的渗流速度条件下。人们通常采用 P. Forchheimer 提出的方程描述高速非 Darcy 流，Forchheimer 方程为[4]

$$-\frac{\mathrm{d}p}{\mathrm{d}x} = \frac{\mu}{k}V + \beta\rho V^2 \tag{3}$$

式中　β——非 Darcy 渗流系数，pm^{-1}，通常称作惯性阻力系数或湍流系数。

由式（3）可以看出，当 $\beta = 0$ 时，Forchheimer 方程即变成 Darcy 方程，也即为 Darcy 流；β 的数值越大，非 Darcy 流就越严重。β 的大小反映了储层中高速非 Darcy 流的程度。

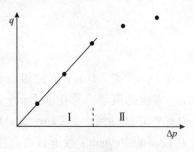

图 1　渗流指示曲线

β 没有理论计算公式，前人的一些实验研究给出了下面形式的统计规律[4]

$$\beta = \frac{c}{k^m} \tag{4}$$

另外一些实验结果为[5]

$$\beta = \frac{c}{k^{m_1}\phi^{m_2}} \tag{5}$$

式中　c、m、m_1、m_2——曲线拟合常数；

　　　ϕ——孔隙度，f。

式（4）、式（5）显示，渗透率越低或孔隙度越低，储层越容易产生高速非 Darcy 流。

2　非 Darcy 流产生的条件

非 Darcy 流是由湍流所致，湍流产生的条件一般用 Reynolds 数进行判断。管道中流动的 Reynolds 数计算公式为[6]

$$Re = \frac{\rho v d}{\mu} \tag{6}$$

式中　Re——Reynolds 数，dless；

　　　ρ——流体密度，$\mathrm{g/cm}^3$；

　　　d——管道直径，m；

　　　v——流体速度，m/s。

根据大量的实验结果绘制的阻力系数 λ 与 Reynolds 数之间的关系曲线如图 2 所示。当 Reynolds 数较低时，阻力系数与 Reynolds 数之间呈线性关系，此时为层流。当 Reynolds 数增大到一定数值后，阻力系数与 Reynolds 数之间呈非线性关系，此时为湍流。显然，湍流的阻力系数，比相同 Reynolds 数时的层流的阻力系数高，即湍流存在附加的能量损失，二者的阻力系数差为 b（图 2）。湍流开始时的 Reynolds 数，称作临界 Reynolds 数。人们通过大量的实验研究发现，管流的临界 Reynolds 数大约在 2000[6]。

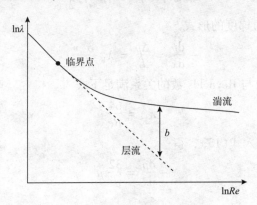

图 2 λ 与 Re 关系曲线

湍流与层流的阻力系数满足下式

$$\lambda_t = \lambda_L + b \tag{7}$$

式中 λ_t——湍流的阻力系数，dless；

λ_L——层流的阻力系数，dless；

b——湍流与层流的阻力系数差，dless。

很显然，b 是 Reynolds 数的函数，b 随着 Reynolds 数的增大而增大，可近似把它写成

$$b = aRe^n \tag{8}$$

式中 a——曲线常数；

n——曲线指数，$n > 1$。

当流体在多孔介质中流动时，由于流动通道（孔隙）的粗糙度较大，临界 Reynolds 数大幅度减小。根据实验研究，多孔介质的临界 Reynolds 数大约在 5 以下[7,8]。

流体在多孔介质中的渗流速度由式（2）计算，而真实速度则由下式计算

$$v = \frac{V}{\phi} \tag{9}$$

把式（9）代入式（6），得

$$Re = \frac{\rho V d}{\phi \mu} \tag{10}$$

由式（10）可以看出，储层的渗透率越低，孔隙直径就越小，渗流速度就越低，Reynolds 数也就越小，也就越不容易产生高速非 Darcy 流。因此，高速非 Darcy 流易于出现在高渗透储层中，这与式（4）或式（5）的实验规律正好相反。

3 Darcy 流方程

层流状态下管流的沿程水头损失为[6]

$$h_f = \lambda_L \frac{L}{d} \frac{v^2}{2g} \tag{11}$$

式中　h_f——水头损失，m；

　　　L——管子长度，m。

把式(11)写成压差的形式

$$\Delta p = \rho g h_f = \lambda_L \rho \frac{L}{d} \frac{v^2}{2} \tag{12}$$

再把式(12)写成压力梯度的形式

$$-\frac{\mathrm{d}p}{\mathrm{d}x} = \frac{\Delta p}{L} = \lambda_L \frac{\rho}{d} \frac{v^2}{2} \tag{13}$$

层流状态下阻力系数与 Reynolds 数的关系满足下式[6]

$$\lambda_L = \frac{64}{Re} \tag{14}$$

把式(14)和式(6)代入式(13)，得

$$-\frac{\mathrm{d}p}{\mathrm{d}x} = \frac{32}{d^2} v \mu \tag{15}$$

把式(9)代入式(15)，得

$$-\frac{\mathrm{d}p}{\mathrm{d}x} = \frac{32}{\phi d^2} V \mu \tag{16}$$

多孔介质的 Kozeny – Carman 方程可以写成[9]

$$k = \frac{\phi d^2}{32} \tag{17}$$

把式(17)代入式(16)，即得到式(2)形式的 Darcy 方程，因此，Darcy 流与层流是相对应的。

4　非 Darcy 流方程

把式(13)中的 λ_L 换成 λ_t，得湍流状态下管流的压力梯度计算公式为

$$-\frac{\mathrm{d}p}{\mathrm{d}x} = \lambda_t \frac{\rho}{d} \frac{v^2}{2} \tag{18}$$

把式(7)代入式(18)，得

$$-\frac{\mathrm{d}p}{\mathrm{d}x} = \lambda_L \frac{\rho}{d} \frac{v^2}{2} + b \frac{\rho}{d} \frac{v^2}{2} \tag{19}$$

式(19)可以改写成

$$-\frac{\mathrm{d}p}{\mathrm{d}x} = \frac{\mu}{k} V + b \frac{\rho}{d\phi^2} \frac{V^2}{2} \tag{20}$$

把式(20)与式(3)进行对比，可得

$$\beta = \frac{b}{2d\phi^2} \tag{21}$$

再把式(8)和式(10)代入式(21)，得

$$\beta = \frac{aRe^n}{2d\phi^2} = \frac{a}{2d\phi^2} \left(\frac{\rho V d}{\phi \mu} \right)^n \tag{22}$$

由式(22)可以看出，非 Darcy 渗流系数 β 的影响因素较多，并非只是渗透率或孔隙度的函数。渗透率越低的储层，孔隙直径就越小，渗流速度就越低，非 Darcy 渗流系数 β 的数值也就越小。因此，低渗透储层的高速非 Darcy 流并不严重，这与式(4)和式(5)显示的逻辑关系正好相反。也说明式(4)和式(5)的实验统计规律不正确。

5 结论

(1)Darcy 流对应层流，非 Darcy 流对应湍流。

(2)高渗透储层容易产生高速非 Darcy 流，低渗储层不容易产生。

(3)低渗透储层中的高速非 Darcy 流并不严重。

(4)低渗透储层的流动极其困难，产量极低，生产过程不必考虑高速非 Darcy 流的影响。

参 考 文 献

[1]李传亮. 油藏工程原理[M]. 北京：石油工业出版社，2005：46 – 47.

[2]葛家理. 油气层渗流力学[M]. 北京：石油工业出版社，1982：22 – 24.

[3]翟云芳. 渗流力学(第二版)[M]. 北京：石油工业出版社，2003：10 – 12.

[4]Dake L P. Fundamentals of reservoir engineering[M]. Elsevier Scientific Publishing Company，Amsterdam，1978：255 – 260.

[5]Jones S C. Using the inertial coefficient to characterize heterogeneity in reservoir rock[A]. SPE 16949 presented at the 1987 SPE Annual Technical Conference and Exhibition. Dallas. Sept.：255 – 260.

[6]贺礼清. 工程流体力学[M]. 北京：石油工业出版社，2004：139 – 160.

[7]孔祥言. 高等渗流力学[M]. 安徽合肥：中国科学技术大学出版社，1999：32 – 34.

[8]贝尔 J 著. 李竞生，陈崇希 译. 多孔介质流体动力学[M]. 北京：中国建筑工业出版社，1983：95 – 97.

[9]何更生. 油层物理[M]. 北京：石油工业出版社，1994：42 – 44.

油井产能评价新方法[*]

摘 要：油井产能评价是通过产能测试来完成的。常规的产能测试是在地下进行的，通过测量油井产量和井底压力来确定油井的产能指数，从而对油井产能做出评价。对于某些油井，井底压力测试十分困难，产能评价往往难以实现。为了有效评价油井的产能，对产能评价方法进行了改进，把产能测试从地下移至地面，通过测试油嘴的产能方程来评价油井的产能，通过油嘴产能指数的大小来评价油井产能的高低。通过测量不同油嘴大小的油井产量，即可确定油嘴产能指数。研究表明，油嘴产能测试不影响油井的正常生产，也不增加任何测试费用，方法简单，而且实用。

关键词：油井；产能；产能指数；油嘴产能指数；产能曲线；产能测试

0 引言

油井的产量随生产条件而变化，特定生产条件下的油井产量定义为油井的产能。油井的产量是一个变量，而油井的产能则是一个常数。油井产能是油井配产的基础参数，因此，产能评价是油井生产管理的一项基本工作[1~3]。油井产能评价是通过产能测试完成的，而产能测试受很多因素的影响，因此正确评价油井的产能并不是一件容易的事。传统的产能评价都是针对地层条件而进行的[4,5]，由于地层条件下的测试十分困难，很多情况下都无法实现，因此，笔者拟对油井产能评价方法进行改进，把产能评价从地下移至地面，使其更简单，也更实用。

1 油气流程

油气从地下流到地面，需经历 3 个流动阶段：①从地层流到井底的渗流阶段；②从井底流到井口的管流阶段；③从井口流到输油管线的嘴流阶段。这 3 个阶段是一个串联过程，因此这 3 个阶段的流量是相等的，压力是依次衔接的(图 1)。

渗流阶段的流量为地层压力损失的函数，即

$$q = f_1(p_e - p_{wf}) \tag{1}$$

式中　q——油井产量(流量)，m^3/d 或 t/d；

　　p_e——供给边界(外边界)压力，MPa；

　　p_{wf}——井底(内边界)流压，MPa；

　　f_1——渗流阶段的产量函数。

供给边界压力与井底流压的差值，为油井的生产压差。

---

[*] 该论文的合作者：朱苏阳

管流的流量为井筒压力损失的函数，即

$$q = f_2(p_{wf} - p_t - \rho_m gD) \tag{2}$$

式中 p_t——油压，MPa；

ρ_m——井筒流体密度，g/cm^3；

g——重力加速度，m/s^2；

D——油井深度，km；

f_2——管流阶段的产量函数。

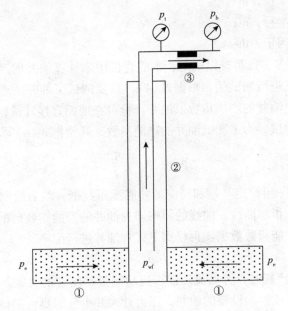

图 1   油井油气流程图

油嘴的流量为油嘴压力损失的函数，即

$$q = f_3(p_t - p_b) \tag{3}$$

式中 p_b——回压，MPa；

f_3——嘴流阶段的产量函数。

式(1)~式(3)分别是 3 个流动阶段的产能方程，只要确定了 3 个方程的函数关系，就可以确定油井的产能大小。由于 3 个流动阶段的流量相等，因此，确定任何一个流动阶段的产能数据，就可以代表油井的产能。油田现场一般选择第一流动阶段即地下渗流阶段的产能方程作为油井产能的评价对象[4,5]。

2   地层测试

在地层中的渗流阶段，单位生产压差的油井产量定义为油井的产能指数(采油指数)[4~7]，即

$$J = \frac{q}{p_e - p_{wf}} \tag{4}$$

式中 J——油井的产能指数，m^3/(d·MPa)或 t/(d·MPa)。

根据渗流力学，油井产能指数的理论公式[6,7]为

$$J = \frac{2\pi kh}{\mu\left(\ln\dfrac{r_e}{r_w} + s\right)} \tag{5}$$

式中　k——地层渗透率，D；

　　　h——地层厚度，m；

　　　μ——地层流体黏度，mPa·s；

　　　r_e——油井泄油半径，m；

　　　r_w——油井完井半径，m；

　　　s——油井表皮因子，dless。

由于式(5)中的许多参数都难以确定，不能直接用来计算油井的产能指数，因此产能指数通常是在地层条件下进行测试的。根据式(4)，只要测试了油井的产量和地层的内、外边界压力，就可以确定出油井的产能指数。油井产量可在地面直接计量，而地层的内、外边界压力需要在地下进行测试。为了测试油井的产能指数，通常把式(4)写成

$$p_{wf} = p_e - \frac{q}{J} \tag{6}$$

按照式(6)，测试一组稳定产量和对应的井底流压数据，然后绘制成如图2所示的油井产能曲线——油井生产指示曲线，曲线的斜率即为油井的产能指数(图2)[6]。

利用测试获得的产能指数数据，再根据下式对油井进行配产

$$q = J(p_e - p_{wf}) \tag{7}$$

用式(6)确定油井产能时，井底流压能否成功测量是问题的关键。对于一些超深井、高含硫井、井筒装有节流或抽油设备的油井，压力计入井十分困难，测试难以实现。对于低渗和特低渗地层，油井需要的稳定时间偏长使得测试也很困难。

图2为多点测试。若采用单点测试，用式(4)确定油井的产能指数时，除了需要测量井底的稳定流压之外，还需要测量一个静压或外边界压力数据。静压测试需要长时间关井进行压力恢复试井，这会影响油井产量，油田生产管理部门一般不愿意采用。

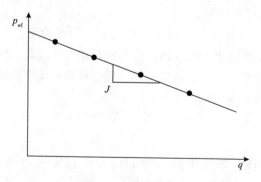

图2　油井产能曲线

鉴于地下产能测试存在的诸多问题，油井产能测试位置可以上移。若根据式(2)对井筒进行测试，也需要测量井底流压，与地层测试面临着同样的困难。因此，笔者拟将产能测试从地下移至地面。

3 地面测试

根据式(3)可以对油井进行地面测试,即测试油嘴的产能方程,从而确定出油井的产能大小。对于多相流动,式(3)的物理方程至今还没有建立起来,矿场上只统计出了一些实用性较强的经验方程,即嘴流方程。

若 $p_b/p_t < 0.555$,则回压的波动不会对油嘴的上游压力(油压)及产量产生影响[4,5],这个条件在油田上通常很容易满足,因此,式(3)可以改写为

$$q = f_3(p_t) \tag{8}$$

式(8)的经验方程形式[4,5]为

$$q = \frac{ap_t}{R_{go}^b}d^c \tag{9}$$

式中　d——油嘴直径,mm;

　　　R_{go}——油井生产气油比,m^3/m^3;

a、b、c——统计常数,c 在 2 左右。

在特定的生产时间内,油井的生产气油比通常为一常数,油压数据的波动通常很小,因此,式(9)可近似写成

$$q = Zd^2 \tag{10}$$

式中　Z——油嘴产能指数,$m^3/(d \cdot mm^2)$ 或 $t/(d \cdot mm^2)$。

式(10)中油嘴产能指数定义为单位油嘴大小即油嘴直径为 1mm 时的油井产量

$$Z = \frac{q}{d^2} \tag{11}$$

若通过地面测试获得了油嘴产能指数,则可以根据式(10)对油井进行配产。

油嘴产能指数是通过一组生产测试完成的,即测试一组稳定产量和对应油嘴大小的生产数据,然后绘制成如图 3 所示的油嘴产能曲线,曲线的斜率即为油嘴产能指数。

图 3 为多点测试,实际上也可以通过单点测试,并由式(11)来确定油井的油嘴产能指数。

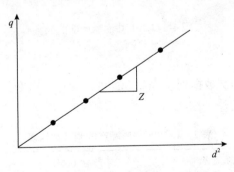

图 3　油嘴产能曲线

油嘴产能指数的测试可以在油井生产的同时进行,不影响油井的正常生产,也不需要增加任何的测试费用,比常规的地层测试更简单、更节省费用,也更实用。由于测试在地面进行,不受地层条件的限制,因此,油嘴产能测试方法适用于任何油藏,也适用于气藏。

4 应用实例

4.1 LC301 井

LC301 井的油嘴产能测试数据列于表1。由测试数据可以看出，油井产量对油嘴变化比较敏感，而油压对油嘴变化不敏感，油嘴产能曲线绘于图4。

表1 LC301 井油嘴产能测试数据表

序号	油嘴直径/mm	产油/(t/d)	油压/MPa
1	6.0	160	9.6
2	6.5	190	9.2
3	7.0	216	8.8
4	7.5	249	8.4

图4中油嘴产能曲线的回归方程为

$$q = 4.437d^2 \qquad (12)$$

由该方程确定的 LC301 井的油嘴产能指数为 $Z = 4.437t/(d \cdot mm^2)$。

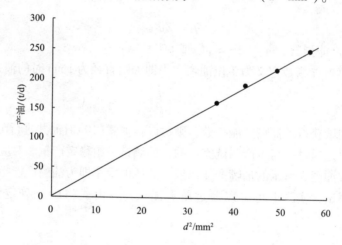

图4 LC301 井油嘴产能曲线

4.2 LC305 井

LC305 井的油嘴产能测试数据列于表2。油井产量对油嘴变化比较敏感，油压对油嘴变化不太敏感，油嘴产能曲线绘于图5。

表2 LC305 井油嘴产能测试数据表

序号	油嘴直径/mm	产油/(t/d)	油压/MPa
1	5.0	125	11.5
2	5.5	160	11.4
3	6.0	185	11.2
4	6.5	207	11.1

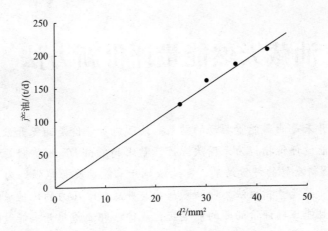

图 5　LC305 井油嘴产能曲线

图 5 中油嘴产能曲线的回归方程为

$$q = 5.0567d^2 \tag{13}$$

由该方程确定的 LC305 井的油嘴产能指数为 $Z = 5.0567 t/(d \cdot mm^2)$。

虽然 LC305 井的产量没有 LC301 井高，但 LC305 井的油嘴产能指数却比 LC301 井高，即 LC305 井的产能高于 LC301 井，这是由于 LC305 井产能测试时用的油嘴较小所致。

5　结论

（1）由于常规产能测试在地下进行，对于一些油井来说地下测试十分困难，可将油井的产能测试从地下移至地面。

（2）地面测试通过嘴流方程加以实现，即通过测试油嘴的产能方程确定油嘴产能指数，进而用于评价油井的产能大小和给油井进行配产。

（3）油嘴产能测试不需要增加测试费用，也不影响油井的正常生产。

（4）油嘴产能测试比常规产能测试更简单、实用，适用对象也更广泛。

参　考　文　献

[1]钟家峻，唐海，吕栋梁，等.苏里格气田水平井一点法产能公式研究[J].岩性油气藏，2013，25(2)：107－111.

[2]王大为，李晓平.井眼轨迹对水平井流入动态的影响[J].岩性油气藏，2013，25(3)：119－122.

[3]成良丙，杨军，冯顺彦，等.多层复合油藏产能预测及主力层优选技术[J].岩性油气藏，2013，25(6)：117－121.

[4]李颖川.采用工程(第二版)[M].北京：石油工业出版社，2009：1－17，38－40.

[5]王鸿勋，张琪.采用工艺原理(第2版)[M].北京：石油工业出版社，1989：1－21，48－52.

[6]李传亮.油藏工程原理(第二版)[M].北京：石油工业出版社，2011：198－208.

[7]翟云芳.渗流力学(第二版)[M].北京：石油工业出版社，2003：21－22.

油藏天然能量评价新方法[*]

摘　要：油气开采是油藏能量驱动的结果。油藏能量评价是油气开采过程中的一项基本工作。传统的油藏能量评价指标为无因次弹性产量比和采出1%地质储量的地层压降，但这2个指标均出现了逻辑反转的评价结果，即油藏越开采能量反而越强。为了科学评价油藏的驱动能量，提出了油藏能量指数法，即油藏压力与井底极限压力的比值。该方法与油井的举升方式密切相关，且能正确评价油藏的能量变化规律，即油藏越开采能量越弱。能量指数法比传统方法更简便，更实用。

关键词：油藏；驱动能量；能量指数；压降；举升方式

0　引言

油藏流体从地层流入井筒，是油藏能量驱动的结果。油藏能量可以是天然能量，也可以是人工注入的能量[1~7]。本文主要研究油藏的天然能量问题。若油藏能量较强，则流动容易；若油藏能量较弱，则流动困难。因此，油藏能量评价是油气开采过程中的一项基本工作[8]。

传统的油藏能量评价，通常采用无因次弹性产量比和采出1%地质储量的地层压降2个指标[8,9]。这2种评价方法均较为复杂，且存在逻辑反转的现象，没有反映出油藏能量的本质规律。为了克服传统评价方法的不足，笔者提出油藏能量评价的新方法——能量指数法。该方法不仅方便、实用，而且能够评价油藏能量的真实状态。

1　无因次弹性产量比

水压驱动油藏的物质平衡方程[6]为

$$N_p B_o = N B_{oi} c_{eff} \Delta p + W \tag{1}$$

$$\Delta p = p_i - p \tag{2}$$

式中　　N_p——油藏累产油量，m^3；

　　　　N——油藏地质储量，m^3；

　　　　B_{oi}——原始地层条件下的原油体积系数，dless；

　　　　B_o——目前条件下的地层原油体积系数，dless；

　　　　c_{eff}——油藏有效压缩系数，MPa^{-1}；

　　　　Δp——油藏压降，MPa；

　　　　p_i——油藏原始地层压力，MPa；

---

　　* 该论文的合作者：朱苏阳

p——油藏目前地层压力，MPa；

W——油藏存水量，m^3。

在天然能量驱动下，油藏存水量的计算公式[10,11]为

$$W = W_e - W_p B_w \tag{3}$$

式中　W_e——油藏累计水侵量，m^3；

　　　W_p——油藏累产水量，m^3；

　　　B_w——地层水的体积系数，dless。

若没有水侵，由式(1)得出弹性驱动油藏的物质平衡方程

$$N_p B_o = N B_{oi} c_{eff} \Delta p \tag{4}$$

由式(4)可得出弹性驱动的油藏产油量为

$$N_{pe} = \frac{N B_{oi} c_{eff} \Delta p}{B_o} \tag{5}$$

式中　N_{pe}——靠弹性驱动的油藏产油量，m^3。

由式(1)可得出水压驱动的油藏产油量为

$$N_p = \frac{N B_{oi} c_{eff} \Delta p + W}{B_o} \tag{6}$$

由式(5)和式(6)得无因次弹性产量比

$$N_{pr} = \frac{N_p}{N_{pe}} = 1 + \frac{W}{N B_{oi} c_{eff} \Delta p} \tag{7}$$

式中　N_{pr}——无因次弹性产量比，dless。

由式(7)可以看出，N_{pr}随油藏存水量的增大而增大。投产初期油藏还没有发生水侵，油藏的存水量为0，此时$N_{pr}=1$，油藏为弹性驱动。随着开发的不断进行，水侵量不断增多，存水量也不断增大，N_{pr}的数值也不断增大。当$N_{pr}>30$时，油藏的能量较强；当$N_{pr}<10$，油藏能量较弱；当$N_{pr}=10\sim30$，油藏能量中等[8,9]。

根据式(7)可以得出，按照无因次弹性产量比指标进行评价，油藏的能量是不断增加的，即油藏越开采能量反而越强。这当然是一个逻辑反转的评价结果，而实际上油藏的能量是不断衰竭的。

根据式(7)还可以得出，稠油油藏的能量评价结果偏强，因为油藏的压缩系数较小，而气藏的能量评价结果偏弱，因为气藏的压缩系数较高。实际情况却恰恰相反，稠油油藏的能量较弱，而气藏的能量却较强。

之所以出现这种逻辑反转的评价结果，是因为式(7)计算的是油藏开采过程中的能量消耗指标，而不是油藏能量的评价指标。油藏开采过程中能量的消耗越来越多，但油藏的能量却越来越少。

2　采出1%地质储量的地层压降

油藏的采出程度为累产油量与地质储量的比值，即

$$R_o = \frac{N_p}{N} \tag{8}$$

式中 R_o——油藏采出程度，f。

采出 1% 地质储量的地层压降[8,9]为

$$D_{pr} = \frac{\Delta p}{R_o} \tag{9}$$

式中 D_{pr}——采出 1% 地质储量的地层压降，MPa。

把式(1)代入式(9)，可得到

$$D_{pr} = \frac{B_o}{B_{oi} c_{eff}} \left(1 - \frac{W}{N_p B_o} \right) \tag{10}$$

由式(10)可以看出，D_{pr} 随油藏存水量的增大而减小。投产初期油藏还没有发生水侵，油藏的存水量为 0，此时 D_{pr} 最高，为油藏有效压缩系数的倒数。随着开发的不断进行，水侵量不断增多，存水量也不断增大，D_{pr} 的数值则不断减小。当 $D_{pr} < 0.2\text{MPa}$ 时，油藏的能量较强；当 $D_{pr} > 0.8\text{MPa}$ 时，油藏能量较弱；当 $D_{pr} = 0.2 \sim 0.8\text{MPa}$ 时，油藏能量中等[8,9]。

根据式(10)可以得出，按照采出 1% 地质储量的地层压降指标进行评价，油藏的能量是不断增加的，即油藏越开采能量反而越强。与采用无因次弹性产量比指标的评价结果一样，这当然也是一个逻辑反转的评价结果，其原因也是把能量的消耗指标当成了油藏的能量评价指标。

3 油藏能量指数

所谓油藏能量的强弱，是指油藏流体流入井筒的难易程度。流动越容易，说明油藏能量越强；反之，则越弱。

油藏能量的高低，首先取决于油藏压力的高低。油藏压力越高，流动则越容易，油藏的能量则越强；反之，则越弱。

油藏能量的高低，还取决于油井的举升条件即井底压力的高低。井底压力越高，流动则越困难，油藏的能量则越弱；反之，则越强。

因此，油藏能量的强弱不是绝对的，而是相对的，是油藏压力高于井底压力的程度。若油藏压力与井底压力相等，则油藏没有任何能量可言。

由于井底压力随工作制度而变化，随举升方式而变化，为了便于研究，选取每种举升方式下油井停止生产时的井底极限压力作为对比的基础压力，例如自喷生产时取停喷流压，机抽生产时取停抽流压等。

将地层压力与井底极限压力的比值，定义为油藏的能量指数，即

$$I_e = \frac{p}{p_{wfs}} \tag{11}$$

式中 I_e——油藏能量指数，dless；

p_{wfs}——井底极限压力，MPa。

由式(11)可以看出，油藏的能量指数随地层压力的变化而变化。油藏刚投入生产时，油藏的地层压力最高，能量指数也最高。随着开采过程的不断进行，油藏的地层压力不断下降，能量指数也不断减小。当地层压力接近井底极限压力时，油井停止生产，油藏的能量指数降为最小值 1。能量指数的变化规律，客观地反映了油藏能量的本质特性，而传统指标则扭曲了油藏能量的本质特性。

为了便于对比和分析，能量指数可以分级为：当 $I_e < 1.1$ 时，油藏能量较弱，油井勉强可以生产；当 $I_e > 1.3$ 时，油藏能量较强，油井生产能力旺盛；当 $I_e = 1.1 \sim 1.3$ 时，油藏能量中等，油井可以正常生产。

能量指数法不仅适合于油藏，也适合于气藏；不仅可以评价天然能量，也可以评价人工注入的能量。

4 应用实例

某油藏的地质储量大约为 $4000 \times 10^4 m^3$，有效压缩系数为 $15 \times 10^{-4} MPa^{-1}$，油藏采用天然能量开采，油井自喷生产的停喷流压大约为 33MPa，机抽生产的停抽流压大约为 25MPa。油藏的生产数据及由其计算出的油藏能量评价参数列于表 1。

表 1　油藏生产数据及能量评价参数表

时间/ a	N_p/ $10^4 m^3$	p/ MPa	B_o/ dless	N_{pr}/ dless	D_{pr}/ MPa	I_e（自喷）/ dless	I_e（机抽）/ dless
0	0.0	45.1	1.3000	—	—	1.37	1.80
1	5.0	44.3	1.3014	1.00	1.70	1.34	1.77
2	35.0	43.6	1.3025	3.90	1.50	1.32	1.74
3	80.0	43.1	1.3034	6.68	1.00	1.31	1.72
4	160.0	42.8	1.3039	11.63	0.58	1.30	1.71
5	240.0	42.3	1.3047	14.34	0.47	1.28	1.69
6	321.0	42.1	1.3051	17.90	0.37	1.28	1.68
7	390.0	42.0	1.3052	21.05	0.32	1.27	1.68
8	460.0	42.2	1.3049	26.54	0.25	1.28	1.69
9	543.0	42.1	1.3051	30.28	0.22	1.28	1.68
10	600.0	42.0	1.3052	32.39	0.21	1.27	1.68
11	660.0	42.1	1.3051	36.81	0.18	1.28	1.68
12	730.0	42.0	1.3052	39.41	0.17	1.27	1.68
13	800.0	42.0	1.3052	43.18	0.16	1.27	1.68

根据表 1 数据绘制的无因次弹性产量比曲线如图 1 所示。从图 1 可以看出，油藏刚投产时的能量较弱，生产大约 4a 之后能量转为中等，生产 9a 之后能量变强。评价结果出现了油藏越开采能量反而越强的逻辑反转现象。

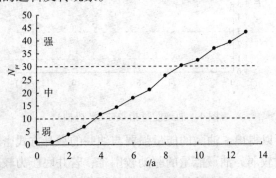

图 1　油藏无因次弹性产量比曲线

根据表 1 数据绘制的采出 1% 地质储量的地层压降曲线如图 2 所示。从图 2 可以看出，油藏刚投产时的能量较弱，生产大约 3.5a 之后能量转为中等，生产 10a 之后能量变强。评价结果也出现了油藏越开采能量反而越强的逻辑反转现象。

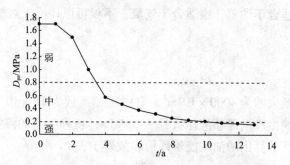

图 2　油藏采出 1% 地质储量的地层压降曲线

根据表 1 数据绘制的自喷生产的油藏能量指数曲线如图 3 所示。从图 3 可看出，油藏刚投产时的能量较强，生产大约 3.5a 之后能量转为中等，然后一直稳定在中等水平。评价结果出现了油藏越开采能量越弱的正常现象。

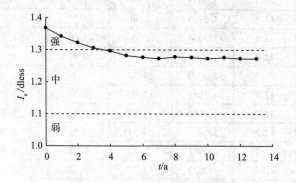

图 3　油藏能量指数曲线（自喷）

若采用机抽生产，则能量指数曲线如图 4 所示。从图 4 可以看出，油藏的能量一直都很强，这是井底压力较低导致油井生产能量旺盛的结果。

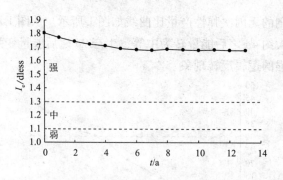

图 4　油藏能量指数曲线（机抽）

对比图 3 和图 4 可以得出，油藏的能量强弱与油井的举升方式密切相关。若井底压力较高，则油藏的能量相对较弱，油藏能量的驱动较困难；若井底压力较低，则油藏的能量相对较强，油藏能量的驱动较容易。而传统的油藏能量评价方法与举升方式无关，显然不合理。

由于地层压力不便于实测，实际评价时可以用井底流压代替地层压力。实际上，用井底流压评价更为科学。此时，能量指数由式(11)改为

$$I_e = \frac{p_{wf}}{p_{wfs}}$$ (12)

式中 p_{wf}——井底流压，MPa。

5 结论

(1)油藏天然能量的传统评价方法为无因次弹性产量比和采出1%地质储量的地层压降，这2个指标存在逻辑反转现象，即油藏越开采油藏能量却越强，因此，无法用来正确评价油藏的能量状态。

(2)油藏能量指数法用油藏压力与井底极限压力的比值来评价油藏的能量强弱。该方法简单、实用，而且评价结果反映了油藏能量的本质规律，即油藏越开采能量越弱。

(3)传统的油藏评价方法与油井的举升方式无关，而油藏能量指数法与油井的举升方式密切相关，反映了油藏的生产实际情况。

(4)油藏能量指数法不仅可以评价油藏的天然能量，也可以评价气藏的天然能量；不仅可以评价天然能量，也可以评价人工注入的能量。

参 考 文 献

[1]李传亮，涂兴万. 储层岩石的2种应力敏感机制[J]. 岩性油气藏，2008，20(1)：111 – 113.

[2]聂海峰，谭蓓，谢爽，等. 应用矢量井网优化小型油藏注水井位[J]. 岩性油气藏，2013，25(3)：123 – 126.

[3]董凤玲，周华东，李志萱，等. 卫42断块特低渗油藏挖潜调整研究[J]. 岩性油气藏，2013，25(5)：113 – 116.

[4]薛建强，覃孝平，赖南君，等. 超低渗透油田降压增注体系的研究与应用[J]. 岩性油气藏，2013，25(6)：107 – 111.

[5]成良丙，杨军，冯顺彦，等. 多层复合油藏产能预测及主力层优选技术[J]. 岩性油气藏，2013，25(6)：117 – 121.

[6]李传亮. 油藏工程原理(第二版)[M]. 北京：石油工业出版社，2011：150 – 159.

[7]周春香，李乐忠，王敏. 西58 – 8小断块边水油藏天然能量评价研究[J]. 岩性油气藏，2009，21(4)：111 – 114.

[8]黄炳光，刘蜀知. 实用油藏工程与动态分析方法[M]. 北京：石油工业出版社，1998：107 – 108.

[9]中华人民共和国石油天然气行业标准，SY/T 6167 – 1995. 油藏天然能量评价方法[S]. 北京：石油工业出版社，1995.

[10]李传亮，仙立东. 油藏水侵量计算的简易新方法[J]. 新疆石油地质，2004，25(1)：53 – 54.

[11]李传亮. 油藏生产指示曲线[J]. 新疆石油地质，2001，22(4)：333 – 334.

长水平井的产能公式[*]

摘　要： 短水平井是指水平段长度远小于泄油区域尺度的水平井，若水平段长度与泄油区域尺度基本相同，则为长水平井。目前的水平井产能公式都是针对短水平井而提出的，不适用于长水平井。采用等效渗流阻力法，推导了长水平井的产能计算公式。不能用长水平井的产能公式计算短水平井的产量，否则，会高估油井的产量。长水平井产能公式的计算结果为水平井公式计算结果的下限值。

关键词： 油藏；直井；水平井；产能公式

0　引言

在直井开采效率不高的地方，人们会借助于水平井开发地下的油气资源[1,2]。由于水平井与油藏的接触面积较大，因而产能也较高。对于低渗、薄层和稠油等低品质油藏，用直井开采很难获得好的经济效益，但却适合采用水平井[3]。对于渗透性极低的页岩油气藏，必须采用水平井加多级压裂技术才能有效开发[4]。

由于水平井的钻井成本较高，过去采用的水平井一般都是短水平井。所谓短水平井是指水平段长度远小于泄油区域尺度的水平井，若水平段长度与泄油区域尺度基本相同，则水平井称为长水平井。油藏工程中发展起来的水平井产能公式，也只适用于短水平井。但随着钻井技术的不断发展和低品质油气资源的不断被发现，长水平井也不断涌现，甚至出现了水平段超过 1×10^4 m 的长水平井[5]。因此，长水平井的产能计算问题也亟待解决。

1　直井产能公式

1.1　单向流

若均质等厚矩形地层的一端为采出端（油井），另一端为供给端（供给边界），则地层流体会沿着同一个方向流向采出端，地层中的这种流动被称为单向流或线性流（图1）。稳定流动时单向流的产量计算公式为下面的 Darcy 方程[6]

$$q = \frac{kbh(p_e - p_{wf})}{\mu a} \tag{1}$$

式中　q——产量（地下），m^3/ks；

　　　k——地层渗透率，D；

　　　b——地层宽度，m；

　　　h——地层厚度，m；

　　　μ——流体黏度，$mPa \cdot s$；

＊ 该论文的合作者：林兴，朱苏阳

a——地层长度，m；

p_e——供给边界压力，MPa；

p_{wf}——井底流压，MPa；

p_e 与 p_{wf} 的差值为油井的生产压差。

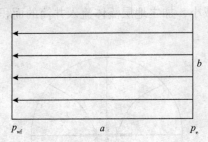

图 1　矩形地层平面单向流

1.2　径向流

若均质等厚圆形地层中心有一口直井，则地层流体会沿着径向方向流向井底，地层中的这种流动被称为径向流（图 2）。稳定流动时径向流的产量计算公式为下面的 Dupuit 公式[7]

$$q = \frac{2\pi kh(p_e - p_{wf})}{\mu \ln \dfrac{r_e}{r_w}} \tag{2}$$

式中　r_w——油井半径，m；

r_e——供给边界半径，m。

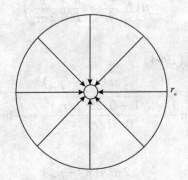

图 2　圆形地层直井平面径向流

由图 1 和图 2 的流线分布可以看出，单向流的流线是平行分布的，地层中的渗流阻力也是均匀分布的；而径向流的流线向油井是不断收缩的，地层的渗流阻力也是不断增加的，径向流的生产压差主要损失在近井地带。

真实的地层可能不是圆形，供给边界也不像图 2 那样规则，此时可把油井的实际泄油面积等效成圆形地层，通过下式计算出等效的泄油半径，然后再用式（2）计算油井的产量。等效泄油半径的计算公式为[6]

$$r_e = \sqrt{\frac{A}{\pi}} \tag{3}$$

式中　A——油井泄油面积，m²。

2 短水平井产能公式

若在均质等厚圆形地层的中心位置打一口短水平井，则地层中的流动不再是径向流，而是一种复杂的流动形态(图3)。相对于直井，水平井的流线分布在井底附近有一定程度的疏散，渗流阻力有一定程度的减小，加之地层流体流入井筒的面积大幅度增加，因此，水平井的产能比直井要增加很多。

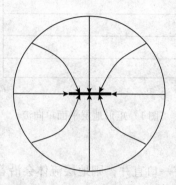

图3 圆形地层短水平井渗流平面示意

水平井的产能公式求解非常困难，学者们采用不同方法得出了不同的计算公式，最常用的几个公式如下。

Borisov 公式(1964)[8]

$$q = \frac{2\pi kh(p_e - p_{wf})}{\mu\left(\ln\dfrac{4r_e}{L} + \dfrac{h}{L}\ln\dfrac{h}{2\pi r_w}\right)} \tag{4}$$

式中 L——水平井长度，m。

Giger – Resis – Jourdan 公式(1984)[9]

$$q = \frac{2\pi kh(p_e - p_{wf})}{\mu\left[\ln\dfrac{1 + \sqrt{1 - 0.25(L/r_e)^2}}{0.5L/r_e} + \dfrac{h}{L}\ln\dfrac{h}{2\pi r_w}\right]} \tag{5}$$

Joshi 公式(1986)[10]

$$q = \frac{2\pi kh(p_e - p_{wf})}{\mu\left(\ln\dfrac{d + \sqrt{d^2 - 0.25L^2}}{0.5L} + \dfrac{h}{L}\ln\dfrac{h}{2r_w}\right)} \tag{6}$$

式中 $d = \dfrac{L}{2}\sqrt{\dfrac{1}{2} + \sqrt{\left(\dfrac{2r_e}{L}\right)^4 + \dfrac{1}{4}}}$。

Renard – Dupuy 公式(1991)[11]

$$q = \frac{2\pi kh(p_e - p_{wf})}{\mu\left(\ln\dfrac{d + \sqrt{d^2 - 0.25L^2}}{0.5L} + \dfrac{h}{L}\ln\dfrac{h}{2\pi r_w}\right)} \tag{7}$$

3 长水平井产能公式

若水平井足够长，把整个泄油范围钻穿，则平面上的泄油区域不再是圆形，而是矩形（图4）。此时水平井的长度等于地层的宽度，平面上的流线也不再弯曲，而是相互平行。这种流动就是前面所说的单向流。很显然，长水平井平面上的渗流由两个对称的单向流组成。

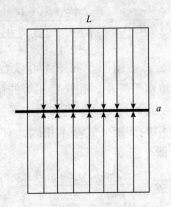

图4 长水平井平面渗流示意

但是，由于井眼较小，当地层流体流到水平井附近时，流线在垂向上产生弯曲，形成局部的径向流（图5）。

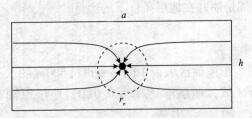

图5 长水平井垂向渗流示意

因此，长水平井的地层渗流可以看成由近井地带的局部径向流和远井区域的两个单向流组成。下面按照等效渗流阻力法，推导长水平井的产能公式。

根据式（1），图4中两个单向流的渗流阻力可以写成

$$R_e = \frac{\mu a}{4kLh} \tag{8}$$

式中 R_e——水平井单向流渗流阻力，$mPa \cdot s/(D \cdot m)$。

图5中局部径向流的等效渗流圆半径为

$$r_{ei} = \frac{h}{2\pi} \tag{9}$$

式中 r_{ei}——水平井局部渗流圆半径，m。

根据式（2），图5中局部径向流的渗流阻力可以写成

$$R_r = \frac{\mu}{2\pi kL}\ln\frac{r_{ei}}{r_w} = \frac{\mu}{2\pi kL}\ln\frac{h}{2\pi r_w} \tag{10}$$

式中 R_r——水平井局部径向流渗流阻力，$mPa \cdot s/(D \cdot m)$。

长水平井渗流过程中的总渗流阻力则为

$$R = R_e + R_r = \frac{\mu a}{4kLh} + \frac{\mu}{2\pi kL}\ln\frac{h}{2\pi r_w} \tag{11}$$

式中　R——水平井总渗流阻力，mPa·s/(D·m)。

于是，长水平井的产量计算公式为

$$q = \frac{p_e - p_{wf}}{R} = \frac{2\pi kh(p_e - p_{wf})}{\mu\left(\dfrac{\pi a}{2L} + \dfrac{h}{L}\ln\dfrac{h}{2\pi r_w}\right)} \tag{12}$$

式(12)就是长水平井的产能公式。由图 3 和图 4 可以看出，短水平井为周围供液，长水平井为双向供液，供液范围比短水平井小，在长度相等的情况下，长水平井的产能也比短水平井低。因此，长水平井产能公式的计算结果可作为水平井产能的下限值。

式(12)在形式上与文献[12]中的产能公式基本相同，只是文献[12]把它写成了短水平井的形式(公式用了泄油半径)，即

$$q = \frac{2\pi kh(p_e - p_{wf})}{\mu\left(\dfrac{\pi r_e}{L} + \dfrac{h}{L}\ln\dfrac{h}{2\pi r_w}\right)} \tag{13}$$

文献[12]的作者及其引用者都采用式(13)计算短水平井的产量，其实是十分不妥的，式(13)与式(12)一样只适合计算长水平井的产量。

以上公式计算的结果都是油井在地层条件下的产量。

4　计算举例

一个 1000m×500m 的矩形泄油区域，中间钻一口长 500m 的水平井把泄油区域分成了两个 500m×500m 的正方形区域，地层渗透率为 0.01D，地层原油黏度 1mPa·s，地层厚度 20m，油井完井半径 0.1m，油井生产压差 1MPa。

这显然是一个长水平井的产能计算问题，按照式(12)计算的油井产量为

$$q = \frac{2\times3.14\times0.01\times20\times1}{1\times\left(\dfrac{3.14\times1000}{2\times500} + \dfrac{20}{500}\ln\dfrac{20}{2\times3.14\times0.1}\right)} = 0.3831(\text{m}^3/\text{ks}) = 33.1(\text{m}^3/\text{d})$$

若把它当作短水平井问题处理，则必须先按照式(3)求出等效的泄油半径，即

$$r_e = \sqrt{\frac{1000\times500}{3.14}} = 399(\text{m})$$

带入式(13)得油井的产量为

$$q = \frac{2\times3.14\times0.01\times20\times1}{1\times\left(\dfrac{3.14\times399}{500} + \dfrac{20}{500}\ln\dfrac{20}{2\times3.14\times0.1}\right)} = 0.475(\text{m}^3/\text{ks}) = 41.04(\text{m}^3/\text{d})$$

计算结果比式(12)高出了 24%。

5　结论

(1)长水平井是一个相对的概念，是指油井长度与泄油区域尺寸基本相同的水平井类型；若油井水平段长度远小于泄油区域尺寸，则为短水平井。

（2）采用等效渗流阻力法推导了长水平井的产能公式，即式（12）。把长水平井的产能公式用作短水平井的产能计算，则会高估油井的产能。

（3）长水平井产能公式的计算结果为水平井公式计算结果的下限值。

参 考 文 献

[1]胡文瑞．水平井油藏工程设计[M]．北京：石油工业出版社，2008.

[2]王大为，李晓平．水平井产能分析理论研究进展[J]．岩性油气藏，2011，23（2）：118－123.

[3]李传亮．底水油藏不适合采用水平井[J]．岩性油气藏，2007，19（3）：120－122.

[4]李传亮，朱苏阳．页岩气其实是自由气[J]．岩性油气藏，2013，25（1）：1－3.

[5]Hoch E，Ohrt H B，Brink D I，Flikkema J. Pushing the limits for field development[A]. SPE 138301，2010.

[6]翟云芳．渗流力学(第二版)[M]．北京：石油工业出版社，2003：15－20.

[7]李传亮．油藏工程原理(第二版)[M]．北京：石油工业出版社，2011：186－188.

[8]陈元千，郝明强，孙兵，等．水平井产量公式的对比研究[J]．新疆石油地质，2012，33（5）：566－569.

[9]Giger F M，Resis L H，Jourdan A P. The reservoir engineering aspects of horizontal drilling[A]. SPE 13024，1984.

[10]Joshi S D. Augmentation of well productivity using slant and horizontal wells[A]. SPE 15375，1986.

[11]陈元千．水平井产量公式的推导与对比[J]．新疆石油地质，2008，29（1）：68－72.

[12]窦宏恩．预测水平井产能的一种新方法[J]．石油钻采工艺，1996，18（1）：76－81.

水平井的表皮因子[*]

摘　要： 水平井在开采低品质油气资源方面有一定的优势，但已建立起来的水平井产量计算公式很少考虑油井的表皮因子，因而产量预测偏差较大。根据等值渗流阻力法，推导了水平井的产量计算公式，该公式引入了油井的 2 个表皮因子：地层伤害表皮因子和地层改善表皮因子。地层伤害表皮因子是由钻井完井过程中的泥浆侵入所致，而地层改善表皮因子是由酸化压裂等增产措施所致。二者对水平井产能的影响是不同的，地层伤害表皮因子对水平井产能的影响较小，钻井完井过程中可以不考虑储层的保护问题；地层改善表皮因子对水平井产能的影响较大，增产措施是提高水平井产能的有效方法。

关键词： 水平井；产能公式；地层伤害；地层改善；表皮因子；表皮效应

0　引言

对于低渗、薄层和稠油等低品质油藏，采用直井开采难以获得好的经济效益，而采用水平井开采却有一定的优势[1,2]。采用水平井开采时，需要用产量公式预测其产能大小。Borisov[3] 于 1964 年提出了第一个水平井产量计算公式，Giger 等[4] 于 1984 年也提出了他们的水平井产量计算公式，Joshi[5] 于 1986 年采用拟三维方法给出了一个水平井产量计算公式，其他研究人员也都提出了各自的水平井产量计算公式[6~10]。目前已提出的水平井产量计算公式，大多都没有考虑油井的表皮因子，因此无法通过产量公式了解地层伤害对水平井产能的影响程度，也不知道增产措施对水平井产能的影响有多大。笔者的目的就是研究水平井产量计算公式的表皮因子问题。研究水平井的表皮因子，首先需要了解直井的表皮因子问题；然后再把表皮因子引入水平井的产量计算公式，并分析其对水平井产能的影响。

1　直井

在均质等厚圆形地层的中心位置钻一口直井，地层全部打开且裸眼完井，则地层流体会沿着径向方向流向井底，地层中的这种流动被称为径向流（图1）。径向流的稳态产量计算公式为下面的 Dupuit 公式[11]，即

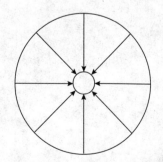

图1　圆形地层直井平面径向流

$$q = \frac{2\pi kh(p_e - p_{wf})}{\mu \ln \dfrac{r_e}{r_w}} \tag{1}$$

式中　q——油井产量（地下），m^3/ks；

k——地层渗透率，D；

h——地层厚度，m；

μ——流体黏度，mPa·s；

r_e——供给边界（泄油）半径，m；

r_w——油井完井半径，m；

p_e——供给边界压力，MPa；

p_{wf}——井底流压，MPa。

式（1）是理想情况下的油井产量：圆形等厚均质地层，地层完全打开，且裸眼完井。在这种理想情况下，流线均匀分布且为直线，自然状态下的渗流阻力最小，油井的产量达到最大。式（1）也可以写成下面的形式

$$q = \frac{p_e - p_{wf}}{\dfrac{\mu}{2\pi kh}\ln\dfrac{r_e}{r_w}} \tag{2}$$

按照水电相似原理[12]，由式（2）可以写出径向流的渗流阻力公式

$$R = \frac{\mu}{2\pi kh}\ln\frac{r_e}{r_w} \tag{3}$$

式中 R——渗流阻力，mPa·s/（D·m）。

真实的地层都不是圆形的[13]，非圆形地层的流线分布不是均匀的，流线发生弯曲和收缩时会产生附加的渗流阻力[14]。因此，非圆形地层比圆形地层的渗流阻力高，总渗流阻力为

$$R = \frac{\mu}{2\pi kh}\ln\frac{r_e}{r_w} + \Delta R_A \tag{4}$$

式中 ΔR_A——地层形状所产生的附加渗流阻力，mPa·s/（D·m）。

真实的地层可能被钻井完井过程的泥浆侵入所伤害[15]，在井底周围形成一个渗透率较低的伤害带（表皮），伤害带的厚度一般较小，其延伸范围用伤害半径 r_d 表示（图2）。伤害带增加了渗流阻力，地层的总渗流阻力为

$$R = \frac{\mu}{2\pi kh}\ln\frac{r_e}{r_w} + \Delta R_A + \Delta R_d \tag{5}$$

式中 ΔR_d——地层伤害所产生的附加渗流阻力，mPa·s/（D·m）。

油井投产前可能实施了压裂或酸化等增产措施，在井筒周围会形成一个渗透率较高的改善区（表皮），从而减少了渗流阻力，改善区的延伸范围用改善半径 r_s 表示（图3）。改善区通常很大，比伤害带要大很多，对于页岩和致密储层来说，整个泄油区域通常都在改善区之内。改善区的附加渗流阻力为负值，地层的总渗流阻力为

$$R = \frac{\mu}{2\pi kh}\ln\frac{r_e}{r_w} + \Delta R_A + \Delta R_d + \Delta R_s \tag{6}$$

式中 ΔR_s——地层改善所产生的附加渗流阻力，mPa·s/（D·m）。

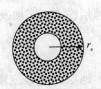

图2　直井伤害带　　　　　　　　　图3　直井改善区

为了简单起见，暂不考虑因地层部分打开和射孔完井等其他因素带来的附加渗流阻力，也暂时忽略地层形状产生的附加渗流阻力。此时，式(6)可以简化成

$$R = \frac{\mu}{2\pi kh}\ln\frac{r_e}{r_w} + \Delta R_d + \Delta R_s \tag{7}$$

式(7)中的 2 个附加渗流阻力，一个是正值，一个是负值，最终是提高还是降低了油井的产能，取决于附加渗流阻力的总和。式(7)也可以写成

$$R = \frac{\mu}{2\pi kh}\left(\ln\frac{r_e}{r_w} + \frac{2\pi kh}{\mu}\Delta R_d + \frac{2\pi kh}{\mu}\Delta R_s\right) \tag{8}$$

令

$$s_d = \frac{2\pi kh}{\mu}\Delta R_d \tag{9}$$

$$s_s = \frac{2\pi kh}{\mu}\Delta R_s \tag{10}$$

则式(8)可以写成

$$R = \frac{\mu}{2\pi kh}\left(\ln\frac{r_e}{r_w} + s_d + s_s\right) \tag{11}$$

式中　s_d——地层伤害附加阻力系数，dless；

　　　s_s——地层改善附加阻力系数，dless。

渗流力学中的附加渗流阻力系数，在试井和油藏工程中通常称作表皮因子。地层伤害表皮因子可由下式计算[16]

$$s_d = \left(\frac{k}{k_d} - 1\right)\ln\frac{r_d}{r_w} \tag{12}$$

式中　k_d——伤害带渗透率，D；

　　　r_d——伤害半径，m。

地层改善表皮因子可由下式计算

$$s_s = \left(\frac{k}{k_s} - 1\right)\ln\frac{r_s}{r_w} \tag{13}$$

式中　k_s——改善区渗透率，D；

　　　r_s——改善半径，m。

有了真实地层的渗流阻力，就可以写出真实油井的产量计算公式，即

$$q = \frac{p_e - p_{wf}}{R} = \frac{2\pi kh(p_e - p_{wf})}{\mu\left(\ln\dfrac{r_e}{r_w} + s_d + s_s\right)} \tag{14}$$

式(14)就是带表皮油井的产量计算公式，也就是真实油井的产量计算公式。与该式相对应，式(1)就是理想油井的产量计算公式，没有考虑表皮因子。

由式(14)可以看出，地层伤害表皮因子与地层改善表皮因子，对油井产量的影响程度是完全相同的；减少地层伤害，增加改善程度，可提高油井产量。

2　水平井

若在均质等厚圆形地层的中心位置钻一口水平井，则地层中的流动不再是规则的径向

流，而是一种复杂的流动形态（图4）。这种复杂流动很难直接求解，学者们通过拟三维、镜像反映等方法求出了不同假设条件下的近似解。笔者以 Renard – Dupuy 公式为例，来研究水平井的表皮因子问题，对于其他的水平井产量公式，做法也基本相同。

Renard – Dupuy 公式[17] 为

$$q = \frac{2\pi kh(p_e - p_{wf})}{\mu\left(\ln\dfrac{d + \sqrt{d^2 - 0.25L^2}}{0.5L} + \dfrac{h}{L}\ln\dfrac{h}{2\pi r_w}\right)} \tag{15}$$

其中

$$d = \frac{L}{2}\sqrt{\frac{1}{2} + \sqrt{\left(\frac{2r_e}{L}\right)^4 + \frac{1}{4}}}$$

式中　L——水平井长度，m。

式（15）实际上把水平井的总渗流分成了 2 个部分：远井区域的平面径向流和近井地带的垂向径向流。Renard – Dupuy 公式的总渗流阻力为

$$R = \frac{\mu}{2\pi kh}\ln\frac{d + \sqrt{d^2 - 0.25L^2}}{0.5L} + \frac{\mu}{2\pi kL}\ln\frac{h}{2\pi r_w} \tag{16}$$

外阻为

$$R_e = \frac{\mu}{2\pi kh}\ln\frac{d + \sqrt{d^2 - 0.25L^2}}{0.5L} \tag{17}$$

内阻为

$$R_i = \frac{\mu}{2\pi kL}\ln\frac{h}{2\pi r_w} \tag{18}$$

外阻就是图5中远井区平面径向流的渗流阻力，平面径向流的内边界半径可以视为水平井的长度之半，外边界半径为式（17）的分子部分。

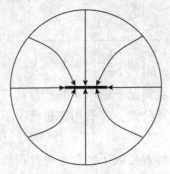　　　　　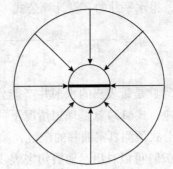

图4　圆形地层水平井渗流平面图　　　图5　水平井远井区域平面径向流

内阻就是图6中近井地带垂向径向流的渗流阻力，垂向径向流的内边界半径为油井半径，外边界半径为下式计算的等效渗流圆半径

$$r_{ei} = \frac{h}{2\pi} \tag{19}$$

式（15）把水平井的整个渗流过程分成了 2 个径向流，把实际的复杂流动近似为了 2 个简单流动，近似过程引入了附加渗流阻力，于是总的渗流阻力为

$$R = \frac{\mu}{2\pi kh}\ln\frac{d + \sqrt{d^2 - 0.25L^2}}{0.5L} + \frac{\mu}{2\pi kL}\ln\frac{h}{2\pi r_{\mathrm{w}}} + \Delta R_{\mathrm{A}} \tag{20}$$

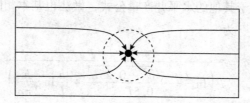

图6 水平井近井地带垂向径向渗

水平井在钻井完井过程中出现的伤害带很薄，基本上在近井地带的垂向渗流圆之内，与直井类似，伤害带的附加渗流阻力可以用伤害带表皮因子的形式引入，即

$$R = \frac{\mu}{2\pi kh}\ln\frac{d + \sqrt{d^2 - 0.25L^2}}{0.5L} + \frac{\mu}{2\pi kL}\left(\ln\frac{h}{2\pi r_{\mathrm{w}}} + s_{\mathrm{d}}\right) + \Delta R_{\mathrm{A}} \tag{21}$$

水平井也会实施酸化或压裂等增产措施，但增产措施的规模通常很大[18]，改善区远远超出了垂向渗流圆的范围，因此，增产措施产生的附加渗流阻力，加入到式(21)，则为

$$R = \frac{\mu}{2\pi kh}\ln\frac{d + \sqrt{d^2 - 0.25L^2}}{0.5L} + \frac{\mu}{2\pi kL}\left(\ln\frac{h}{2\pi r_{\mathrm{w}}} + s_{\mathrm{d}}\right) + \Delta R_{\mathrm{A}} + \Delta R_{\mathrm{s}} \tag{22}$$

若忽略地层形状产生的附加渗流阻力，式(22)则可以写成

$$R = \frac{\mu}{2\pi kh}\left[\ln\frac{d + \sqrt{d^2 - 0.25L^2}}{0.5L} + \frac{h}{L}\left(\ln\frac{h}{2\pi r_{\mathrm{w}}} + s_{\mathrm{d}}\right) + \frac{2\pi kh}{\mu}\Delta R_{\mathrm{s}}\right] \tag{23}$$

再把式(23)写成表皮因子的形式，即

$$R = \frac{\mu}{2\pi kh}\left[\ln\frac{d + \sqrt{d^2 - 0.25L^2}}{0.5L} + \frac{h}{L}\left(\ln\frac{h}{2\pi r_{\mathrm{w}}} + s_{\mathrm{d}}\right) + s_{\mathrm{s}}\right] \tag{24}$$

于是，得水平井的产量计算公式

$$q = \frac{p_{\mathrm{e}} - p_{\mathrm{wf}}}{R} = \frac{2\pi kh(p_{\mathrm{e}} - p_{\mathrm{wf}})}{\mu\left[\ln\dfrac{d + \sqrt{d^2 - 0.25L^2}}{0.5L} + \dfrac{h}{L}\left(\ln\dfrac{h}{2\pi r_{\mathrm{w}}} + s_{\mathrm{d}}\right) + s_{\mathrm{s}}\right]} \tag{25}$$

式(25)就是带表皮的水平井产能公式，也就是真实情况下的水平井产量计算公式。与该式相对应，式(15)就是理想情况下的水平井产量计算公式。若利用理想情况下的水平井产量计算公式预测真实油井的产量，偏差自然很大。

由式(25)可以看出，地层伤害表皮因子与地层改善表皮因子，对水平井产能的影响是完全不同的；地层伤害表皮因子对产量的影响，被水平井长度弱化了很多。

若忽略地层改善表皮因子，式(25)则变成

$$q = \frac{2\pi kh(p_{\mathrm{e}} - p_{\mathrm{wf}})}{\mu\left[\ln\dfrac{d + \sqrt{d^2 - 0.25L^2}}{0.5L} + \dfrac{h}{L}\left(\ln\dfrac{h}{2\pi r_{\mathrm{w}}} + s_{\mathrm{d}}\right)\right]} \tag{26}$$

式(26)就是 Renand 等[17]提出的所谓考虑表皮因子的水平井产量公式，但该式仅考虑了地层伤害表皮因子，而没有考虑地层改善表皮因子。

3 表皮效应

所谓的表皮效应，就是表皮因子对油井产能的影响，一般用真实油井的产量与理想油井产量的比值来衡量，并用符号 E_s 表示[11]。若 $E_s < 1$，说明表皮对油井产能产生了负面影响；若 $E_s > 1$，说明表皮对油井产能产生了正面影响。

3.1 直井表皮效应

直井的表皮效应定义为式(14)与式(1)的比值，即

$$E_s = \frac{\ln \dfrac{r_e}{r_w}}{\ln \dfrac{r_e}{r_w} + s_d + s_s} \tag{27}$$

若 $r_e = 500\mathrm{m}$，$r_w = 0.1\mathrm{m}$，E_s 随地层伤害和地层改善表皮因子的变化情况如图 7 所示(横坐标为表皮因子 $s = s_d$ 或 s_s)。从图 7 可以看出，2 条曲线是完全重合的，说明二者的表皮效应完全相同。当 $s = 0$ 时，$E_s = 1$，说明没有表皮效应；当 $s = 5$ 时，$E_s = 0.63$，说明表皮效应导致油井产能损失了 37%；当 $s = -5$ 时，$E_s = 2.42$，说明表皮效应导致油井产能提高了 142%。由此表明，钻井完井过程中的储层保护可以防止油井产能的大幅度下降，而增产措施又会大幅度提高油井的产能。做好钻井完井过程中的储层保护，同时实施有效的增产措施，是直井产能的根本保证。

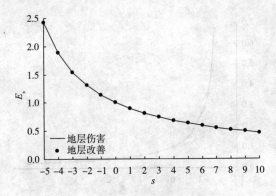

图 7 直井表皮效应曲线

3.2 水平井表皮效应

水平井的表皮效应定义为式(25)与式(15)的比值，即

$$E_s = \frac{\ln \dfrac{d + \sqrt{d^2 - 0.25L^2}}{0.5L} + \dfrac{h}{L}\ln \dfrac{h}{2\pi r_w}}{\ln \dfrac{d + \sqrt{d^2 - 0.25L^2}}{0.5L} + \dfrac{h}{L}\left(\ln \dfrac{h}{2\pi r_w} + s_d\right) + s_s} \tag{28}$$

若 $r_e = 500\mathrm{m}$、$r_w = 0.1\mathrm{m}$、$L = 500\mathrm{m}$、$h = 20\mathrm{m}$，E_s 随地层伤害表皮因子的变化情况如图 8 所示。从图 8 可以看出，表皮效应随地层伤害表皮因子的变化并不剧烈。当 $s_d = 5$ 时，$E_s = 0.8842$，水平井的产能仅损失了 11.58%；当 $s_d = -5$ 时，$E_s = 1.1507$，水平井的产能仅提高了 15.07%。由此可见，水平井钻井完井过程中的储层保护对油井产能的影响并不大，这主要是

因为水平井的长度弱化了地层伤害的影响，因此，钻井过程中不用刻意进行储层保护。

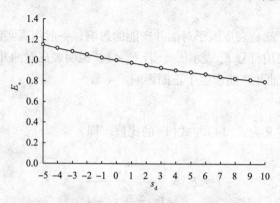

图8　水平井表皮效应－地层伤害表皮因子曲线

E_s 随地层改善表皮因子的变化情况如图 9 所示。从图 9 可以看出，表皮效应随地层改善表皮因子的变化非常剧烈，当 $s_s = 3$ 时，$E_s = 0.3373$，水平井的产能损失了 66.27%；当 $s_s = -1.2$ 时，$E_s = 4.672$，水平井的产能提高了 367.2%。由此可见，增产措施才是提高水平井产能的有效方法。有些低渗透储层，完井后没有产能，压裂后即有了产能。伤害严重的油井，压裂后产能立即得到了恢复。由于低渗透储层的伤害范围较小，又必须采用压裂投产，压裂后即可解除伤害，因此，低渗透或致密储层钻井完井过程中的储层保护并不是特别重要。

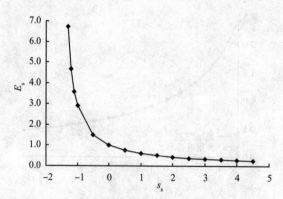

图9　水平井表皮效应－地层改善表皮因子曲线

4　结论

（1）采用等效渗流阻力法推导了带表皮的水平井产能计算公式，公式带有 2 个表皮因子：地层伤害表皮因子和地层改善表皮因子。

（2）水平井钻井完井过程中的地层伤害范围较小，地层伤害表皮因子对油井产能的影响也较小。

（3）水平井压裂、酸化等增产措施的作用范围较大，地层改善表皮因子对油藏产能的影响也较大，因此，增产措施是提高水平井产能的有效方法。

（4）对于低渗透或致密储层来说，投产前都必须实施压裂等增产措施，可解除钻井完井过程中的地层伤害，因此，低渗透或致密储层钻井完井过程中的储层保护意义不大。

参 考 文 献

[1]李传亮. 底水油藏不适合采用水平井[J]. 岩性油气藏, 2007, 19(3): 120 - 122.

[2]于天忠, 张建国, 叶双江, 等. 辽河油田曙一区杜 84 块超稠油油藏水平井热采开发技术研究[J]. 岩性油气藏, 2011, 23(6): 114 - 119.

[3]Borisov J P. Oil production using horizontal and multiple deviation wells[M], Moscow: Nedra, 1964. Translated into English by Strauss J, , Okahoma: Bartlesville: 1984.

[4]Giger F M, Resis L H, Jourdan A P. The reservoir engineering aspects of horizontal drilling [R]. SPE 13024, 1984.

[5]Joshi S D. Augmentation of well productivity using slant and horizontal wells[R]. SPE 15375, 1986.

[6]王大为, 李晓平. 水平井产能分析理论研究进展[J]. 岩性油气藏, 2011, 23(2): 118 - 123.

[7]袁淋, 李晓平, 张璐, 等. 水平井稳态产能公式对比与分析[J]. 岩性油气藏, 2013, 25 (6): 127 - 132.

[8]陈元千, 郝明强, 孙兵, 等. 水平井产量公式的对比研究[J]. 新疆石油地质, 2012, 33 (5): 566 - 569.

[9]陈元千. 水平井产量公式的推导与对比[J]. 新疆石油地质, 2008, 29(1): 68 - 72.

[10]窦宏恩. 预测水平井产能的一种新方法[J]. 石油钻采工艺, 1996, 18(1): 76 - 81.

[11]李传亮. 油藏工程原理(第二版)[M]. 北京: 石油工业出版社, 2011: 188 - 195.

[12]翟云芳. 渗流力学(第二版)[M]. 北京: 石油工业出版社, 2003: 37 - 44, 20.

[13]Dake L P. Fundamentals of reservoir engineering[M]. Amsterdam: Elsevier Scientific Publishing Company, 1978: 131 - 151.

[14]葛家理. 油气层渗流力学[M]. 北京: 石油工业出版社, 1982: 60 - 61.

[15]陈平. 钻井与完井工程[M]. 北京: 石油工业出版社, 2005: 397 - 429.

[16]Hawkins M F. A note on the skin effect[J]. Trans, AIME(1956)207: 356 - 357.

[17]Renand G, Dupuy J M. Formation damage effects on horizontal well flow efficiency[J]. JPT, 1991(7): 786 - 789, 868 - 869.

[18]李传亮, 朱苏阳. 页岩气其实是自由气[J]. 岩性油气藏, 2013, 25(1): 1 - 3.

扩散不是页岩气的开采机理[*]

摘　要：扩散是浓度差导致的传质现象，流动是压力差导致的传质现象。浓度是对溶液而言的，纯净物不存在浓度的概念，也不存在扩散现象。若把页岩气视为纯净物，则没有浓度的概念，即不会出现扩散现象。若把页岩气视为混合物，开采过程并不会改变气体的组成，因此也不会出现扩散现象。扩散是针对组分而言的，不是针对整个溶液的，因此"页岩气的扩散"这个概念并不正确。页岩气的开采是压力差导致的流动。开采过程监测地层压力，而不监测浓度，因此，研究页岩气的扩散没有任何实际意义。

关键词：页岩气；浓度；扩散；流动；压力；开采；密度

0　引言

常规天然气的开发没有考虑扩散问题[1]，扩散也不是常规天然气的开采机理。近年来，非常规天然气尤其是页岩气的成功开发，却让人们想到了扩散，把扩散视为页岩气的开采机理之一[2~9]，这使得渗流机理变得异常复杂，渗流数学模型及其求解也变得异常复杂。页岩气与常规天然气没有本质的区别，都是以甲烷为主的气体[10]。页岩气储层与常规天然气储层也没有本质的区别，都是多孔介质，只是页岩储层的孔隙稍小，储层结构稍复杂一些而已[11~13]。相同的气体，相似的储层介质，当然不会有不同的开采机理。实际上，扩散并不是页岩气的开采机理，因为扩散是浓度差作用的结果，而页岩气的开采过程并不存在浓度的差异，只存在压力的差异。压力差不会导致扩散，只会导致流动。

1　浓度与密度

1.1　浓度

由两种或两种以上的物质以分子或离子的形式混合形成的物系，即为溶液[14]。溶液不是纯净物，而是混合物。溶液可以呈液态，也可以呈气态(气溶液)或固态(固溶液)。空气、水和钢铁都是溶液。组成溶液的物质称作组分，组分在溶液中的含量用浓度表示。浓度的表示方法很多，下面是几种常见的表示方法[14]。

(1)量浓度　单位体积溶液中组分的量，即

$$c_{1j} = \frac{n_j}{V} \tag{1}$$

式中　c_{1j}——第 j 种组分的量浓度，mol/m^3；

n_j——第 j 种组分的量，mol；

V——溶液的体积，m^3。

---

[*]　该论文的合作者：朱苏阳

（2）质量浓度　单位体积溶液中组分的质量，即

$$c_{2j} = \frac{m_j}{V}$$ (2)

式中　c_{2j}——第 j 种组分的质量浓度，kg/m^3；

　　　m_j——第 j 种组分的质量，kg。

组分的质量浓度与量浓度可以通过下式进行转换

$$c_{2j} = M_j c_{1j}$$ (3)

式中　M_j——第 j 种组分的千摩尔质量，$kg/kmol$。

（3）量分数　组分的量与溶液总量的比值，即

$$c_{3j} = \frac{n_j}{\sum n_j}$$ (4)

式中　c_{3j}——第 j 种组分的量分数，f。

量分数与量浓度的关系为

$$c_{3j} = \frac{c_{1j}}{\sum c_{1j}}$$ (5)

（4）质量分数　组分的质量与溶液总质量的比值，即

$$c_{4j} = \frac{m_j}{\sum m_j}$$ (6)

式中　c_{4j}——第 j 种组分的质量分数，f。

质量分数与质量浓度的关系为

$$c_{4j} = \frac{c_{2j}}{\sum c_{2j}}$$ (7)

量分数和质量分数满足归一化条件，即

$$\sum c_{3j} = \sum c_{4j} = 1$$ (8)

4 种浓度之间是相互关联的，也是可以相互计算的。量浓度和质量浓度为绝对浓度，量分数和质量分数为相对浓度。由于量浓度和质量浓度受温度和压力的影响较大，因此，在温度和压力变化较大的场合应使用量分数和质量分数，在温度和压力恒定的场合可以使用任意浓度。

只有溶液才有浓度的概念，纯净物没有浓度的概念。可是说盐水的浓度是多少，但却不能说水的浓度是多少。由于纯净物只有一个组分，其量分数和质量分数皆等于 1，浓度也就没有实际意义了。

浓度是针对组分而言的，不是针对整个溶液的。可以说天然气中甲烷或乙烷的浓度是多少，但却不能说天然气的浓度是多少。

1.2　密度

密度不是针对组分进行定义的，而是针对整个溶液（物系）进行定义的。密度可以分为量密度和质量密度，但通常使用质量密度。

（1）量密度　量密度定义为单位体积溶液中的量，即

$$\rho_1 = \frac{n}{V} \tag{9}$$

式中　ρ_1——量密度，$kmol/m^3$；

　　　n——溶液的量，$kmol$。

式（9）也可以写成

$$\rho_1 = \frac{\sum n_j}{V} = \sum c_{1j} \tag{10}$$

由式（10）可以看出，溶液的量密度就是组分的量浓度之和。

（2）质量密度　质量密度定义为单位体积溶液中的质量，即

$$\rho_2 = \frac{m}{V} \tag{11}$$

式中　ρ_2——质量密度，kg/m^3；

　　　m——溶液的质量，kg。

式（11）也可以写成

$$\rho_2 = \frac{\sum m_j}{V} = \sum c_{2j} \tag{12}$$

由式（12）可以看出，溶液的质量密度就是组分的质量浓度之和。

溶液和纯净物都有密度的概念。气体的密度随温度和压力变化较大，液体和固体的密度随温度和压力变化较小。

2　扩散与对流

2.1　扩散

由于具有能量，流体分子始终处于运动之中。又由于分子之间不停地碰撞，分子的运动速度和方向也不停地改变。流体分子的这种不规则运动，被称作分子热运动[15]。分子热运动产生了压力，也产生了温度[15]。分子热运动使物系混合得更加均匀。

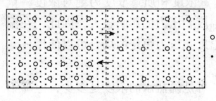

○ 溶质分子
· 溶剂分子

图1　扩散示意

当两种不同浓度的溶液相接触或当溶液混合不均匀时，浓度分布就有了差异（图1）。图1左侧的溶质浓度高，溶剂浓度低；而右侧的溶质浓度低，溶剂浓度高。分子热运动会使得左侧的溶质向右侧迁移，右侧的溶剂向左侧迁移，即出现所谓的传质现象。这种由于浓度差异导致的传质现象，就是所谓的（分子）扩散[16]。

扩散服从 Fick 定律[16]

$$V_j = -D_j \frac{dc_{2j}}{dx} \tag{13}$$

式中　V_j——第 j 种组分的扩散传质速度（通量），$kg/(m^2 \cdot s)$；

　　　D_j——第 j 种组分的扩散系数，m^2/s；

　　　x——传质距离，m。

式(13)采用了质量浓度，也可以采用其他浓度。扩散速度和扩散系数的单位随浓度的单位而变化。扩散系数的大小反映了组分在介质中传质的难易程度，其数值与介质类型密切相关，甲烷在水中与在空气中的扩散系数完全不同。4种浓度皆存在差异时才会导致扩散。

由式(13)可以看出，扩散的方向与浓度梯度的方向相反，即扩散从高浓度向低浓度方向进行；扩散速度与浓度梯度成正比，浓度梯度越大，扩散的速度就越快；当浓度分布均匀时，扩散停止。反过来，扩散使浓度分布趋于一致。扩散不是溶液的整体迁移，而是组分的定向移动。

对于温度和压力恒定的情况，式(13)中的浓度可以选用4种浓度中的任意一个。对于压力和温度变化的情况，严格说来，式(13)中的浓度只能选用量分数和质量分数。由于液体的体积随温度和压力变化较小，研究液相扩散时可近似选用任意浓度。但是，气体的体积随温度和压力变化较大，研究气相扩散问题时，若存在温度和压力变化，则只能选用量分数和质量分数；若不存在温度和压力变化，则可以选用任意浓度。

2.2 对流

对流(流动)是溶液在压差作用下的整体迁移。溶液整体移动的同时，携带组分随之迁移。

直圆管中的流动传质服从 Poiseuille 定律[17]

$$V_s = -\frac{\rho_2 r^2}{8\mu}\frac{dp}{dx} \tag{14}$$

式中　V_s——溶液的流动传质速度(通量)，$kg/(m^2 \cdot s)$；

　　　r——圆管半径，m；

　　　p——压力，MPa；

　　　μ——流体黏度，$mPa \cdot s$。

多孔介质中的流动传质服从 Darcy 定律[17]

$$V_s = -\frac{\rho_2 k}{\mu}\frac{dp}{dx} \tag{15}$$

式中　k——多孔介质的渗透率，D。

由式(14)和式(15)可以看出，流动的方向与压力梯度的方向相反，即流动从高压区向低压区进行；流动速度与压力梯度成正比，压力梯度越大，流动就越快；当压力分布均匀时，流动停止。反过来，流动使压力分布趋于一致。

若溶液同时存在压力差和浓度差，则在溶液流动传质的同时，溶液内部也存在组分的扩散传质。

3　页岩气开采

页岩属于致密介质，物性差，产能低，需通过多级压裂才能开采赋存于其中的页岩气[18]。页岩气从基质孔隙流入裂缝，然后再通过裂缝流入井筒，从而被开采出来(图2)。很多人认为页岩气从基质孔隙向裂缝的传质属于扩散，而不是流动。其实，页岩气的开采过程并不存在扩散，整个过程都属于压力差驱动的流动过程。

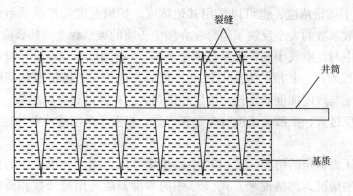

图2 水平井多级压裂开采页岩气示意

页岩气的成分比较单一，甲烷占有很大的比例[10]，因此，可以把页岩气视为纯净物。纯净物没有浓度的概念，当然也不会出现扩散现象。如果孔隙和裂缝中的气体密度相等即压力相等时，孔隙－裂缝之间不可能出现传质现象。只有当裂缝中的气体压力低于孔隙中的气体压力时，孔隙中的气体才会向裂缝流动(图3)。有人认为裂缝中的气体密度比基质孔隙低，所以属于扩散。其实，这是误解。裂缝中的气体密度比基质孔隙低，是由于压力低所致。密度(压力)差并不能导致扩散现象的发生，页岩气由基质孔隙向裂缝的流动并不是扩散传质，而是压力差驱动的流动传质。把气体的扩散传质速度写成下面的密度梯度形式并不正确

$$V_s = - D \frac{\mathrm{d}\rho_2}{\mathrm{d}x} \tag{16}$$

实际上，页岩气并不是纯净物，也含有少量的乙烷、丙烷和其他组分[10]。若考虑页岩气的组成，把页岩气看成溶液，则原始地层条件下的页岩气浓度是均匀分布的，基质与裂缝之间不可能出现传质现象。

若把裂缝中的一部分气体采走，则裂缝中的气体密度就会降低，气体压力也会降低，基质孔隙中的气体溶液开始向裂缝流动(图4)，这个流动显然是压差作用的结果，用式(14)或式(15)研究即可。在温度一定的情况下，气体密度的变化是由压力的变化所致，气体密度与压力的关系可由状态方程导出[17]

$$\rho_2 = \frac{M}{ZRT} p \tag{17}$$

式中 M——气体的千摩尔质量，kg/kmol；

Z——气体的偏差因子，dless；

T——气体温度，K；

R——气体常数，MPa·m³/(kmol·K)。

由式(17)可以看出，"密度差导致了流动"与"压力差导致了流动"的说法是一致的。

虽然裂缝中的气体密度比基质孔隙低，其量浓度和质量浓度也比基质孔隙的低，但量分数和质量分数却与基质孔隙完全相同，因此，并不会出现扩散传质现象。页岩气的开采过程并不会改变气体的组成。

扩散是针对组分而言的，不是真对整个气体溶液而言的，有人研究整个页岩气的扩散问题，显然属于概念误用。人们可以研究甲烷或乙烷在页岩气中的扩散问题，但却不能研究整

个页岩气溶液的扩散问题，就像人们不能研究空气的扩散而只能研究硫化氢在空气中的扩散一样。"页岩气的扩散"这个概念并不正确。

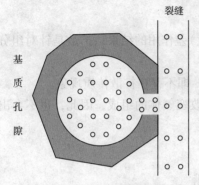 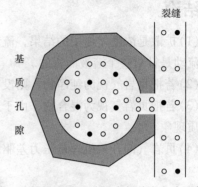

图3　纯净气体由基质孔隙向裂缝流动示意　　图4　气体溶液由基质孔隙向裂缝流动示意

页岩气的开采过程中压力一直处于变化之中，不同页岩气层的气体组成也不相同，甲烷及其他组分在页岩气中的扩散系数也随压力和组成发生变化，需要测量许多组分在许多温度和压力下的扩散系数，才能在有关计算中加以应用，因此，实验室研究页岩气组分的扩散系数没有实际意义。

人们开采页岩气是把页岩气作为整体来采出的，组分不是研究的重点，开采过程可以实时监测地层压力，但却不能实时监测地层条件下的页岩气组成（浓度），因此，扩散不是研究的重点，也不会成为生产的控制要素。研究页岩气的扩散问题，不可能产生实际价值。

很多人把页岩气的扩散传质方程写成下式

$$V_s = -D\frac{dc_5}{dx}$$ （18）

式中　c_5——页岩的含气量，m^3/m^3。

页岩的含气量不是浓度，把含气量当成浓度属于概念误用。浓度是溶液才有的概念，溶液是分散程度达到分子或离子量级的混合物。页岩是由固体骨架（连续相）和孔隙中的气体（连续相）组成的混合物，混合程度没有达到分子量级，而仅仅属于相混合。浓度差导致扩散，而含气量的差异却不能导致扩散。图5为一个非均质页岩地层，左侧的岩石孔隙度高，含气量高；右侧的岩石孔隙度低，含气量也低。左右侧岩石的孔隙压力相等，因而不存在气体的流动（传质）。但根据式（18），左侧的气体会向右侧传质。所有的非均质地层都存在这样的流动，即地层将不存在静平衡状态，地下也将不存在油气聚集。这当然是一个错误认识。

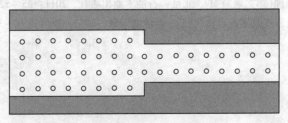

图5　含气量差异不能导致扩散传质

扩散不是页岩气的开采机理，当然也不是煤层气和致密气等其他非常规天然气的开采机理。

4 结论

(1)扩散是浓度差作用的结果，流动是压力(密度)差作用的结果；扩散是针对组分而言的，流动是针对整个溶液而言的。

(2)若把页岩气视为纯净物，则没有浓度的概念，即不存在扩散传质现象。

(3)若把页岩气视为混合物，由于开采过程不会改变气体的组成，因此，也不会出现扩散传质现象。

(4)页岩气的开采机理是压力差驱动下的流动。

参 考 文 献

[1]李士伦. 天然气工程(第二版)[M]. 北京：石油工业出版社，2008.

[2]刘禹. 页岩气在多孔介质中的流动规律研究[D]. 黑龙江大庆：东北石油大学，2014.

[3]李治平，李智锋. 页岩气纳米级孔隙渗流动态特征[J]. 天然气工业，2012，32(4)：50-53.

[4]任俊杰，郭平，王德龙，等. 页岩气藏压裂水平井产能模型及影响因素[J]. 东北石油大学学报，2012，36(6)：76-81.

[5]李亚洲，李勇明，罗攀，等. 页岩气渗流机理与产能研究[J]. 断块油气田，2013，20(2)：186-190.

[6]段永刚，魏明强，李建秋，等. 页岩气藏渗流机理及压裂井产能研究[J]. 重庆大学学报，2011，34(4)：62-66.

[7]宋付权，刘禹，王常斌. 微纳米尺度下页岩气的质量流量特征分析[J]. 水动力学研究与进展，2014，29(2)：150-156.

[8]王瑞，张宁生，刘晓娟，等. 考虑吸附和扩散的页岩视渗透率及其与温度、压力之关系[J]. 西安石油大学学报(自然科学版)，2013，28(2)：49-53.

[9]糜利栋，姜汉桥，李俊键，等. 页岩储层渗透率数学表征[J]. 石油学报，2014，35(5)：928-934.

[10]王世谦. 中国页岩气勘探评价若干问题评述[J]. 天然气工业，2013，33(12)：1-17.

[11]杨峰，宁正福，胡昌蓬，等. 页岩储层微观孔隙结构特征[J]. 石油学报，2013，34(2)：301-311.

[12]邹才能，董大忠，王社教，等. 中国页岩气形成机理、地质特征及资源潜力[J]. 石油勘探与开发，2010，37(6)：641-653.

[13]左罗，熊伟，郭为，等. 页岩气赋存力学机制[J]. 新疆石油地质，2014，35(2)：158-162.

[14]金继红. 大学化学[M]. 北京：化学工业出版社，2007：9-10.

[15]吕金钟. 大学物理简明教程[M]. 北京：清华大学出版社，2006：105-113.

[16]李汝辉. 传质学基础[M]. 北京：北京航空学院出版社，1987：11-12.

[17]李传亮. 油藏工程原理(第二版)[M]. 北京：石油工业出版社，2011：25-52.

[18]李传亮，朱苏阳. 页岩气其实是自由气[J]. 岩性油气藏，2013，25(1)：1-3.

水驱油效率可达到100%[*]

摘 要： 水驱之后地层还存在大量剩余油，如何将其经济而有效地开采出来是老油田挖潜调整要解决的主要问题。注入水的波及系数低和驱油效率低都会导致地层中存在剩余油。残余油的存在是驱油效率低的主要表现，其往往由快速注水驱替过程中的 Jamin 效应所致。提高注水速度可以克服 Jamin 效应并提高驱油效率，但该方式很费水，工程条件一般不允许。长期水洗也可以提高注入水的驱油效率，但该方式也较费水，经济效益较差。浮力驱油可以消除 Jamin 效应，并大幅度提高驱油效率，甚至可将驱油效率提高至100%。对于中高渗透储层，可采用周期注水的方式，充分利用浮力的作用来提高驱油效率，节省注水成本，提高油田开发效益。

关键词： 注水开发；驱油效率；采收率；波及系数；毛管压力

0 引言

采收率为在一定经济技术条件下能够采出的油量占地质储量的百分数，它是衡量油藏开发水平的重要指标[1]。通常情况下靠油藏自身弹性能量采出的油量很少，采收率很低，经济效益不高，需要人工补充能量才能采出更多的油。注水开发是目前广泛采用的人工驱替技术，通过人工注水补充能量可以大幅度提高原油采收率[2~5]。但是，油藏注水开发通常存在驱油效率低的问题。驱油效率就是指被水完全波及的区域采出的油量占地质储量的百分数[6]。目前通过室内模拟实验得到常规水驱的驱油效率只有60%左右，甚至更低，而很多高含水老油田的水驱采收率已经达到了很高的水平，面临废弃的危险，但油藏中仍存在大量的剩余油。如何提高水驱效率，进而提高水驱油采收率，是老油田面临的紧迫任务。笔者通过研究如何实现水驱油效率可达到100%的问题，探索注水开发老油田的发展方向，以期拓展水驱采收率的上升空间。

1 驱油效率

水驱油效率是通过相对渗透率(相渗)曲线加以确定的，相渗曲线是通过两相流动实验得到的，大多数砂岩油藏的相渗曲线形态(图 1)都由 2 条上凹型曲线组成[7]。

图 1 中的 s_{wc} 为束缚水饱和度。当饱和水的岩心用油驱替，不能被驱走的水即为束缚水。在束缚水饱和度下，水不能流动，油能流动。图 1 中的 s_{or} 为残余油饱和度。当饱和油的岩心用水驱替，不能被驱走的油即为残余油。在残余油饱和度下，油不能流动，水能流动。由于岩石

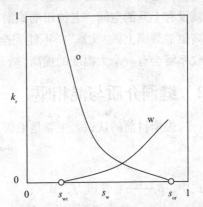

图 1 砂岩储层油水两相相渗曲线特征

---

* 该论文的合作者：朱苏阳

通常都具有亲水的特性，相渗曲线的束缚水饱和度一般都大于残余油饱和度。图 1 中束缚水饱和度与残余油饱和度之间的区域为两相共渗区，即油水能够同时流动的区域。

原始条件下油藏中的水一般为束缚水，因此，原始条件下的原油饱和度为

$$s_{oi} = 1 - s_{wc} \tag{1}$$

式中　s_{oi}——原始含油饱和度，f；

　　　s_{wc}——束缚水饱和度，f。

地层中的油被水驱替之后还剩下一定数量的残余油不能被驱走，因此水的驱油效率为

$$E_d = \frac{s_{oi} - s_{or}}{s_{oi}} = \frac{1 - s_{wc} - s_{or}}{1 - s_{wc}} \tag{2}$$

式中　E_d——驱油效率，f；

　　　s_{or}——残余油饱和度，f。

由式（2）可以看出，相渗曲线的共渗区越宽，驱油效率就越高。低渗透储层的共渗区比中高渗透储层窄，因此驱油效率一般也比中高渗透储层低。由式（2）还可以看出，残余油饱和度越低，驱油效率就越高。残余油饱和度为 0 时，驱油效率就达到 100%。因此，降低残余油饱和度是油田提高驱油效率的主要目标。

根据室内相渗曲线测量结果，中高渗透储层的束缚水饱和度一般在 30% 左右，残余油饱和度一般在 25% 左右，将其代入式（2）可求得水驱油效率为 64% 左右，而低渗透储层的驱油效率远低于这个数值。

油藏的水驱采收率是体积波及系数与驱油效率的乘积，即

$$E_R = E_v E_d \tag{3}$$

式中　E_R——采收率，f；

　　　E_v——体积波及系数，f。

体积波及系数就是注入水的波及体积占油藏总体积的比例，它受到注采井网和储层非均质性的限制，不可能达到 100%。若体积波及系数按 80% 计算，则水驱油藏的采收率为51.4%。这是一个很低的数值，说明地下还有很多剩余油不能被开采出来。

目前，常规砂岩油藏注水开发的采收率极限为 50% 左右，如不提高驱油效率，采收率就没有上升的空间，老油田的挖潜就没有出路，就必须废弃。所以，油田开发后期必须在提高驱油效率上做“文章”，不能完全受实验结果的束缚。若能提高驱油效率，油藏的水驱采收率将会有一个大幅度的提高。

2　缝洞介质与混相驱

根据目前的认识，主要是毛管压力影响了相渗曲线的形态。毛管压力的计算公式[8]为

$$p_c = \frac{2\sigma\cos\theta}{r} \tag{4}$$

式中　p_c——毛管压力，MPa；

　　　σ——油水界面张力，N/m；

　　　r——孔隙半径，μm；

　　　θ——润湿角，（°）。

毛管压力越大，岩石孔隙中的油滴越难以被水驱动，残余油饱和度就会越高。根据式（4），低渗透储层的孔隙较小，毛管压力数值较高，残余油饱和度也较高。对于缝洞型储层，其孔隙较大，毛管压力可忽略不计，因此没有剩余油，实测的相渗曲线为2条对角直线（图2），驱油效率为100%[9]。

缝洞型油藏由于裂缝较发育，容易产生水窜，注入水的波及系数较低，采收率也较低。因此，提高缝洞型油藏水驱采收率的主要措施是提高波及系数。

根据式（4），若在注入水中加入表面活性剂，把油水界面张力降低至0，实现油水混相，毛管压力则也降低至0，相渗曲线也如图2所示，残余油饱和度为0，驱油效率为100%。

混相驱的驱油效率达到100%，是通过在水中加入大量表面活性剂来实现的，开发成本很高，经济效益较差。表面活性剂驱油属于三次采油（EOR），不属于常规非混相水驱。若能将常规非混相水驱的驱油效率提高到100%，其现实意义将非常巨大。

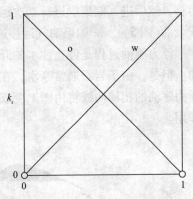

图2　缝洞介质油水两相相渗曲线特征

3　浮力驱油

非混相驱时油水界面张力大于0，界面上存在毛管压力。当水驱替油滴时，会把油滴驱替成尖锥形，由于Jamin效应（毛管压力），油滴将卡在喉道处成为残余油（图3）[7]。毛管压力是形成残余油的主要原因。若想把油滴挤过喉道并流走，必须加大注水压力提高注水速度实行强注强采，让油滴两端的水驱压力差超过毛管压力。这是提高驱油效率的方式之一，但是该方式很费水，许多情况下工程条件不允许。

连续分布的地层原油不会卡在喉道处，而是顺利地流过喉道。只有当把连续的油相驱替成离散的油滴状态后，孔隙喉道处才会滞留一些残余油滴（图3）。若继续注水，水会绕过油滴流走，注水开始失效。若停止注水，水驱的动力没有了，油滴恢复成球形或对称形状（图4），Jamin效应也没有了，油滴将开始自由运动。

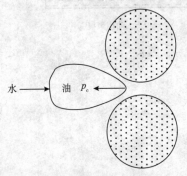

图3　油滴卡在孔隙喉道处

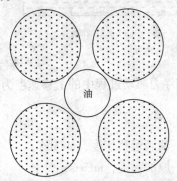

图4　岩石孔隙中的自由油滴

由于孔隙中充满地层水，油滴受到水的浮力作用，开始向上移动。二维剖面图上看似上方存在喉道会卡住油滴，其实在三维图上油滴前后都有大孔隙与其相连，油滴会自动调整方向选择大孔隙流动，而不是卡在喉道处[10]。油滴在浮力的作用上向上移动，就是所谓的浮力驱油（动）。浮力驱油的效率极高，会把所有的油滴驱走，驱油效率可达100%。油滴能进入的孔隙，也能被驱替出来。

油气运移就是浮力驱动的例子。油气在浮力的作用下，从烃源岩（泥岩）开始进行初次运移，然后进入储集层进行二次运移，直至进入圈闭聚集起来，运移的效率极高，不留任何残余油（图5）[11]。如果油气运移过程存在残余油，油气将无法聚集成藏。

浮力驱油过程是停止注水的开发过程，驱油效率可达100%，因此相渗曲线上没有残余油。但是，由于岩石通常亲水，在非混相条件下，油无法把水全部驱走，依然存在束缚水。浮力驱油的相渗曲线将由图1变成如图6所示的2条直线。低速注水过程也含有浮力驱油的作用。

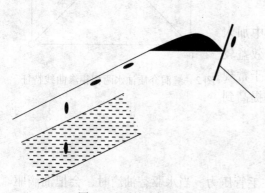

图5　地下的油气运移

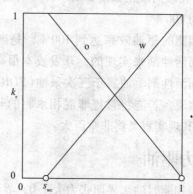

图6　砂岩储层低速渗流油水两相相渗曲线特征

浮力把离散的剩余油滴聚集成连续的油相（图7），然后再注水将连续的油相驱出地层（水压驱动），提高油藏采收率。浮力驱油的过程，其实就是油水之间的重力分异过程。浮力驱动与水压驱动交替进行，这种开发方式就是周期注水开发。

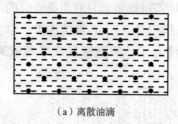

（a）离散油滴　　　　　　　　　　　　（b）油相聚集

图7　浮力驱油过程

油滴在浮力驱动过程中的上移速度为[12]

$$v = \frac{r^2 \Delta \rho_{wo} g}{8\mu_o} \tag{5}$$

式中　v——油滴运移速度，m/Ms；

　　　μ_o——原油黏度，mPa·s；

　　　$\Delta \rho_{wo}$——水油密度差，g/cm³；

　　　g——重力加速度，m/s²。

由式(5)可以计算油滴的运移时间

$$t = \frac{h}{v} = \frac{8h\mu_o}{r^2 \Delta\rho_{wo} g} \tag{6}$$

式中　t——油滴运移时间，Ms；

　　　h——油层厚度，m。

若 $\mu_o = 1 mPa \cdot s$、$\Delta\rho_{wo} = 0.4 g/cm^3$、$g = 9.8 m/s^2$，代入式(6)得

$$t = \frac{2.04h}{r^2} \tag{7}$$

式(7)为油滴运移时间与厚度和孔隙半径的关系方程，表1为其计算结果。

表1　油滴运移时间(d)

$r/\mu m$	h/m			
	1	5	10	20
1	23.6	118	236	472
5	0.94	4.72	9.44	18.88
10	0.24	1.18	2.36	4.72
20	0.06	0.30	0.59	1.18

由表1可以看出，大孔隙中的油滴运移时间很短，而小孔隙中的油滴运移则需要较长的时间。由于润湿滞后所产生的毛管压力和孔隙迂曲度的影响，实际的运移时间会比计算结果稍长。根据式(7)可以设计周期注水。若为了加快油滴运移速度，可以在注入水中加入表面活性剂。

4　长期水洗

图3中的油滴由于 Jamin 效应卡在喉道处，短时间内难以移动，因此室内实验通常测出了如图1所示的相渗曲线，即存在残余油饱和度。实际上，这是测试时间较短所致。在地下长期注水开发过程中，水的扰动会改变油滴的形状，有时也会把油滴破碎，从而使油滴流过喉道。因此，长期水洗也可以使驱油效率达到100%。图8(a)为老油田注水开发30余年后在注水井附近打检查井取出的岩心，其水洗程度非常高，几乎不存在任何剩余油。图8(b)为非均质岩心，高渗透条带水洗的程度比较高，而低渗透条带水洗的程度则比较低。但长期水洗，只发生在注水井周围的区域和注采井之间的主流线上，其他地方都无法得到长期水洗，而且长期水洗也很费水，经济效益较差。

（a）均质岩心

（b）非均质岩心

图8　长期水洗的岩心

5 结论

（1）水驱油效率随地层性质和驱替剂性质的不同有很大变化，缝洞介质和混相驱的水驱油效率皆可达100%。非混相水驱的驱油效率实验测量值一般不高，主要是快速驱替所致，低速驱替可提高驱油效率，浮力驱油的驱油效率也可达到100%。快速驱替及强注强采也可以使驱替效率提高，但该方式较费水，且工程条件一般不允许。

（2）长期水洗亦可以使驱油效率达到100%，但只发生在注水井周围和注采井之间的主流线上，而且也很费水。

（3）对于中高渗透储层，利用浮力驱油，通过周期注水方式开采原油，不仅可以提高驱油效率，还可以大大节省注水。

参 考 文 献

[1]李传亮. 油藏工程原理[M]. 第二版. 北京：石油工业出版社，2011：12.

[2]徐春梅，张荣，马丽萍，等. 注水开发储层的动态变化特征及影响因素分析[J]. 岩性油气藏，2010，22(S)：89－92.

[3]徐豪飞，马宏伟，尹相荣，等. 新疆油田超低渗透油藏注水开发储层损害研究[J]. 岩性油气藏，2013，25(2)：100－106.

[4]袁自学，王靖云，李淑珣，等. 特低渗透注水砂岩油藏采收率确定方法[J]. 石油勘探与开发，2014，41(3)：341－348.

[5]荆文波，张娜，孙欣华，等. 鲁克沁油田深层稠油注水开发技术[J]. 新疆石油地质，2013，34(2)：199－201.

[6]叶庆全，袁敏. 油气田开发常用名词解释[M]. 第3版. 北京：石油工业出版社，2009：395.

[7]何更生，唐海. 油层物理[M]. 第2版. 北京：石油工业出版社，2011：299－308.

[8]孙良田. 油层物理实验[M]. 北京：石油工业出版社，1992：99－107.

[9]范高尔夫－拉特 TD 著，陈钟祥，金玲年，秦同洛 译. 裂缝油藏工程基础[M]. 北京：石油工业出版社，1989：134.

[10]李传亮. 毛管压力是油气运移的动力吗？[J]. 岩性油气藏，2008，20(3)：17－20.

[11]李传亮，张景廉，杜志敏. 油气初次运移理论新探[J]. 地学前缘，2007，14(4)：132－142.

[12]李传亮，李冬梅. 渗吸的动力不是毛管压力[J]. 岩性油气藏，2011，23(2)：114－117.

特殊情况下的压力系数和自喷系数计算方法[*]

摘　要： 压力系数是油气藏评价的基本参数，可以用来评价油气藏的压力状态。但是，在地形起伏较大的地区或高油气柱油气藏，用传统方法计算的压力系数会出现较大偏差。研究了压力系数计算出现偏差的原因，对于地形起伏较大的地区，主要是静水压力的计算出了偏差，把计算起始深度由地面改为潜水面，即可消除计算偏差。对于高油气柱油气藏，选取油气柱中部深度计算压力系数，即可消除计算偏差。油气藏压力－深度关系曲线的截距值，即油气藏流体流到地面的剩余压力，定义为油气藏流体的自喷系数，自喷系数越大，油气藏流体的自喷能力就越强。

关键词： 油气藏；地层压力；静水压力；压力系数；异常高压；自喷系数

0　引言

油气藏的压力状态可用绝对压力和相对压力(压力系数)2个指标进行评价。按地层压力(绝对压力)可以将油气藏分为低压油气藏(地层压力低于20MPa)、中等压力油气藏(地层压力20～40MPa)、高压油气藏(地层压力40～60MPa)和超高压油气藏(地层压力大于60MPa)[1]。压力系数定义为实测地层压力与相同深度处静水压力的比值[2]。按压力系数可以将油气藏分为异常低压油气藏(压力系数小于0.8)、正常压力油气藏(压力系数0.8～1.2)和异常高压油气藏(压力系数大于1.2)[3]。地层流体的自喷能力与绝对压力没有直接关系，与相对压力有一定的关系，即压力系数越高，地层流体的自喷能力就越强。在过去相当长的时间内，压力系数的使用一直未出现问题[4~8]。但是，随着山区和塬上油气资源的开发，压力系数出现了令人匪夷所思的现象，一个油气藏的压力系数变化范围很大，即可以是异常高压，同时又可以是正常压力，有时候甚至还可以是异常低压，让开发管理人员无所适从。因此，需要对这一问题进行深入的研究。

1　压力系数

静水压力的计算公式为[1]

$$p_w = p_{air} + \rho_w g D \tag{1}$$

式中　p_w——静水压力，MPa；

　　　p_{air}——大气压，MPa；

　　　ρ_w——地层水密度，g/cm³；

　　　g——重力加速度，m/s²；

　　　D——油气藏埋深，km。

＊　该论文的合作者：朱苏阳

计算静水压力时，地层水的密度取 1.0g/cm³。静水压力随深度的变化趋势为一条直线（图1）。

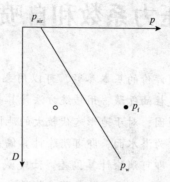

图1　静水压力与深度关系曲线

实测地层压力偏离静水压力的程度用压力系数来衡量，计算公式为[3]：

$$\alpha = \frac{p_f}{p_w} \tag{2}$$

式中　α——压力系数，dless；

　　　p_f——实测地层压力，MPa。

压力系数为相对压力，数值越高，说明地层流体的能量就越强，其自喷能力也就越强。

2　自喷系数

把油气藏每一点的实测地层压力绘制在直角坐标系中，将得到一条直线（图2），回归后得油气藏的压力与深度关系方程为

$$p_i = p_0 + G_p D \tag{3}$$

式中　p_i——油气藏原始地层压力，MPa；

　　　p_0——油气藏余压，MPa；

　　　G_p——油气藏压力梯度，MPa/km。

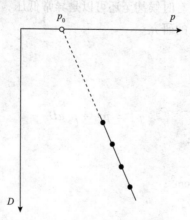

图2　油气藏压力与深度关系曲线

G_p 为曲线的斜率，即油气藏流体密度与重力加速度的乘积。因此，在得到了油气藏压

深关系方程之后，可以通过下式确定油气藏的流体密度，然后判断油气藏的流体类型[1]

$$\rho_{L} = \frac{G_{p}}{g} \qquad (4)$$

式中　ρ_{L}——油气藏流体密度，g/cm^{3}。

若 $\rho_{L} > 1.0g/cm^{3}$，则为水；若 $\rho_{L} = 0.5 \sim 1.0g/cm^{3}$，则为油；若 $\rho_{L} < 0.5g/cm^{3}$，则为气。

式(3)中的 p_{0} 为压深关系曲线的外推截距压力，即 $D = 0$ 时的地层压力(图2)，也即流体从地下流到地面的剩余压力，简称余压[1]。若 p_{0} 低于或等于大气压，油气藏流体则不能自喷；若 p_{0} 高于大气压，则能够自喷，而且数值越大，自喷能力就越强。笔者将油气藏的余压定义为油气藏流体的自喷系数。$p_{0} < 5MPa$ 时，油气井的自喷能力弱；p_{0} 为 $5 \sim 15MPa$ 时，自喷能力中等；$p_{0} > 15MPa$，自喷能力强。

压力系数只能定性反映油气藏的能量，而且很不准确，有些异常低压油气藏不能自喷，而有些却能够自喷。但是，自喷系数则能够定量反映油气藏的能量，不会出现模棱两可的情况，因而对生产实践具有直接的指导意义。

3　地形起伏大的情况

压力系数的计算公式是针对平坦地形而言的，静水压力的计算起点是地表，即产生静水压力的水柱高度与地层埋深相同。但是，当把式(2)用于起伏较大的地形时就会出现偏差。起伏较大的地形有两种：一是像鄂尔多斯盆地的塬上地区；二是像四川盆地的山区。

在塬上地区大部分油气井位于塬上的平台区，少部分油气井位于塬上的侵蚀沟槽里(图3)。

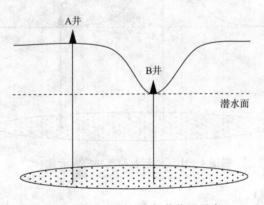

图3　塬上地形及油气井位置示意

若图3油气藏的地层压力为 $7.0MPa$，B井的地层埋深为 $0.7km$，由式(1)计算的静水压力为 $6.96MPa$，由式(2)计算的压力系数为 1.01，为正常压力油气藏。若A井的地层埋深为 $1.0km$，由式(1)计算的静水压力为 $9.90MPa$，由式(2)计算的压力系数为 0.707，为异常低压油气藏。

A井和B井位于同一个油气藏，两井的压力状态却截然不同。

若图3油气藏的海拔为 $-0.5km$，油气藏的流体密度为 $0.4g/cm^{3}$，则油气藏压力与海拔的关系方程为

$$p_i = 5.04 - 3.92H \tag{5}$$

式中　H——海拔高度，km。

图 3 中 A 井的地面海拔为 0.5km，B 井的地面海拔为 0.2km，代入式（5）计算 A 井和 B 井的自喷系数分别 3.08MPa 和 4.26MPa。两口井的自喷能力很接近，皆为弱自喷能力。而由压力系数的计算结果可以看出，A 井为异常低压，B 井为正常压力，差别甚大。可见，在地形起伏较大情况下压力系数的计算出了偏差。之所以出现这种情况，是因为静水压力的计算不正确。

用式（1）计算静水压力时是从地面起算的，实际上静水压力应该从潜水面起算，因为静水压力是由地下静水柱产生的。由于实际的潜水面很难确定，因此为了计算方便，选取区域最低点作为潜水面的基准面，其他井都参考该基准面进行计算。因此，可将式（1）改写成

$$p_w = p_{air} + \rho_w g(D - D_w) \tag{6}$$

式中　D_w——潜水面深度，km。

图 3 中 A 井的潜水面深度为 0.3km，B 井的潜水面深度为 0，将潜水面深度代入式（6），计算 A 井和 B 井的静水压力均为 6.96MPa，代入式（2）计算的压力系数均为 1.01，为正常压力油气藏。

对于四川盆地的山区，大部分油气井位于山下平地，少部分油气井位于山上（图 4）。在计算压力系数和自喷系数时，采用与塬上相同的方法即可。

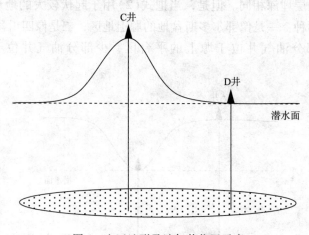

图 4　山区地形及油气井位置示意

4　高油气柱的情况

即使在平原地区，若地层的油气柱较大，计算压力系数时也会出现偏差。图 5 中 E 井地层埋深为 1km，静水压力为 9.9MPa；F 井地层埋深为 0.7km，静水压力为 6.96MPa。

若 E 井的实测地层压力为 10MPa，则压力系数为 1.01，为正常压力。

若地层流体的密度为 0.4g/cm³，可以得出油气藏的压力 - 深度关系方程为

$$p_i = 6.08 + 3.92D \tag{7}$$

由于地势平坦，为了方便起见，式（7）采用了深度，而非海拔。由式（7）计算的 F 井的地层压力为 8.82MPa，压力系数为 1.27，为异常高压。

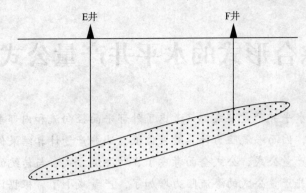

图5 高油气柱地层

同一个地层，也出现了两种截然不同的压力状态。由式(7)计算的E井和F井的自喷系数相同，皆为6.08MPa，两口井的自喷能力均为中等。但是，两井的压力系数却相差较大。之所以出现这种情况，是因为油气藏的油气柱较高所致，E井位于油气柱的底部，而F井位于油气柱的顶部，两口井的井底出现了较大的高差。

为了避免出现因为高差带来的压力系数计算偏差，在高油气柱的情况下，压力系数的计算选点应定在油气柱的中部，只有这样才能代表油气藏的平均压力状态。由E井和F井计算的油气藏中部深度为0.85km，代入式(1)得静水压力为8.43MPa。由式(7)计算出该深度处的地层压力为9.41MPa，代入式(2)，得该油气藏的压力系数为1.12，为正常压力。

5 结论

(1)静水压力是地下静水柱产水的压力，计算静水压力时应从潜水面起算，而不应简单地从地面起算。

(2)对于存在地形起伏的山区和塬上来说，若从地面计算静水压力，将会导致压力系数的计算结果出现偏差，进而导致压力状态的误判。

(3)对于油气柱较高的油气藏，应该选取油气柱中部深度计算压力系数，否则将会出现偏差。

(4)油气藏压力–深度关系方程的截距压力(余压)定义为油气藏的自喷系数，该数值越大，油气藏流体的自喷能力就越强。

参 考 文 献

[1]李传亮. 油气藏工程原理[M]. 第二版. 北京：石油工业出版社，2011：107–120.

[2]秦同洛，李璮，陈元千. 实用油藏工程方法[M]. 北京：石油工业出版社，1989：69–70.

[3]SY/T6365–1998. 油气藏原始地层压力及压力系统确定方法[M]. 北京：石油工业出版社，1998.

[4]薛国刚，高渐珍. 东濮凹陷异常高压油气藏形成机理[J]. 新疆石油地质，2014，35(2)：149–152.

[5]唐守宝，高峰，樊洪海，等. 库车坳陷大北地区白垩系–古近系异常高压形成机制[J]. 新疆石油地质，2011，32(4)：370–372.

[6]李传亮. 压力系数的上限值研究[J]. 新疆石油地质，2009，30(4)：490–492.

[7]李传亮. 地层异常压力原因分析[J]. 新疆石油地质，2004，25(4)：443–445.

[8]王震亮，孙明亮，耿鹏，等. 准南地区异常地层压力发育特征及形成机理[J]. 石油勘探与开发，2003，32(1)：32–34.

综合形式的水平井产量公式[*]

摘 要：传统的水平井产量公式都只考虑了外部平面径向流和内部垂向径向流，而没有考虑中间平面线性流，因而渗流阻力计算结果偏低，油井产量计算结果偏高。研究提出了一个综合形式的水平井产量公式，公式全面考虑了3种渗流方式。与传统的水平井产量公式相比，综合形式的水平井产量公式的渗流阻力增加了，产量减小了。根据计算，水平井的水平段越长，中间平面线性流的占比就越大，产量计算结果减小的幅度就越大。当水平段长度趋于泄油区域尺度时，综合形式的水平井产量公式趋于长水平井的产量公式，因而把短水平井与长水平井统一了起来。

关键词：油藏；水平井；产量公式；径向流；线性流

0 引言

水平井由于产量高，广泛应用于油气田开发中[1~4]。水平井的渗流机理十分复杂，包括外部平面径向流、中间平面线性流和内部垂向径向流3种渗流方式。水平井的产量公式必须充分反映这3种渗流方式。然而，传统的水平井产量公式却只反映了外部平面径向流和内部垂向径向流，而忽略了中间平面线性流，因而低估了渗流阻力，高估了渗流速度，油井的产量计算结果往往偏大[5~8]。为了更好地评价水平井的产能，本文综合考虑3种渗流方式，提出了一个综合形式的水平井产量公式。

1 产量公式推导

若在均质等厚圆形地层的中心位置打一口短水平井，即水平段长度小于泄油区域尺度的水平井，则地层中的渗流不再像直井的径向流，而是一种复杂的渗流形态。在远离水平井的区域(图1中虚线圆之外)，为外部平面径向流；在靠近水平井的区域(虚线圆之内)，为中间平面线性流；在井的周围，还存在小范围的内部垂向径向流。为了研究方便，首先把水平井的复杂流动分解成3种简单的渗流，然后再综合起来研究水平井的渗流问题。

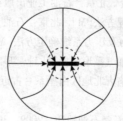

图1 短水平井的渗流示意

---

* 该论文的合作者：朱苏阳，董凤玲

1.1 外部平面径向流

外部平面径向流为平面渗流，渗流区域为图 1 虚线圆之外的部分，由于该区域离水平井较远，流线受井的影响较少，因而弯曲度较小，把这部分渗流近似看成均匀的径向流（图 2），渗流区域的外边界为水平井的泄油半径，内边界半径就是水平井的水平段长度之半，即

$$r_1 = \frac{L}{2} \tag{1}$$

式中　r_1——外部平面径向流的内边界半径，m；

　　　L——水平井的水平段长度，m。

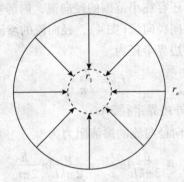

图 2　短水平井外部平面径向流示意

根据渗流力学[9,10]，外部平面径向流的渗流阻力为

$$R_1 = \frac{\mu}{2\pi kh}\ln\frac{r_e}{r_1} = \frac{\mu}{2\pi kh}\ln\frac{2r_e}{L} \tag{2}$$

式中　R_1——外部平面径向流的渗流阻力，mPa·s/（D·m）；

　　　μ——地层流体黏度，mPa·s；

　　　k——地层渗透率，D；

　　　h——地层厚度，m；

　　　r_e——水平井的泄油半径，m。

1.2 中间平面线性流

中间平面线性流也为平面渗流，渗流区域为图 1 虚线圆之内的部分，由于线性流区域离水平井较近，流线受水平井的影响较大，基本上垂直于井筒的方向，把这部分渗流近似看成均匀的线性流，渗流区域的长度就是水平井的长度，渗流区域的宽度为 a（图 3）。

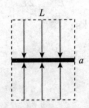

图 3　短水平井中间平面线性流示意

根据渗流力学[9,10]，中间平面线性流的渗流阻力为

$$R_2 = \frac{\mu a}{4kLh} \tag{3}$$

式中　R_2——中间平面线性流的渗流阻力，mPa·s/（D·m）；

　　　a——中间平面线性流区域的宽度，m。

线性流区域的等效面积为图1虚线圆的面积，渗流区域的宽度为

$$a = \frac{\pi L}{4} \tag{4}$$

1.3　内部垂向径向流

在垂直于水平井的剖面上，还存在小范围的径向流，内部垂向径向流区域位于水平井渗流区域的内部，因此称作内部垂向径向流（图4），径向流的渗流圆受储集层厚度的控制，其内边界半径为井的完井半径，外边界半径为

$$r_2 = \frac{h}{2\pi} \tag{5}$$

式中　r_2——内部垂向径向流的外边界半径，m。

根据渗流力学[9,10]，内部垂向径向流的渗流阻力为

$$R_3 = \frac{\mu}{2\pi kL}\ln\frac{r_2}{r_\mathrm{w}} = \frac{\mu}{2\pi kL}\ln\frac{h}{2\pi r_\mathrm{w}} \tag{6}$$

式中　R_3——内部垂向径向流的渗流阻力，mPa·s/（D·m）。

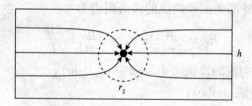

图4　短水平井内部垂向径向流示意

3种渗流过程串联起来就构成了水平井的整个渗流，于是水平井的总渗流阻力为

$$R = R_1 + R_2 + R_3 = \frac{\mu}{2\pi kh}\ln\frac{2r_\mathrm{e}}{L} + \frac{\mu a}{4kLh} + \frac{\mu}{2\pi kL}\ln\frac{h}{2\pi r_\mathrm{w}} \tag{7}$$

式中　R——水平井的总渗流阻力，mPa·s/（D·m）。

水平井的产量公式为

$$q = \frac{\Delta p}{R} = \frac{2\pi kh(p_\mathrm{e} - p_\mathrm{wf})}{\mu\left(\ln\dfrac{2r_\mathrm{e}}{L} + \dfrac{\pi a}{2L} + \dfrac{h}{L}\ln\dfrac{h}{2\pi r_\mathrm{w}}\right)} \tag{8}$$

式中　q——水平井的产量（地下），m³/ks；

　　　p_e——水平井的外边界压力，MPa；

　　　p_wf——水平井的井底流压，MPa；

　$p_\mathrm{e} - p_\mathrm{wf}$——水平井的生产压差，MPa。

2 产量公式分析

由式(8)可以看出，当水平井的水平段增长，外部平面径向流的占比就会减少，中间平面线性流的占比就会增加。当 L 趋于 $2r_e$，外部平面径向流消失，式(8)趋于长水平井的产量公式[11]，即

$$q = \frac{2\pi kh(p_e - p_{wf})}{\mu\left(\dfrac{\pi a}{2L} + \dfrac{h}{L}\ln\dfrac{h}{2\pi r_w}\right)} \tag{9}$$

长水平井没有外部平面径向流，只有平面线性流和内部垂向径向流(图5)。所谓的长水平井，是指水平段长度与泄油区域尺度相当的水平井。

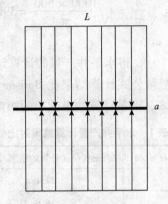

图5 长水平井平面线性流示意

综合形式的水平井产量公式，把短水平井与长水平统一了起来，而传统的水平井产量公式则无法做到这一点。

3 产量公式对比

学者们已提出了很多短水平井的产量计算公式，其形式基本相同，都由外部平面径向流和内部垂向径向流2个部分组成，下面为4个典型公式。

Borisov 公式[5]

$$q = \frac{2\pi kh(p_e - p_{wf})}{\mu\left(\ln\dfrac{4r_e}{L} + \dfrac{h}{L}\ln\dfrac{h}{2\pi r_w}\right)} \tag{10}$$

Giger – Resis – Jourdan 公式[6]

$$q = \frac{2\pi kh(p_e - p_{wf})}{\mu\left[\ln\dfrac{1 + \sqrt{1 - 0.25(L/r_e)^2}}{0.5L/r_e} + \dfrac{h}{L}\ln\dfrac{h}{2\pi r_w}\right]} \tag{11}$$

Joshi 公式[7]

$$q = \frac{2\pi kh(p_e - p_{wf})}{\mu\left(\ln\dfrac{d + \sqrt{d^2 - 0.25L^2}}{0.5L} + \dfrac{h}{L}\ln\dfrac{h}{2r_w}\right)} \tag{12}$$

式中 $d = \dfrac{L}{2}\sqrt{\dfrac{1}{2} + \sqrt{\left(\dfrac{2r_{e}}{L}\right)^{4} + \dfrac{1}{4}}}$。

Renard – Dupuy 公式[8]

$$q = \dfrac{2\pi kh(p_{e} - p_{wf})}{\mu\left(\ln\dfrac{d + \sqrt{d^{2} - 0.25L^{2}}}{0.5L} + \dfrac{h}{L}\ln\dfrac{h}{2\pi r_{w}}\right)} \tag{13}$$

在地层条件相同的情况下，下面对比 Borisov 公式和综合形式水平井产量公式的计算结果。水平井从 1000m×500m 的范围内采油，流体黏度为 1mPa·s，生产压差为 1MPa，油井完井半径为 0.1m，地层渗透率为 0.01D，地层厚度为 20m。油井的等效泄油半径计算公式为

$$r_{e} = \sqrt{\dfrac{A}{\pi}} = \sqrt{\dfrac{1000 \times 500}{\pi}} = 399\text{m} \tag{14}$$

式中 A——水平井的泄油面积，m^{2}。

把基础参数代入式(8)和式(10)，得水平井产量的计算结果(表1和图6)。由表1和图6可以看出，综合形式的水平井产量公式计算结果比 Borisov 公式低 13%～30%，而且水平段越长，中间平面线性流占比越多，产量计算结果减小的幅度也就越大。

表1 水平井产量计算结果对比

L/m	Borisov 公式计算的结果/(m^3/d)	综合形式公式计算的结果/(m^3/d)	相差比例/%
100	31.3	27.1	13.5
200	44.8	36.6	18.2
300	57.0	44.4	22.1
400	69.7	51.8	25.7
500	83.5	59.0	29.3

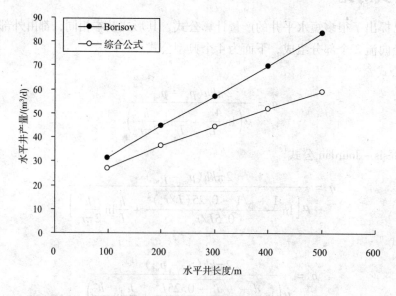

图6 水平井产量对比曲线

4 结论

(1)水平井的渗流由外部平面径向流、中间平面线性流和内部垂向径向流3个部分组成，水平段越长，中间平面线性流在整个渗流中的占比就越大。

(2)传统公式忽略了中间平面线性流部分的渗流阻力，产量计算结果往往偏高。

(3)综合形式的水平井产量公式考虑了中间平面线性流，渗流阻力增加，产量计算结果相应减小。

(4)综合形式的产量公式把短水平井与长水平井统一了起来。

参 考 文 献

[1]胡文瑞. 水平井油藏工程设计[M]. 北京：石油工业出版社，2008.

[2]王大为，李晓平. 水平井产能分析理论研究进展[J]. 岩性油气藏，2011，23(2)：118 – 123.

[3]李传亮，朱苏阳. 水平井的表皮因子[J]. 岩性油气藏，2014，26(4)：16 – 21.

[4]李传亮. 油藏工程原理(第二版)[M]. 北京：石油工业出版社，2011：216 – 219.

[5]陈元千，郝明强，孙兵，等. 水平井产量公式的对比研究[J]. 新疆石油地质，2012，33(5)：566 – 569.

[6]Giger F M，Resis L H，Jourdan A P. The reservoir engineering aspects of horizontal drilling[A]. SPE 13024，1984.

[7]Joshi S D. Augmentation of well productivity using slant and horizontal wells[A]. SPE 15375，1986.

[8]陈元千. 水平井产量公式的推导与对比[J]. 新疆石油地质，2008，29(1)：68 – 72.

[9]翟云芳. 渗流力学(第二版)[M]. 北京：石油工业出版社，2003：37 – 44.

[10]葛家理，宁正福，刘月田，等. 现代油藏渗流力学原理[M]. 北京：石油工业出版社，2001：313 – 317.

[11]李传亮，林兴，朱苏阳. 长水平井的产能公式[J]. 新疆石油地质，2014，35(3)：361 – 364.

关于油藏含水上升规律的若干问题[*]

摘　要：针对油藏含水上升规律研究的一些定量分析指标不够明确，及含水上升与地质特征的对应关系尚未建立等问题，利用油藏地质模型和实例分析进行了研究，明确了含水上升速度的定量分析指标，给出了水淹速度的评价指标及油井见水时间与底水类型的对应关系，并定义了2种非均质类型，即离散型非均质和连续型非均质。离散型非均质油藏和连续型非均质油藏的含水曲线分别呈阶跃式上升和连续式上升。孔隙型介质的相渗曲线因高毛管压力而呈曲线形态，决定了其含水上升曲线也呈曲线形态；缝洞型介质的相渗曲线因为低毛管压力而呈对角直线，决定了其含水上升曲线也呈直线形态。

关键词：油藏；油井；含水率；见水；非均质性；底水；边水；水淹

0　引言

油井生产一定时间之后都会见水，见水后含水率会不断上升，直至关井停产。油井产水来自边底水和人工注入水。不同油井的见水时间不同，含水上升的快慢程度不同，即呈现出不同的含水上升规律。只有弄清含水上升规律，才能更好地管理油井的生产。

油藏的含水上升规律是油井含水上升规律的综合体现。含水上升规律研究是油藏工程研究的重要内容，也是矿场生产管理的基本内容，它与产量递减规律、压力变化规律合称为油藏动态分析的三大规律。含水上升将导致产油量递减，并将影响油藏压力的变化，因此，含水上升规律的研究具有基础性质。

众多学者对含水上升规律进行了大量研究[1~5]，也取得了许多认识和研究成果[6~7]，但仍有一些问题需要深入探讨，一些关于含水上升规律的量化指标也需要进一步明确。因此，笔者拟针对这些问题进行探索并提出一些量化指标，以期为油藏动态分析提供参考。

1　含水上升速度

油井在产出油的同时，也产出水和气，但由于含水率计算不考虑产气量，因此，产液量为产油量与产水量之和。油井日产水量占日产液量的百分数，定义为油井的含（产）水率，即

$$f_w = \frac{q_w}{q_L} = \frac{q_w}{q_w + q_o} \tag{1}$$

式中　f_w——含水率，f；

　　　q_w——油井产水量，m^3/d；

　　　q_o——油井产油量，m^3/d；

　　　q_L——油井产液量，m^3/d。

---

　　* 该论文的合作者：朱苏阳

含水率也可以用月产量或年产量进行定义。

含油率的定义与含水率的定义类似，为日产油量占日产液量的百分数，它与含水率满足归一化条件，即

$$f_o + f_w = 1 \tag{2}$$

式中　f_o——含油率，f。

由式（2）可以看出，若知道了含水率的变化规律，也就知道了含油率的变化规律，因此，2个参数研究其中一个即可。矿场上一般研究含水率的变化规律，而不研究含油率的变化规律。含水率是地面井口参数，地层则没有含水率的概念。

油井含水率变化曲线局部存在一些波动，但总体趋势是不断上升的（图1）。

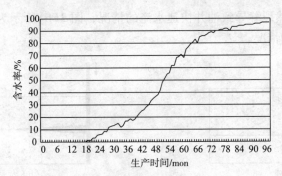

图1　A1井含水上升曲线

油井生产初期通常有一个无水采油期，见水时间用 t_{bt} 表示。油井在无水采油期并非不产水，而是产水很少，含水率一般 <2%，而当含水率 >2% 并不断上升时，表示油井开始见水[9]。

当 f_w < 20% 时，为低含水阶段；当 f_w = 20% ~ 60% 时，为中含水阶段；当 f_w = 60% ~ 90% 时，为高含水阶段；当 f_w > 90% 时，为特高含水阶段；当 f_w = 98% 时，关井停止生产。

含水上升的快慢用含水上升速度来衡量，含水上升速度定义为单位时间的含水升高值，用 df_w/dt 表示。含水上升快慢的评价指标为：当 df_w/dt < 10%/a 时，为低速上升；当 df_w/dt = 10%/a ~ 30%/a 时，为中速上升；当 df_w/dt > 30%/a 时，为快速上升。

从图1可以看出，A1井开采到18mon时开始见水，18 ~ 42mon 为低含水阶段，42 ~ 57mon 为中含水阶段，之后进入高含水阶段，生产到78mon（6.5a）进入特高含水阶段。

在中低含水阶段，油井的平均含水上升速度为19.5%/a，属于中等上升速度。之后，含水上升速度逐渐减慢，特高含水阶段的含水上升速度最慢，平均为4%/a。

2　水淹

油井产水不属于水淹，只有达到高含水阶段时才属于水淹，故水淹的特征是 f_w >60%。油井水淹的速度有快慢之分，评判水淹的速度不是按含水上升速度，而是按油井从见水 t_{bt} 到进入高含水阶段 t_h 的时间的长短。根据图1所示的含水率曲线，可以计算出2个时间的差值，即 $\Delta t = t_h - t_{bt}$。当 Δt < 1mon 时，为暴性水淹；当 Δt = 1~12mon 时，为快速水淹；当 Δt > 12mon 时，为正常水淹。

水淹的快慢与油藏的均质性有关，均质性越强，水淹速度就越快。天然裂缝和人工裂缝也会使水淹速度加快。井网布置方式和开采速度是影响水淹速度的人为因素。

在单层均质油藏的水驱油过程[图2(a)]中，水驱前缘均匀推进，见水后含水上升快，很容易出现暴性水淹的状况；在多层非均质油藏的水驱油过程[图2(b)]中，水驱前缘参差不齐，见水后含水逐渐上升，水淹速度相对较慢。

图2 非均质性对水驱油过程的影响

图3(a)所示为天然裂缝导致油井快速水淹的情况，图3(b)所示为注采井人工压裂缝窜通导致油井快速水淹的情况。

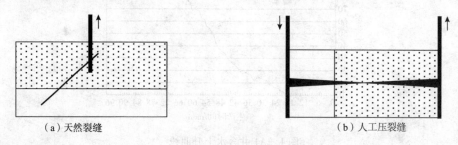

图3 裂缝对水淹速度的影响

图4(a)所示为均匀驱替导致油井快速水淹的情况，图4(b)所示为单向驱替导致油井慢速水淹的情况。

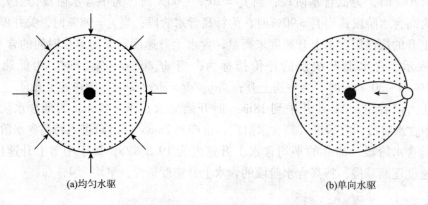

图4 水驱方式对水淹速度的影响

3 见水

油井见水早晚与油井距离水的远近有关，离水近，见水就早，离水远，见水就晚。由于见水时间对油井产量有很大影响，所以矿场上对见水时间的问题十分重视。对于边水油藏，见水时间主要与注采井距的大小有关。在一般的注采井距条件下，油井都有1～2a甚至更长的无水采油期，油井见水影响并不大。对于底水油藏，油井见水时间主要与底水的位置有关，油井距离底水越近，见水就越早。

若底水油藏的油层为厚油层，则见水的影响不大，薄油层才存在见水早的问题。这里所说的厚油层不是一个绝对概念，而是一个相对概念。若油层厚度大于注采井距，则为厚油层，否则，为薄油层。厚油层可以保留足够大的避水高度用来避水。若厚油层全部射开，则其含水上升规律与薄油层无异。薄油层的井点地质模型可以分为3种(图5)：直接底水型，油层与底水直接接触，底水可以直接向井底锥进；间接底水型，油层与底水之间存在隔板，底水不能直接向井底锥进，而是先绕过隔板，然后才能流到井底[10~12]；边水型，隔板面积较大，在井距尺度上可以完全阻止底水的锥进，虽然油藏整体上为底水油藏，但在井距尺度上可视为边水油藏。

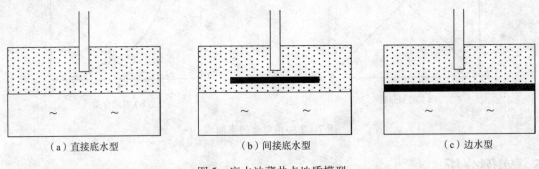

（a）直接底水型　　　　　　　（b）间接底水型　　　　　　　（c）边水型

图5　底水油藏井点地质模型

根据文献[11]中的公式，直接底水型油井的见水时间都很短，一般小于1mon；间接底水型油井的见水时间则受隔板的影响而延长，一个小隔板也能大幅度推迟油井的见水时间。因此，根据油井见水时间，可以大致判断油井所在井点的地质模型。当 $t_{bt} < 1$mon 时，为直接底水型；当 $t_{bt} = 1 \sim 12$mon 时，为间接底水型；当 $t_{bt} > 12$mon 时，为边水型。

上述见水时间是针对中高渗透油藏而言的大概时间，具体到每个油藏可根据其自身地质条件选取不同的数值。

4　含水上升曲线形态

油藏一般都是非均质的。笔者将非均质性分为2类，即离散型非均质和连续型非均质。所谓离散型非均质油藏，就是由有限个均质小层组成的非均质油藏；所谓连续型非均质油藏，就是由无数个均质小层组成的非均质油藏。

离散型非均质油藏的每个小层渗透率不同，水在其中的推进速度不同，见水时间也有所差异[图2(b)]。当一个小层见水后，油井的含水率会稳定一段时间，而当下一个小层见水后，含水率会出现一个台阶式跃升。含水曲线的台阶数，对应油藏的小层数，第1个小层的见水时间，也是油井的见水时间。通过每个小层的见水时间，也可以大致估计各层之间的渗透率差别。

连续型非均质油藏由无数个小层组成，每个小层的渗透率不同，水在每个小层中的推进速度也不同，驱替前缘是一个连续的曲线(图6)。小层陆续见水，含水率也随之不断上升，由于台阶太小而形成连续的含水上升曲线(图1)。

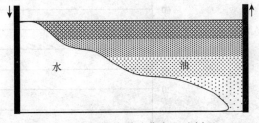

图6　连续型非均质油藏水驱油剖面

若连续型非均质油藏为缝洞介质，由于其孔隙开度较大，毛管压力为0，则相对渗透率曲线为2条对角直线[图7(a)]，这种曲线形态致使含水上升曲线也呈直线形态；若连续型非均质油藏为孔隙介质，由于其孔隙开度较小，毛管压力较高，致使相对渗透率曲线呈弯曲状态[图7(b)]，这也是孔隙介质含水率曲线呈曲线形态(图1)的原因之一。

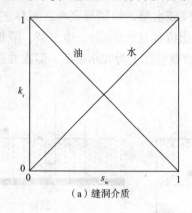
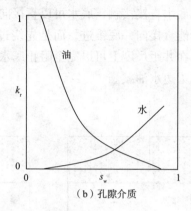

（a）缝洞介质   （b）孔隙介质

图7　2种相对渗透率曲线

5　实例分析

5.1　实例一

A1井从砂岩储层中采油，从含水上升曲线特征(图1)可以看出，其储层为连续型非均质储层。油井开采18mon开始见水，说明井点处为边水油藏。之后，油井经过39mon达到高含水状态，属于正常水淹。

5.2　实例二

A2井从溶洞型储层中采油，含水上升曲线波动较大，但明显呈现出1个台阶特征(图8)，因此，其储层为离散型非均质储层，即地下只有一套溶洞储层。油井开采17.5mon见水，显然井点处为边水油藏。但是，油井见水后，经过不到1mon的时间达到高含水状态，属于暴性水淹，之后油井一直在高含水或特高含水状态下生产。

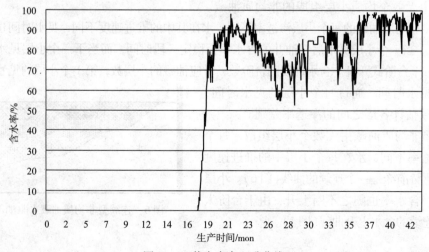

图8　A2井含水率上升曲线

5.3 实例三

A3 井也是从溶洞型储层中采油,从目前的含水上升曲线来看,曲线出现了 2 个台阶(图 9),因此,储层为离散型非均质储层,地下至少有 2 套溶洞型储层。油井投产便见水,显然井点处为直接底水型油藏。底部油层见水后,油井维持在含水率约为 15% 的低含水状态生产。上部的第 2 个油层见水后,油井含水率跃升至 50% 的水平继续生产。将来还会出现第 3 个台阶。

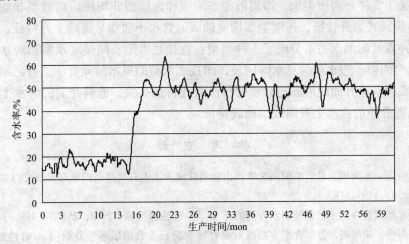

图 9　A3 井含水上升曲线

5.4 实例四

A4 井的含水上升曲线基本呈直线或阶段直线特征(图 10),因此储层为缝洞介质。油井投产 8mon 后见水,井点处为间接底水型油藏。油井的低含水阶段在 8～27mon,中含水阶段在 27～80mon,生产 80mon 后进入高含水阶段。油井从见水到高含水阶段经过了 72mon,为正常水淹。油井整体含水上升速度为 9.06%/a,属于低速上升。

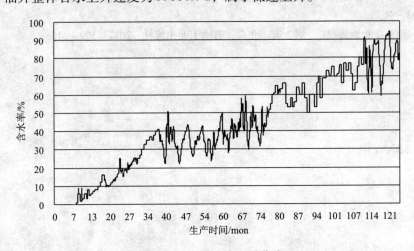

图 10　A4 井含水率上升曲线

6 结论

(1)对含水上升速度和水淹指标进行了界定。含水上升速度小于 10%/a 时，为低速上升；介于 10%~30%/a 时，为中速上升；大于 30%/a 时，为快速上升。油井从见水到进入高含水阶段的时间小于 1mon 时，为暴性水淹；介于 1~12mon 时，为快速水淹；大于 12mon 时，为正常水淹。

(2)定义了 2 种非均质类型，即离散型非均质和连续型非均质。离散型非均质油藏的含水率曲线呈阶跃式上升特征，连续型非均质油藏的含水率曲线呈连续上升特征。

(3)将井点处的油水关系分成了 3 种类型：直接底水型、间接底水型和边水型。直接底水型的见水时间短，边水型的见水时间长，间接底水型的见水时间介于二者之间。

(4)油藏含水上升曲线形态与介质的相渗曲线特征有关，缝洞介质的含水上升曲线呈直线特征，孔隙介质的含水上升曲线呈曲线特征。

参 考 文 献

[1]潘有军，徐赢，吴美娥，等.牛圈湖区块西山窑组油藏含水上升规律及控水对策研究[J].岩性油气藏，2014，26(5)：113－118.

[2]王涛.底水油藏直井含水上升预测新方法的建立[J].岩性油气藏，2013，25(5)：109－112.

[3]章威，喻高明，胡海霞，等.含水率曲线对聚合物驱特征参数的敏感性分析[J].岩性油气藏，2012，24(1)：125－128.

[4]陈元千.对预测含水率的翁氏模型推导[J].新疆石油地质，1998，19(5)：403－405.

[5]俞启泰.预测水驱砂岩油藏含水上升规律的新方法[J].新疆石油地质，2002，23(4)：314－316.

[6]方凌云，万新德.砂岩油藏注水开发动态分析[M].北京：石油工业出版社，1998：76－140.

[7]陈元千.水驱曲线法的分类、对比与评价[J].新疆石油地质，1994，15(4)：348－355.

[8]李传亮.带隔板底水油藏油井见水时间预报公式[J].大庆石油地质与开发，1997，16(4)：49－50.

[9]李传亮，宋洪才，秦宏伟.带隔板底水油藏油井临界产量计算公式[J].大庆石油地质与开发，1993，12(4)：43－46.

[10]李传亮.油藏工程原理[M].第 2 版.北京：石油工业出版社，2011：309－310.

再谈滑脱效应[*]

摘　要： 岩石的气测渗透率高于液测渗透率，且具有压力依赖性，该现象被称作滑脱效应或 Klinkenberg 效应。通过理论和测试资料分析，并结合流体力学原理，对该现象进行深入研究后认为，滑脱效应是一个错误认识。气测渗透率的压力依赖性是由于在计算渗透率时气体黏度取值不当所致，气体黏度在低压下随压力变化很大，但计算渗透率时却选用了定值。滑脱效应将使气体的黏度无法测量，从而出现测试悖论。气体分子时刻在做不规则的热运动，会不停地与孔隙壁面发生碰撞，致使气体无法出现滑脱。岩石渗透率的气测值高于液测值，是测试介质的分子尺度与孔隙尺度对比的结果。地下不存在离散形式的自由分子流。孔隙中只存在几个甲烷分子的地层没有开采价值，不应该作为研究对象。滑脱效应对生产实践没有任何指导意义，建议今后不再对气测渗透率进行滑脱校正。

关键词： 岩石；渗透率；气体；滑脱效应；Klinkenberg 效应；Knudsen 数

0　引言

当用气体测量岩石的渗透率时，不仅气测值比液测值高，而且还出现了较强的压力依赖性，即测量压力越高，气测值反而越低。L. J. Klinkenberg[1] 发现了这一现象，并将其归因于气体的滑脱行为，即所谓的滑脱效应或 Klinkenberg 效应。所谓滑脱，是指气体在孔隙中流动时不与孔隙壁面发生摩擦，而是直接滑过壁面，即孔隙壁面上的气流速度不为 0。液体在孔隙中流动时不会产生滑脱，孔隙壁面上的液流速度为 0[2]。液体不存在滑脱，气体存在滑脱，这当然是一个错误认识。液体与气体都是流体，都必须遵守相同的流体力学理论，气体怎么能够违背流体力学的基本原理呢？

自从有了边界层的概念，"固体表面流体无滑移"就成为了流体力学的一个基本原理[3,4]，否则，若因滑脱而不发生摩擦、不消耗能量，飞机的飞行速度将达到无穷大，气井的产量将达到无穷大。可见，滑脱效应不仅没有理论基础，也没有实践基础。流体力学中不存在滑脱，石油科学中却存在滑脱，显然应用科学严重脱离了基础科学的发展轨道。笔者曾撰文否定了滑脱效应[5]，以下将进一步深入分析这个错误的认识根源。

1　气体黏度

黏度是流体内摩擦力的度量，流体分子之间的作用越强，黏度就越大。显然，高分子流体的黏度比低分子流体大，高密度流体的黏度比低密度流体大。气体的密度随压力变化较大，因此，气体的黏度随压力变化也较大（图 1）。压力低，密度小，黏度相应也小，而当压力趋于 0，气体变成真空状态，黏度也趋于 0；压力高，密度大，黏度相应也大，而当压力

---

* 该论文的合作者：朱苏阳，刘东华，聂旷，邓鹏

高至一定程度时，气体被压缩成液体，由于液体的压缩性小，故黏度随压力变化的幅度也变小。

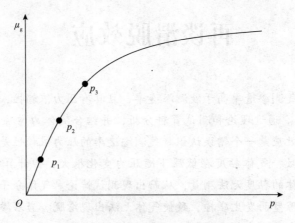

图 1　气体黏度随压力变化曲线

低压下气体黏度的变化幅度较大。图 1 中压力为 p_2 时的黏度大于压力为 p_1 时的黏度，压力为 p_3 时的黏度又大于压力为 p_2 时的黏度，这是因气体在低压下的压缩性较强所致。然而，油层物理和物理学却给出了一个低压下气体黏度的理论计算公式[2,6]，即

$$\mu_g = \frac{k_B}{3\pi d^2} \sqrt{\frac{M_g T}{R}} \tag{1}$$

式中　μ_g——气体黏度，Pa·s；

$\quad\ \ k_B$——Boltzmann 常数，$k_B = 1.38 \times 10^{-23}$ J/K；

$\quad\ \ M_g$——气体的千摩尔质量，kg/kmol；

$\quad\ \ T$——气体温度，K；

$\quad\ \ R$——气体常数，$R = 0.008314$ MPa·m^3/(kmol·K)；

$\quad\ \ d$——气体分子直径，m。

由式(1)可以看出，气体的黏度不随压力变化而变化，只随温度变化而变化，即气体在压力为 p_1，p_2 和 p_3 时的黏度完全相等，且等于压力为 0 时的气体黏度。在该理论公式的指导下，实验室用气体测量渗透率时也选用了固定的黏度值[7]。

气体渗流的 Darcy 公式为[2]

$$q_g = k_g \frac{A}{\mu_g} \frac{\bar{p}\Delta p}{p_0 \Delta L} \tag{2}$$

式中　q_g——气体在压力为 p_0 时的流量，m^3/ks；

$\quad\ \ p_0$——基准压力，MPa；

$\quad\ \ A$——岩心横截面积，m^2；

$\quad\ \ \Delta L$——岩心长度，m；

$\quad\ \ k_g$——气测渗透率，D；

$\quad\ \ \Delta p$——岩心两端的流动压差，MPa；

$\quad\ \ \bar{p}$——平均压力，MPa。

气体平均压力为岩心两端压力的平均值，即

$$\overline{p} = \frac{p_a + p_b}{2} \tag{3}$$

式中　p_a——岩心入口压力，MPa；

　　　p_b——岩心出口压力，MPa。

利用式（2）计算岩心的气测渗透率时，在压力为 p_1 时选用了该压力下的气体黏度，得到了气测渗透率 k_{g1}；压力升高后，在压力为 p_2 时本应选用该压力下的气体黏度进行计算，但是，却仍然选用了压力为 p_1 时的气体黏度，这样得到的渗透率 k_{g2} 一定比 k_{g1} 小。以此类推，测得了如图 2 所示的气测渗透率随压力升高而不断下降的变化曲线。

图 2 的测试结果当然是错误的，因为气藏开采过程中渗透率是随压力下降而不断下降的，实验却测出了渗透率随压力升高而不断下降的结果，实验结果与生产实践完全脱节。试问注气升压后地层的渗透率会下降吗？

由于天然气的黏度比较低，室内测量十分困难，一般都采用 Lee 等[8]提出的经验公式进行计算，即

$$\mu_g = 10^{-4} K \exp(X\rho_g^Y) \tag{4}$$

$$K = \frac{2.6832 \times 10^{-2}(470 + M_g)T^{1.5}}{116.1111 + 10.5556 M_g + T} \tag{5}$$

$$X = 0.01\left(350 + \frac{54777.78}{T} + M_g\right) \tag{6}$$

$$Y = 0.2(12 - X) \tag{7}$$

$$\rho_g = \frac{10^{-3} M_{air} \gamma_g p}{ZRT} \tag{8}$$

式中　ρ_g——天然气的密度，kg/m³；

　　　M_{air}——空气的千摩尔质量，kg/kmol；

　　　γ_g——天然气的相对密度，dless；

　　　Z——天然气的偏差因子，dless。

图 3 为利用经验公式（4）计算的气体黏度随压力的变化曲线，表现为低压下黏度随压力变化小，高压下黏度随压力快速增大，但该趋势与图 1 完全不同，缺少基本的合理性。

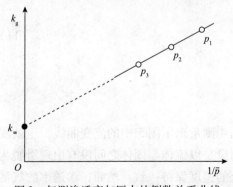

图 2　气测渗透率与压力的倒数关系曲线　图 3　利用经验公式（4）计算的气体黏度随压力变化曲线

Kestin 等[9]给出的氮气黏度随压力变化的经验公式为

$$\mu_{\mathrm{g}} = 0.1755 + 1.2177 \times 10^{-3}p + 1.16773 \times 10^{-4}p^2 \tag{9}$$

无论是式(4)，还是式(9)，都具有一个共同的特点，即黏度随压力升高的速度是越来越快的，而且压力趋于0时气体的黏度并不趋于0，而是趋于一个定值。气体都变成真空状态了，却还有黏度，这不是很荒谬吗？

人们用错误的气体黏度数据计算出了如图2所示的气测渗透率曲线，并回归出以下公式[2]

$$k_{\mathrm{g}} = k_{\infty}\left(1 + \frac{b}{p}\right) \tag{10}$$

式中　k_{∞}——克氏渗透率，D；

　　　b——滑脱系数，MPa。

由式(10)或图2的实测数据点外推，可以求出渗透率在纵坐标轴上的截距，即压力为无穷大时的气测渗透率，这就是所谓的克氏渗透率。通常认为克氏渗透率代表了岩石的液测渗透率。以上做法就是滑脱校正，即把气测渗透率中的滑脱成分去除，最后得到液测渗透率。

对于中高渗透率，滑脱校正一般不会出现离奇的结果，而对于低渗透率或特低渗透率，滑脱校正的结果却经常出现负值，从而失去了应用价值。

通过前面的分析不难看出，气测渗透率之所以出现压力依赖性，完全是由于气体黏度取值不当所致。若气体黏度按压力变化规律正确取值，压力依赖性将会消失。建议今后在测量气测渗透率时不要再进行滑脱校正，而是直接给出 p_1 压力下的气测渗透率即可，滑脱校正反而会导致错误的结果。

2　测试悖论

流体的黏度是按如图4所示的原理进行测量的。在顶、底板(固体)之间充满流体，固定底板不动，对顶板施加一个拖力 F，让顶板以固定速度向前移动，顶板拽着下方的流体一起移动。靠近顶板的流体移动速度与顶板相同，靠近底板的流体移动速度为0，中间流体的移动速度出现了一个分布剖面(图4)。

流体在 y 方向的速度梯度为 $\mathrm{d}v/\mathrm{d}y$。若顶板的面积为 A，则流体受到的剪切应力为 $\tau = F/A$。流体的移动是剪切作用的结果，剪切应力越大，流速就越高。剪切应力与速度梯度之间的关系如图5所示，二者之间满足以下方程

$$\tau = \mu \frac{\mathrm{d}v}{\mathrm{d}y} \tag{11}$$

式中　τ——剪切应力，Pa；

　　　v——速度，m/s；

　　　μ——黏度，Pa·s。

流体的黏度就是图5中流变曲线的斜率。利用图4测量出了图5中的流变曲线，也就测量出了流体的黏度。由图4可以看出，流体黏度的测量是以流体与固体之间没有出现滑脱为前提的，流–固耦合的结果是流体和固体在分界面上的速度保持一致。然而，渗透率的气测值高于液测值的现象，石油科研人员将其解释成了滑脱效应，即图6中的液体流动没有滑脱，而图7中的气体流动却出现了滑脱[2]。

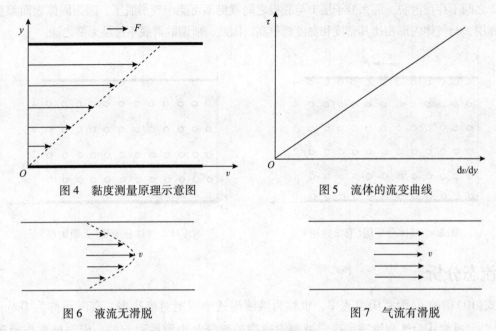

图 4　黏度测量原理示意图　　　　　　　图 5　流体的流变曲线

图 6　液流无滑脱　　　　　　　　　　图 7　气流有滑脱

若气体流动时真的存在滑脱，黏度测量将会出现以下 2 种情况：①顶板无法拽动其下方的气体，气流速度为 0，顶板独自移动(图 8)。由于没有气体的摩擦阻力作用，顶板的移动速度达到无穷大，黏度将无法测量。②顶板拽着其下方的气体一起移动，底板处出现滑脱(图 9)。由于底板对气体没有摩擦阻力作用，气流速度达到无穷大，黏度也将无法测量。

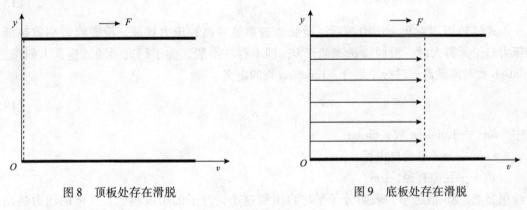

图 8　顶板处存在滑脱　　　　　　　　图 9　底板处存在滑脱

若固体表面存在滑脱，气体的黏度将无法测量，或者说气体将没有黏度数据。可是，现有的大量气体黏度数据[10~13]又是如何测量的呢？气体的黏度到底能测还是不能测呢？显然，是滑脱这个概念出了问题。

层流状态下气体的流动均是分层的，每个层的流动速度不同。固体会吸附一些气体分子(图 10)，底板的吸附层(分子层 0)肯定不能流动，顶板的吸附层(分子层 5)随顶板一起流动。因此，所谓的滑脱根本不可能发生。

即使固体不吸附气体分子(图 11)，分子层 1 与底板之间的相互作用也强于其与分子层 2 之间的相互作用，因为底板的分子密度更大，对气体分子的作用也更强。气体内部的分子层 1 与分子层 2 之间不存在滑脱，那么分子层 1 与底板之间就更不可能出现滑脱了，因为固体表面都有一个边界层，与气体内部相比其密度和黏度都更高。因此，所谓的滑脱不过是无稽之谈。

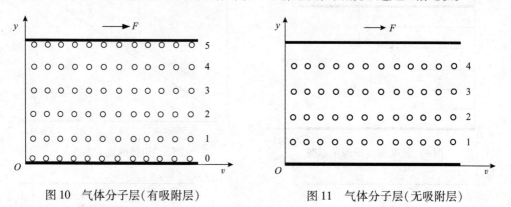

图 10　气体分子层(有吸附层)　　　　　图 11　气体分子层(无吸附层)

3　流态分析

式(10)中的 k_∞ 为克氏渗透率，也称为液测渗透率或绝对渗透率，有时还称为 Darcy 渗透率[14]。通常认为气测渗透率高出液测渗透率的部分是由滑脱引起的，因而被称作滑脱渗透率。于是，式(10)就可以写成

$$k_g = k_\infty + k_{slip} \qquad (12)$$

式中　k_{slip}——滑脱渗透率，D。

滑脱渗透率的计算公式为

$$k_{slip} = k_\infty \frac{b}{p} \qquad (13)$$

由式(13)可以看出，压力越低，滑脱渗透率就越高；压力越高，滑脱渗透率就越低；当压力趋于无穷大时，滑脱渗透率趋于 0，即不存在滑脱。为了研究滑脱效应，人们按照 Knudsen 数对流动形态进行了划分。Knudsen 数的定义[15]为

$$Kn = \frac{\lambda}{d_p} \qquad (14)$$

式中　Kn——Knudsen 数，dless；

　　　λ——分子平均自由程，μm；

　　　d_p——孔隙直径，μm。

很显然，Kn 值越小，表明分子平均自由程越小，分子的密度越大，气体的压力越高；Kn 值越大，表明分子平均自由程就越大，分子的密度越小，气体的压力越低。这里的大小都是相对于孔隙而言的。4 个流态的划分结果为：$Kn < 0.001$ 时，为连续流；Kn 为 $0.001 \sim 0.1$ 时，为滑脱流；Kn 为 $0.1 \sim 10$ 时，为过渡流；$Kn > 10$ 时，为自由分子流(图 12)。

按照图 12 的划分标准，$Kn < 0.001$ 时不存在滑脱，$Kn > 0.001$ 时才出现滑脱，且 Kn 值越大，滑脱就越严重。实际上，根据式(13)任何时候都存在滑脱。这也是滑脱效应研究存在自相矛盾的地方。

人们对 $Kn < 0.001$ 时不存在滑脱的解释是：气体的压力高，量密度大，界面上的气体分子与孔隙壁面距离较近，受孔隙壁面的束缚较强，因而无法产生滑脱；当 Kn 值增大，气体

的压力降低，量密度减小，界面上的气体分子与孔隙壁面距离较远，受孔隙壁面的束缚较弱，因而产生滑脱；Kn 值越大，压力越低，滑脱就越严重。其实，这个解释是建立在图 2 中的实测曲线之上的。前面已经分析了图 2 中渗透率的压力依赖性是气体黏度取值不当所致，并非滑脱所致，不能把人为因素解释成客观规律。

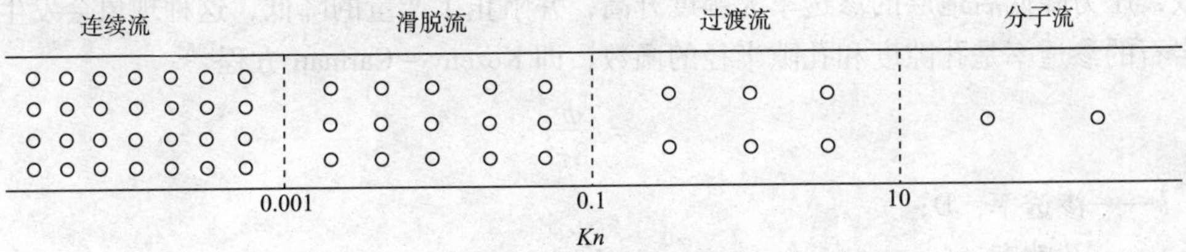

连续流	滑脱流	过渡流	分子流
○ ○ ○ ○ ○ ○ ○	○ ○ ○ ○	○ ○ ○	
○ ○ ○ ○ ○ ○ ○	○ ○ ○ ○		○ ○
○ ○ ○ ○ ○ ○ ○	○ ○ ○ ○	○ ○ ○	
○ ○ ○ ○ ○ ○ ○	○ ○ ○ ○		
0.001	0.1	10	
	Kn		

图 12　气体流态划分

实际上，气体分子的移动不是平行于孔隙壁面方向进行的，而是不规则的热运动，运动过程中会与孔隙壁面不断地碰撞，从而阻止了滑脱现象的发生，因为碰撞会交换能量和动量并产生阻力。气体是否产生滑脱主要取决于孔隙壁面附近的分子层，而与气体内部的情况没有关系。图 12 中的每一种流态，都有一个边界分子层与孔隙壁面相互作用，要想不受孔隙壁面的作用而直接滑脱过去是根本不可能的。

气体分子时刻都在做不规则的热运动，热运动的速度非常快，空气分子的平均热运动速度为 500m/s。若气体分子不与孔隙壁面碰撞，气体分子瞬间即可逃逸出孔隙，这就是真正意义上的滑脱。可是，由于孔隙有着复杂的弯曲形态，气体分子会不停地与孔隙壁面发生碰撞，并不断地改变运动方向，而恰恰是这种碰撞阻止了气体分子从孔隙中逃逸(图 13，右侧孔隙)，致使气体分子宏观上没有移动速度，只有微观上的剧烈热运动。滑脱是指宏观的移动速度，而非微观的热运动速度。

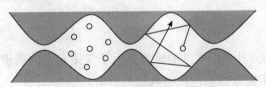

图 13　孔隙中气体分子的运动

气体分子要想流出孔隙，靠滑脱肯定不可行，而要靠其他分子的推动，即必须靠压力驱动才行。若图 13 左侧孔隙中有大量分子，它们会向右侧"空旷的"孔隙进行热运动，从而驱动气体分子流出孔隙。若左右侧孔隙中分子的量密度相同，即压力相等，那么所有分子都不会流出孔隙，也不存在滑脱。

若孔隙中只有少数几个气体分子在做自由运动，这样的地层是没有开采价值的，地层中既没有压力的概念，也没有黏度的概念，连续介质理论都将失效，只能用质点力学研究分子的运动，石油领域做这样的研究有意义吗？

甲烷的分子直径约为 0.414nm，水分子的直径约为 0.4nm，两者大小相当，故甲烷能进入的孔隙，水分子也能进入。若孔隙中只有几个甲烷分子，则其不足以产生高压来阻止水的进入，地层水会进入孔隙并将甲烷气体压成高密度状态或对甲烷分子进行溶解。由于地层的压力通常都很高，因此，地下并不存在所谓的自由分子流。

纳米孔隙介质中也有大孔隙，微米孔隙介质中也有小孔隙，油气一般储存在较大的孔隙之中，而纳米尺度以下的孔隙储集能力和流动性能均较差，其中就算有几个甲烷分子也无法流出，它们不应该成为石油行业的研究对象。

气井的产量会随着地层压力的降低而降低，这是地层能量衰竭的标志。可是，由于滑脱的缘故，压力降低后地层的渗透率大幅度升高，并阻止了产量的降低，这种现象会发生吗？

岩石的渗透率是孔隙度和孔隙半径的函数，即 Kozeny – Carman 方程[16]

$$k = \frac{\phi r^2}{8\tau^2} \tag{15}$$

式中　k——渗透率，D；

ϕ——孔隙度，f；

r——孔隙半径，μm；

τ——孔隙迂曲度，dless。

由式(15)可以看出，当用小分子气体测量渗透率时，气体会占据更多的孔隙，因而可测量到一个相对较高的数值；当用大分子液体测量渗透率时，液体占据的孔隙相对较少，因而会测量到一个相对较低的数值，液测时气泡的 Jamin 效应也会严重影响测量结果。当用大于孔隙尺度的高分子流体测量渗透率时，测量结果为 0。因此，渗透率气测值高于液测值，是测量介质的分子尺度与孔隙尺度对比的结果，与滑脱没有任何关系。

若存在滑脱效应，则意味着地层中的流动十分容易。若存在启动压力梯度，则意味着地层中的流动十分困难。这两个现象同时存在，油藏工程就变得自相矛盾而不能自洽了。如果都不存在[17]，油藏工程就变得十分和谐了。

人们研究滑脱效应几十年，不曾给行业带来任何的积极影响，近年来随着页岩油气和致密油气的开发，关于滑脱效应的研究又热了起来，但仍没有看到对生产实践的实质性指导。

4　结论

(1)气测渗透率随压力升高而降低的现象是由于气体黏度的取值不当所致，气体黏度在低压下变化幅度较大，实验过程不应该将其选为定值。

(2)滑脱将使气体黏度无法测量，因而出现测试悖论。

(3)滑脱效应违背了流体力学的基本原理，边界层和分子热运动使滑脱无法发生。

(4)气测渗透率高于液测值，是测试介质的分子尺度与孔隙尺度对比的结果，而不是滑脱效应所致。

(5)由于地层压力高，地下并不存在离散形式的自由分子流。

参 考 文 献

[1] Klinkenberg L J. The permeability of porous media to liquids and gases [J]. Socar Proceedings, 1941：200 – 213.

[2]何更生，唐海. 油层物理[M]. 第 2 版. 北京：石油工业出版社，2011：57 – 62，149 – 150.

[3]庄礼贤，尹协远，马晖杨. 流体力学[M]. 第 2 版. 合肥：中国科学技术大学出版社，1997：366 – 378.

[4]贺礼清. 工程流体力学[M]. 北京：石油工业出版社，2004：179 – 202.

[5]李传亮. 滑脱效应其实并不存在[J]. 天然气工业，2007，27(10)：85 – 87.

[6]章威廉，杨茂荣．大学物理学（上册）[M]．济南：山东教育出版社，1989：144 – 145.

[7]孙良田．油层物理实验[M]．北京：石油工业出版社，1992：89 – 94.

[8] Lee A L, Gonzalez M H, Eakin B E. The viscosity of natural gases. [J]. Trans AIME, 1966, 237: 997 – 1000.

[9]Kestin J, Leidenfrost W. An absolute determination of the viscosity of eleven gases over a range of pressures [J]. Physica, 1959, 25: 1033 – 1062.

[10]袁淋，李晓平，张璐，等．非均质底水气藏水平井井筒流量及压力剖面研究[J]．岩性油气藏，2014，26(5)：124 – 128.

[11]闫霞，李小军，赵辉，等．煤层气井井间干扰研究及应用[J]．岩性油气藏，2015，27(2)：126 – 132.

[12]刘通，任桂蓉，赵容怀．非环状流气井两相流机理模型[J]．岩性油气藏，2013，25(6)：103 – 106.

[13]李士伦．天然气工程[M]．第2版．北京：石油工业出版社，2008：24.

[14]Javadpour F. Nanopores and apparent permeability of gas flow in mudrocks (shales and siltstone)[J]. Journal of Canadian Petroleum Technology, 2009, 48(8): 16 – 21.

[15]贝尔 J. 多孔介质流体动力学[M]．李竞生，陈崇希，译．北京：中国建筑工业出版社，1983：13.

[16]李传亮．油藏工程原理[M]．第2版．北京：石油工业出版社，2011：48 – 51.

[17]李传亮，杨永全．启动压力梯度其实并不存在[J]．西南石油大学学报（自然科学版），2008，30(3)：167 – 170.

储层岩石连续性特征尺度研究

摘　要：根据物体的连续介质理论，对储层岩石的连续性特征尺度进行了研究，提出了连续性特征尺度的定量计算公式，分别计算了砂岩油藏和碳酸盐岩油藏的连续性特征尺度，砂岩油藏的连续性特征尺度在厘米量级，而碳酸盐岩油藏的连续性特征尺度在米量级，连续性问题从定性分析阶段上升到了定量研究的水平。

关键词：岩石；连续性；特征尺度；物性参数；孔隙；骨架颗粒

0　引言

物体的连续性是一个相对的概念，宏观上的连续体可能是微观上的非连续体；而微观上的连续体，在宏观上也可能是非连续体。物体在什么尺度上可以视为连续性物体，是由物体本身的性质所决定的。有些物体在米级尺度上为连续体，而有些物体则只在微米级尺度上为连续体。

储层岩石的性质千变万化，有些岩石粒粗孔大较为疏松，而有些岩石则粒细孔小较为致密。岩石的连续性是怎么定义的？研究岩石的连续性对油藏工程有何指导意义？不同性质的岩石，它们的连续性特征尺度到底有多大？本文仅就这些问题进行深入的研究。

1　连续介质定义

任何物体都不是绝对意义上的连续介质，而是由处于离散状态的粒子所构成。粒子所占据的区域，物质密度相对较高；粒子之间的区域，物质密度相对较低。

岩石也不是连续介质，而是由固体骨架颗粒和粒间孔隙所构成。地层岩石的性质千变万化，有些岩石粒粗孔大，而有些岩石则较为致密，岩石的连续性问题极其复杂。

在连续统数学上，岩石中任意一点 P 处的孔隙度由下式定义

$$\phi(P) = \lim_{\Delta V_b \to 0} \frac{\Delta V_p}{\Delta V_b} \tag{1}$$

式中　$\phi(P)$——P 点的孔隙度，f；

　　　ΔV_p——岩心的孔隙体积，m^3；

　　　ΔV_b——包含 P 点在内的岩石单元体(岩心)的外观体积，m^3。

为了获得 P 点的孔隙度，首先定义岩心体积 ΔV_b 上的平均孔隙度

$$\overline{\phi}(P) = \frac{\Delta V_p}{\Delta V_b} \tag{2}$$

可是，按照式(2)定义的孔隙度随岩心体积的大小而变化(图1)。从图中曲线可以看出，当岩心体积较小时，孔隙度在 0 和 1 之间随机取值；当岩心体积中等大小时，孔隙度在 0～1 之间剧烈跳动；当岩心体积较大时，孔隙度趋于一个稳定的数值。

当岩心体积较小时，孔隙度在 0 和 1 之间随机取值的原因，是 P 点的位置随机地落在孔隙之中或骨架颗粒之上（图 2）。当岩心只包含一个孔隙时，P 点的孔隙度为 1；当岩心只包含一个骨架颗粒时，P 点的孔隙度为 0。

当岩心体积中等大小时，孔隙度在 0 ~ 1 之间剧烈跳动的原因，是岩心包含的骨架颗粒或孔隙数目不止一个。包含多于一个孔隙的岩心，其孔隙度必定小于 1；包含多于一个骨架颗粒的岩心，其孔隙度必定大于 0。随着岩心体积的增大，岩心中包含的孔隙和骨架颗粒的数目不断增多，孔隙度之间的数值差别也就越来越小（图 1）。

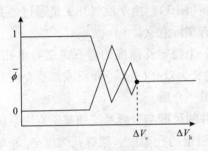

图 1　岩石孔隙度变化曲线图

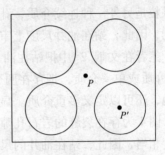

图 2　岩石内部结构图

当岩心体积较大时，孔隙度趋于稳定数值的原因，是岩心包含的骨架颗粒或孔隙数目足够大。此时，岩心中增减几个骨架颗粒或粒间孔隙，不会明显改变孔隙度的数值。

通过图 1 中的孔隙度随岩心体积的变化曲线可以看出，用式（1）无法定义 P 点的孔隙度，或者说，P 点的孔隙度在连续统数学上没有定义。为了获得 P 点的孔隙度，岩心体积就不能按照式（1）取作数学上的无穷小量，而应该在孔隙度不随 ΔV_b 变化的范围内，选择一个适当的 ΔV_b，比如 ΔV_c，作为物理上的无穷小量。为了工程上的应用方便，笔者在文献[2]中把孔隙度不发生剧烈变化的最小岩心体积，定义为岩石的"连续性特征体积"，并用符号 ΔV_c 表示。也有些文献将其称之为"表征性单元体积"[3~5]，笔者认为术语名称欠妥。显然，用体积小于 ΔV_c 的岩心测量岩石的孔隙度没有任何意义，用体积大于 ΔV_c 的岩心才能测量出代表岩石孔隙发育程度的孔隙度数值。

类似地，还可以定义岩石的"连续性特征面积 ΔA_c"和"连续性特征长度 ΔL_c"。连续性特征体积、连续性特征面积和连续性特征长度，统称为岩石的连续性特征尺度。

定义了岩石的连续性特征体积，就可以把孔隙度的定义由式（1）改成

$$\phi(P) = \lim_{\Delta V_b \to \Delta V_c} \frac{\Delta V_p}{\Delta V_b} \tag{3}$$

由式（3）定义的岩石孔隙度是位置 P 的连续函数，因此，在连续统数学上也就有了意义，式（3）也可以表示成

$$\phi(P) = \lim_{P' \to P} \phi(P') \tag{4}$$

式中　点 P'——P 点的邻点（图 2）。

岩石的孔隙度成为位置的连续函数，岩石也就可以视为连续介质了，连续统的许多数学方法也就可以加以应用了。

对于岩石的其他物理性质，也可以进行同样的研究。

2　介质类型划分

根据图 1 中的孔隙度变化曲线，岩石的连续性特征体积为 ΔV_c。在 $\Delta V_b > \Delta V_c$ 的尺度上，岩石有一个稳定的孔隙度，因此，岩石为连续介质。在 $\Delta V_b < \Delta V_c$ 的尺度上，岩石没有稳定的孔隙度，因此，岩石为非连续介质或离散介质。实际上，这是站在油井的尺度上审视岩石时得出的必然结论(图 3)。

若站在孔隙或骨架颗粒的尺度上，则会得出完全不同的结论：孔隙是一种连续介质，骨架颗粒是另外一种连续介质，孔隙和骨架都是连续介质(图 3)。由于油气开采是通过油井实现的，因此，站在油井尺度上审视岩石得出的结论才有实际意义。

笔者在文献[2]中把站在油井尺度上审视时只有一个稳定孔隙度的岩石定义为单孔(连续)介质或单一介质，把存在两个稳定孔隙度的岩石定义为双孔(连续)介质或双重介质。类似地，还可以定义多重介质。显然，图 3 中的岩石为单一介质。

图 4 为存在裂缝的岩石孔隙度变化曲线，由于油井的尺度与裂缝系统和基质岩块系统的尺度相当，因此，站在油井的尺度上，岩石存在两个稳定的孔隙度：裂缝孔隙度 ϕ_f 和基质孔隙度 ϕ_m。图 4 中的岩石为裂缝和基质岩块构成的双重介质。若站在大尺度的 A 点审视，图 4 中的岩石依然为单一介质。

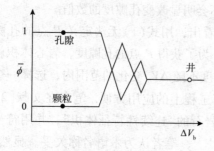

图 3　介质类型定义图

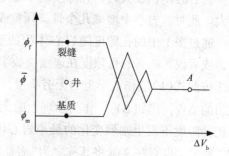

图 4　裂缝－基质孔隙度曲线

砂岩储集层中的油井钻遇孔隙的概率十分接近，产能特征也十分类似，因此，储集层介质的单一特性明显，矿场上通常称之为单一介质。

碳酸盐岩储集层中的油井钻遇裂缝则高产，未钻遇裂缝则低产，油井钻遇裂缝的概率差别很大，储集层介质的双重特性明显，因此，矿场上通常称之为双重介质。若油井的尺度加大，油井钻遇裂缝的概率趋同，介质的双重特性消失而成为单一介质。

由此可见，岩石是何种介质，与审视岩石的尺度有关，因此，介质类型的划分也不是绝对的，而是相对的。双重介质可以测量到两套物性参数，如碳酸盐岩的裂缝孔隙度和基质孔隙度。若地层只能测量到一套物性参数，就只能视作单一介质了，如页岩和煤岩。虽然页岩和煤岩也发育有微裂缝，但无法单独测量到其物性参数，只能测量到微裂缝和基质的平均物性参数。

3　连续性定量表征

物体的连续性特征尺度与物体的性质密切相关，它可以很大，也可以很小。当连续性特征尺度为"米"量级时，物体就是米观连续体；当连续性特征尺度为"微米"量级时，物体就是微（米）观连续体。宇宙的连续性特征尺度用"光年"来定义都显得太小，而普通的晶体材料用"厘米"来定义都显得太大。显然，不同性质的物体，其连续性特征尺度是完全不同的。

笔者把含有 100 个粒子或孔隙的体积（面积或长度），定义为物体的连续性特征体积（连续性特征面积或连续性特征长度）。如果物体粒子或孔隙的线密度为 n（个/m），则物体的连续性特征长度 ΔL_c 可以用下式计算

$$\Delta L_c = \frac{100}{n} \tag{5}$$

式中　ΔL_c——连续性特征长度，m；

　　　n——粒子或孔隙的线密度，个/m。

用式（6）计算的结果绘于图 5 中，用该曲线或式（5）可以确定出任何物体的连续性特征长度的数值。

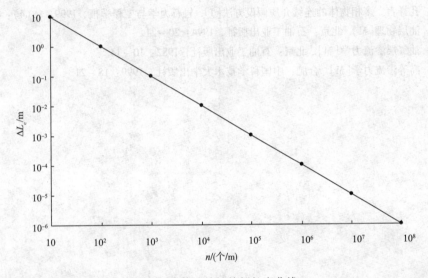

图 5　物体连续性特征长度曲线

细砂岩的骨架颗粒和孔隙都在 $50\mu m$ 左右，因此孔隙的线密度为 10000 个/m 左右，由式（6）或图 5 确定出的细砂岩的连续性特征长度在 1cm 左右。粗砂岩的骨架颗粒和孔隙大小都在 $500\mu m$ 左右，因此，孔隙的线密度为 1000 个/m 左右，由式（6）或图 5 确定出的粗砂岩的连续性特征长度在 10cm 左右。因此，对于砂岩来说，在厘米量级的尺度上，岩石就可以视为连续介质了。室内实验分析，采用厘米量级的岩心就可以测量到代表储集层岩石性质的物性参数。如果用毫米量级的岩心进行实验分析，分析的结果则不能代表储集层岩石的性质，也不能用于油藏工程研究。当然，用更大尺度的岩心进行实验分析也没有必要，因为这样做不仅无助于获得更具代表性的岩石物性参数，而且还会增加更多的操作费用。

然而，对于溶洞型碳酸盐岩储集层则完全不同，由于该类储集层的主要储集空间是溶洞，研究基质孔隙的连续性没有实际意义。对于溶洞较为发育的储集层，溶洞密度可以达到 100 个/m 左右，储集层的连续性特征长度在 1m 左右；而有些储集层的溶洞不太发育，溶洞的密度只有 10 个/m 左右，储集层的连续性特征长度则可以达到 10m 左右。根据连续性特征尺度的概念，只有取到 1~10m 长的岩心，并在上面进行实验，才能测量到有代表性的储

集层物性参数。可是，由于碳酸盐岩储集层容易破碎，取到这么大的岩心并进行实验分析，在大多数情况下都是难以实现的，而小尺度岩心的基质孔隙又不是油气的储集空间，测量其物性参数没有实际意义，因此，要想获得岩石有代表性的物性参数，必须采用其他的手段，如矿场测试等。

4 结束语

式(6)把介质连续性从定性分析的水平推升到了定量研究的高度。连续介质理论在油藏工程中的作用不再是一个象征性的概念，而成为了一个对工程实践具有重要指导意义的理论工具。它对于流体、固体或溶液的取样设计，都有着直接的指导意义和重要的实用价值。

参 考 文 献

[1]庄礼贤，尹协远，马晖扬. 流体力学(修订版)[M]. 合肥：中国科学技术大学出版社，1991：5-11.
[2]李传亮，孔祥言. 多相物体的连续介质假设方法[J]. 岩石力学与工程学报，1999，18(4)：441-443.
[3]何更生. 油层物理[M]. 北京：石油工业出版社，1994：20-21.
[4]葛家理. 油气层渗流力学[M]. 北京：石油工业出版社，1982：10-14.
[5]孔祥言. 高等渗流力学[M]. 合肥：中国科学技术大学出版社，1999：18-21.

双重各向异性介质的发现及其渗透率模型的建立

摘　要： 油田生产中出现了注入水沿古水流方向推进快的现象，实验测试结果也出现了正、反向渗透率数值上的差异，这些现象无法用非均质性进行解释，也无法用已有的各向同性和各向异性模型进行解释。针对该问题进行研究后，提出了双重各向异性介质的概念，并建立了双重各向异性介质的渗透率数学模型，该模型可以指导砂岩油藏的注水开发设计。

关键词： 岩石；油藏；各向同性；各向异性；双重各向异性；注水开发

0　引言

随着油气田开发实践的不断进行，人们对油气藏的认识程度也不断深入。精细而精确的油气藏描述是做好油气田开发工作的基础。油气田开发实践又反过来促进油气藏描述工作向前发展。近年来，一些新的方法和手段不断涌现，使得油气藏描述工作做得又快又好，在此基础上的油气田开发工作也更加科学化和有效化。下面主要介绍在油气藏描述和油气田开发过程中十分有用的一种新的介质模型——双重各向异性介质的发现及其渗透率数学模型的建立。

1　各向异性介质渗透率模型

如果储层岩石的渗透率在各个方向上的数值都相等，通常称这种性质为各向同性，具有这种性质的储层岩石为各向同性介质。相反，如果储层岩石的渗透率在不同方向上取不同的值，称这种性质为各向异性，具有这种性质的储层岩石为各向异性介质。人们通常用渗透率张量描述各向异性介质的渗透率[1]，即

$$\boldsymbol{k} = \begin{bmatrix} k_{xx} & k_{xy} & k_{xz} \\ k_{yx} & k_{yy} & k_{yz} \\ k_{zx} & k_{zy} & k_{zz} \end{bmatrix} \tag{1}$$

式中　$\boldsymbol{k}$——渗透率张量；

　　　k_{xy}——x 流动方向 y 压力梯度方向上的渗透率，D；

　　　其余类推。

如果适当地旋转坐标系，式(1)可以表示成

$$\boldsymbol{k} = \begin{bmatrix} k_x & 0 & 0 \\ 0 & k_y & 0 \\ 0 & 0 & k_z \end{bmatrix} \tag{2}$$

式中　k_x、k_y、k_z——渗透率主值，D。

如果 $k_x = k_y = k_z$，则为各向同性介质；否则，为各向异性介质。

只有在图 1 的两种地质情况下，储集层岩石的渗透率才可能出现各向同性现象。①岩石骨架颗粒在搬运过程中经过了充分的磨圆作用，颗粒结构成熟度高，因此，岩石渗透率在任何方向上都没有优势，如图 1(a)所示。②组成岩石的各种固体颗粒(包括球形和非球形颗粒)，经过了充分的混合之后，渗透率便也显示不出方向上的优势，如图 1(b)所示。

图 1　各向同性地层岩石内部微观结构

各向同性地层并不意味着渗透率没有方向性，而是地层各个方向上的渗透率数值都相等。储集层岩石的渗透率出现各向异性，主要是由于椭球形固体颗粒在岩石内部定向排列的原因。搬运中的碎屑颗粒(一般都不是球形)有沿搬运介质运动方向进行长轴取向的趋势，沉积下来之后一般也都按着搬运介质的运动方向定向排列(图 2)。骨架颗粒的定向排列，致使岩石的渗透率存在了方向上的差异。一般说来，平行于搬运介质运动方向的渗透率比垂直于搬运介质运动方向的渗透率要高一些。有些地层，这两个方向上的渗透率差别还特别大。不均衡的应力作用，如压实作用，也使得岩石颗粒产生一定的定向排列，致使岩石的渗透率出现了各向异性，例如砂岩地层的水平渗透率一般都高于垂向渗透率。一些地层中的裂缝分布，也加剧了各向异性的程度。

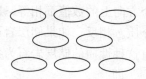

图 2　各向异性地层岩石内部微观结构

2　双重介质渗透率模型

双孔介质或双渗介质模型源自于裂缝－孔隙型油气藏的开发。对于这类介质，空间上任何一点都有两个渗透率：裂缝渗透率和基质渗透率，即油气藏存在两套渗流系统。

裂缝系统的渗透率用下式表示

$$\boldsymbol{k}_\mathrm{f} = \begin{bmatrix} k_\mathrm{fx} & 0 & 0 \\ 0 & k_\mathrm{fy} & 0 \\ 0 & 0 & k_\mathrm{fz} \end{bmatrix} \tag{3}$$

式中　$\boldsymbol{k}_\mathrm{f}$——裂缝系统的渗透率张量；
k_fx、k_fy、k_fz——裂缝系统的渗透率主值，D。

基质系统的渗透率用下式表示

$$k_m = \begin{bmatrix} k_{mx} & 0 & 0 \\ 0 & k_{my} & 0 \\ 0 & 0 & k_{mz} \end{bmatrix} \quad (4)$$

式中　　　k_m——基质系统的渗透率张量；

k_{mx}、k_{my}、k_{mz}——基质系统的渗透率主值，D。

3　双重各向异性介质的发现

大庆油田开发早期曾采用行列式内部切割注水开发井网，注水开发过程中曾出现过"南涝北旱"现象，即注水井排南侧的生产井排先见水、先水淹，而注水井排北侧的生产井排后见水、后水淹。注入水在地下储集层中沿着古河道的水流方向优先推进，形成所谓的"自然水路"[2]。这个现象显然不能用储层的宏观非均质性进行解释。而且，在局部地区，即在一两个井排之内，渗透率的变化一般是不会过于剧烈的。

实验室渗透率测试技术的广泛应用，使人们发现了岩石在不同方向上的差异，从而建立了各向异性介质模型。渗透率测试技术的深入应用，使人们又发现了另一个奇特现象：在同一块岩石即同一个储层空间坐标轴向上，测得流体正向流动和反向流动的渗透率数值亦不相同（图3），而且这一现象具有一定的普遍性。

塔里木盆地吉拉克凝析气田吉103井T_{II}油组一全直径岩心的渗透率测试（煤油）数据[1]为

$$k_{x+} = 221\text{mD}, \quad k_{x-} = 163\text{mD}$$
$$k_{y+} = 253\text{mD}, \quad k_{y-} = 126\text{mD}$$
$$k_{z+} = 25\text{mD}, \quad k_{z-} = 14\text{mD}$$

由上述数据可以看出，同一块岩心其渗透率数值不仅存在方向上的差异，而且在同一方向上还存在正向和反向上的差异。可以肯定，任何一块岩心正向与反向测试得到的渗透率数值都存在一定的差异，只不过差异的大小不同而已。正向与反向渗透率相等的情况只是一种特例。

有人曾把此现象解释为岩心内部的微粒运移和孔隙堵塞，并把它归属于地层伤害的范畴。但是，这无论如何也解释不了这一现象的普遍性，更解释不了生产上出现的"南涝北旱"现象。因此，现象的背后一定有某种潜在的规律在支配它的发生，这就是多孔介质的双重各向异性。具有双重各向异性性质的介质为双重各向异性介质。

实际上，组成储层岩石的碎屑物质，既不是球形颗粒，也不是椭球形颗粒，而是不规则的椭球形颗粒，这种颗粒一端较粗，而另一端较细。固体颗粒之所以出现这种形状，是由于搬运介质对颗粒进行磨蚀作用的结果。这种颗粒沉积下来定向排列形成的岩石（图4），其渗透率除表现出各向异性之外，还表现出双重各向异性。

图3　双重渗透率

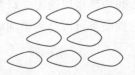

图4　双重各向异性地层岩石内部微观结构

4 双重各向异性介质的渗透率模型

双重各向异性介质表现出渗透率在同一个方向上具有正、反两个数值，即双重性质，因此，它必须同时用两个渗透率张量加以描述，即

$$\boldsymbol{k}^+ = \begin{bmatrix} k_{x+} & 0 & 0 \\ 0 & k_{y+} & 0 \\ 0 & 0 & k_{z+} \end{bmatrix} \tag{5}$$

和

$$\boldsymbol{k}^- = \begin{bmatrix} k_{x-} & 0 & 0 \\ 0 & k_{y-} & 0 \\ 0 & 0 & k_{z-} \end{bmatrix} \tag{6}$$

$\boldsymbol{k}^+$ 和 $\boldsymbol{k}^-$ 也可以用一个复合张量表示成

$$\boldsymbol{k} = \begin{bmatrix} k_{x\pm} & 0 & 0 \\ 0 & k_{y\pm} & 0 \\ 0 & 0 & k_{z\pm} \end{bmatrix} \tag{7}$$

岩石渗透率出现正、反两个方向上的数值差异，是不规则椭球形颗粒在岩石内部定向排列的结果。一般情况下，古水流方向的渗透率高于古水源方向的渗透率，即顺水流方向的渗透率高于逆水流方向的渗透率。

有了双重各向异性介质模型，大庆油田早期注水开发过程中的"南涝北旱"现象是不难解释的。大庆长垣沉积时的古地理环境是古河道自北向南流动，因此，南向的渗透率比北向的渗透率高。实验室测得正向与反向渗透率存在一定差异，也就不足为奇了。

如果 $k_{x+} \neq k_{x-}$（或/和 $k_{y+} \neq k_{y-}$，$k_{z+} \neq k_{z-}$），则岩石为双重各向异性介质。如果 $k_{x+} = k_{x-}$，$k_{y+} = k_{y-}$，$k_{z+} = k_{z-}$，则岩石为各向异性介质。可见，各向异性介质是双重各向异性介质的特例，而实际的地层都存在不同程度的双重各向异性。

5 均质性和非均质性

均质性与各向同性、非均质性与各向异性是两组容易混淆的概念，如果清楚了它们的定义，也是很容易区别的。

如果储层渗透率是空间位置的函数，即 $\boldsymbol{k} = f(x,y,z)$，这种油藏为渗透率非均质油藏。

如果储层渗透率不是空间位置的函数，即 $\boldsymbol{k} \neq f(x,y,z)$，这种油藏为渗透率非均质油藏。

孔隙度非均质地层的定义与渗透率类似。由此可见，双重介质油藏、各向异性油藏和双重各向异性油藏都可以是均质油藏，也都可以是非均质油藏。

6 结论

本文提出了双重各向异性介质的概念，并建立了描述该介质的渗透率数学模型。

流体在平面二维各向同性介质中的流动为圆形渗流，流体在二维各向异性介质中的流动

为椭圆形渗流，很显然，流体在平面二维双重各向异性介质中的流动为不规则椭圆形渗流。圆形渗流的数学模型及其解析解早已为人们所熟悉，椭圆渗流问题近年也有所突破，不规则椭圆渗流的数学模型尚未建立，因此其解析解及在试井领域里的应用还是十分遥远的事情，但双重各向异性介质的渗透率数学模型却可以直接应用于开发布井及数值模拟之中。

参 考 文 献

[1]葛家理. 油气层渗流力学[M]. 北京：石油工业出版社，1982.

[2]裘亦楠，王衡鉴，许仕策. 松辽陆相湖盆河流－三角洲各种沉积砂体的油水运动特点[J]. 石油学报，1980，S1：73－94.

第二部分
石油地质

油气初次运移理论新探[*]

摘　要：应用渗流力学的基本原理，研究油气初次运移的机制问题。研究认为，油气的初次运移是以连续相、而不是以溶液相和扩散相的形式进行的；油气初次运移的动力是浮力，因而初次运移的方向是向上的；油气初次运移所需的时间与烃源岩的渗透能力有关，与油气的黏度有关，还与烃源岩的厚度有关；油气藏的异常高压是一种暂时的压力状态，气藏的异常高压多于油藏，新生油气藏多于古油气藏；油气初次运移的通道就是烃源岩的粒间孔隙，烃源岩的非均质性和微裂缝对油气初次运移十分不利，因形成微油气藏而降低油气运移效率；烃源岩的厚度越大，越有利于油气聚集；倒灌现象是不存在的，缺少基本的动力驱动，基岩油气藏的形成是二次运移过程中侧向运移的结果。初次运移与二次运移具有相同的动力机制、运移相态和运移方向，因而两者是完全统一的。

关键词：烃源岩；油气运移；初次运移；二次运移；油气藏

0　引言

地层中的油气，自生成的那一刻起，就开始了它的运移过程。由于地层条件不断变化，油气运移过程也就永不停止。油气的静止是相对的，而运移则是绝对的。油气运移，对油气聚集成藏既有有利的一面，又有不利的影响。油气藏是油气运移的结果，也是油气运移破坏的对象。研究油气在地层中的运移规律，一直是石油地质学的重要研究课题之一[1]。

油气运移是一个极其复杂和十分困难的研究课题，主要是因为油气运移的时间尺度和空间过程都难以进行直接的观察和测量。虽然实验室可以对油气运移的机理进行某些侧面的探讨和研究，但自然条件下的油气运移过程却难以在实验室再现。因此，油气运移依然是石油地质科学中较为薄弱的研究环节。迄今为止，人们对油气运移机理知道的依然较少，而疑惑却依然较多[2]。有关油气运移的认识，仍带有许多感性的色彩，而缺少理性的分析，油气运移依然是一个需要投入精力进行深入研究的课题之一。

V. C. Illing(1933)把油气从烃源岩向储集层的运移称作初次运移，把油气在储集层中的运移称作二次运移[3]。油气运移属于渗流力学的研究范畴，但过去一直把它放在石油地质学中进行研究[4]。本文拟采用渗流力学的观点研究油气运移问题，并把研究重点放在初次运移上面。

1　运移方式

初次运移的方式基本上有两种说法[1,5~8]，一种是以分子溶液的扩散形式，另一种是以游离(连续)相的流动形式。本文认为，分子溶液的扩散形式不可能是油气初次运移的方式。

---

　*　该论文的合作者：张景廉，杜志敏

如果油气有能力以分子溶液的形式从烃源岩扩散（运移）至储集层，那么，它仍然有能力以分子溶液的形式从储集层扩散至上方的地层（包括盖层）之中，继而向地表散失。同样的道理，油气还可以从已经形成的油气藏中，向周围地层进行扩散，从而把油气藏破坏掉。根据分子扩散理论，扩散的方向是从高浓度向低浓度进行的，并最终使整个地层的浓度趋于一致。如果分子扩散是油气运移的主要方式，则油气会从深层通过所有的岩石层向浅表地层进行扩散，从而不能形成今天的油气藏，即使形成最终也会被扩散作用破坏掉。扩散倾向于破坏油气藏，而不是形成油气藏。但是，今天地下依然存在许多油气藏而没有散失掉（虽然扩散始终在进行之中），可见扩散不是油气运移的主要方式。

分子扩散不是油气运移的主要方式，连续相就是唯一的运移方式了。本文所说的连续相，指的是油气分子聚集体，它可以是小油滴（或气泡），也可以是连续流。

传统的油气运移理论还有所谓的水溶相运移[1]。不管水溶相能否运移出烃源层，它的烃浓度必定没有达到饱和状态，因此，与扩散作用一样，最后都无法聚集成油气藏。

至于胶束溶液或微乳液等运移形式[9,10]，更不大可能发生。因为烃源岩生成油气的能力本来就很低，若同时再伴生相当数量的表面活性物质，很有点像科研工作者的一厢情愿。胶束颗粒较大，在烃源岩微孔隙中的流动特别困难，不大可能排出烃源层。如果油气以胶束溶液或微乳液的形式运移到储集层，由于它们的溶解能量强、聚集能力差，则很难聚集起来形成油气藏。如果聚集成藏，那么油水或气水界面附近必然聚集与油气数量相当的表面活性物质。事实上，今天的油气藏中并非如此，因此，这也间接证明了胶束溶液或微乳液形式运移的不可能性。

事实上，油气以连续相而非溶液相运移的例子，人们都看见过。湖底淤泥中有机质生成的沼气是以气泡的形式向水面运移的。沼气为什么不以分子溶液的形式向水面扩散呢？这是由于沼气在水中的溶解能力和扩散能力都太低的缘故。当水中溶解的沼气饱和之后，再生成的沼气就只能以气泡的形式向水面运移了。如果水中沼气尚未饱和，则难以形成气泡。地下烃源岩生成油气的情形与沼气完全相同，如果地层水中没有饱和油气分子的话，就不可能聚集起来形成油气藏。可以想象，连续相的形成首先应是在烃源岩中进行的，就像沼气气泡首先形成于水底有机质中一样。如果烃源岩中没有形成连续相的话，储集岩中更不可能形成连续相（因为储集岩中的油气浓度要低于烃源岩中的油气浓度），因而也就不可能形成油气藏。油气以溶液相的分子形式运移至储集岩、然后再在储集岩中聚集成连续相的说法，根本就不符合物理化学的基本原理。

连续相的形成不是随处都可以进行的。沉积有机质（裂解）生成油气的方式，是以油气小分子的形式不断向地层水排放的，它不可能直接生成一个大的油气分子集团（油滴或气泡），因为裂解是从干酪根大分子的外围或枝杈上逐渐向内部进行的。沉积有机质是极其分散的，因此，生成的油气也是极其分散的。干酪根大分子向地层水不断排放油气小分子，则可以在烃源岩中形成油气小分子的过饱和溶液。若溶液中存在"种子"之类的东西，则溶液中的油气分子围绕着种子不断生长，直至形成连续相的油气聚集。显然，烃源岩中油气的种子在某些生油母质（干酪根）碎片上。当种子长大到一定程度，就会在浮力的作用下脱离干酪根母体，成为游离的连续相油气。在连续相油气脱离后的干酪根母体上，还会继续生成油气并长大。这一过程很像汽水开瓶之后的情景，汽水中溶解了大量的 CO_2 气体分子，当打开瓶盖后，气泡并非在瓶中的任意地方生成，而是在瓶底（壁）上有限个存在种子的地方生成。当前一个气泡长大逃逸后，在原来的地方会继续生成下一个气泡。

如果岩石的生烃能力极弱，地层水难以达到饱和状态，则生成的油气分子难以聚集成连续相，从而形不成油气藏。令人十分高兴的是，石油在地层水中的溶解度非常低，全石油在25～100℃范围内的溶解度小于10mg/L[11]，很容易形成过饱和溶液，因此，也很容易形成连续相。

也有人认为石油是以连续相方式运移的，而天然气是以分子溶液的形式运移的[1]，这种观点是没有理论依据的。实际上，油气之间并没有严格的界限，它们只不过是同一种物质呈现出的不同相态而已。并且，随着温度和压力条件的变化，油气相态之间经常相互转换。油气之间也可以互相溶解，油中往往溶解了一部分天然气，而气中也往往溶解了一部分凝析油。人们无法对地下的油气进行严格的区分，也无法说出油气之间有什么本质的差别。既然是同一种物质，它们的运移方式就应该是统一的。若天然气是以溶液形式进行初次运移的，天然气的浓度必定没有达到饱和状态，进入储集层后又怎么能够聚集成藏的呢？天然气的溶解度高，就会散失到地层水中去，对成藏十分不利，对气藏的破坏却十分有利。虽然天然气在地层水中的溶解度较高，但烃源岩的生气能力也较强，烃源岩中依然可以形成连续的气相。

有时候，地下两个相邻圈闭中，一个聚集了油藏，另一个聚集了气藏。如果扩散是主要的运移方式，则经过长时间的扩散和混合作用，油气性质应趋于统一。事实上，地下的油气性质差别很大，这说明扩散不是主要的运移方式，连续相才是主要的运移方式。

2　运移动力与排烃效率

连续相的油气在烃源岩中生成之后，是什么力量将其驱替到储集岩中的呢？这就是油气初次运移的动力问题。通常认为烃源岩比较致密，孔隙开度小，渗透能力低，毛管压力大，油气在烃源岩中没有流动能力，因而无法流动出来。实际上，这是用高速渗流观点来审视低速渗流问题得出的必然结论。通常认为油气在烃源岩孔隙中因为毛管压力的阻力而不能流动[12~15]，其实，这是对毛管压力作用的一种误解。毛管压力在油气流动过程中有时表现为阻力，而有时又表现为动力。烃源岩在地层水的长期浸泡下，基本上都呈现出亲水的特征。当油气从小孔隙向大孔隙（从烃源岩向储集岩）运移时，毛管压力为动力（图1，$p_{c1} > p_{c2}$）。当油气从大孔隙向小孔隙（从储集岩向盖层）运移时，毛管压力为阻力（图2，$p_{c1} > p_{c2}$）。当油气在均匀介质（烃源岩或储集岩）中低速运移时，毛管压力基本上不起作用（因为油滴顶、底端的毛管压力相等），油气在其中的流动主要受重力和浮力的影响（图3）。由于油气较地层水轻，因此，油气运移的动力为浮力与重力的差值，即

$$\Delta p = \Delta \rho_{wo} g h_o \tag{1}$$

式中　Δp——油气运移压差（动力），kPa；

　　$\Delta \rho_{wo}$——地层水油密度差，g/cm³；

　　g——重力加速度，m/s²；

　　h_o——油柱（滴）高度，m。

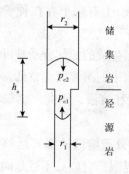
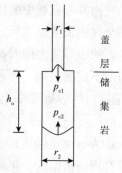

图1　从小孔隙向大孔隙运移　　　　　　　　　　　图2　从大孔隙向小孔隙运移

　　一般认为，当油滴运移到一个狭窄的喉道时，会因毛管压力的 Jamin 效应而滞留下来成为残余油(图4)[12]。实际上，这种情况在自然驱替条件下是不会发生的，因为图4为一个二维剖面图，在三维立体图上将会看到，喉道的前面和后面都存在相连的大孔隙，浮力的作用会使得油滴自动寻找大的孔隙移动，而不是卡在喉道处成为残余油。人工水驱时因驱替动力太大，不允许油滴自我调适，因此卡在喉道处而成为残余油。当注水过程停止后，许多残余油滴会在浮力的作用下重新汇集而成为可动油。许多高含水油井关井一定时间之后重新开井，就会有油产出。油藏的气顶中不存在残余油；烃源岩微裂缝中有油气聚集、裂缝之外无油气聚集。这些现象都说明自然驱替过程的驱替效率很高，远高于人工驱替过程。如果按照人工驱替的高速渗流观点，则油气运移经过的烃源岩孔隙中至少留有20%以上的残余油饱和度[16]，而烃源岩生出的油气数量通常很少，难以运移出来，只能成为残余油，尤其是像碳酸盐岩这样的有机质丰度较低的烃源岩更是如此。但实际上，油气在均质介质中的运移不会留下残余油，运移效率几乎为100%(图1、图3)，生烃能力较低的碳酸盐岩依然可以形成规模性的大油气藏就是例证。图4 中的 Jamin 效应，很容易让人们曲解油气的低速自然运移过程。

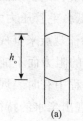
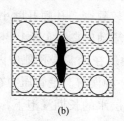

(a)　　　　　　　　　　　　(b)

图3　均匀孔隙和均匀介质中的油气运移　　　　　图4　Jamin 效应

3　运移时间与异常高压

　　岩石的渗透率与岩石孔隙度和孔隙半径有关，它们之间满足 Kozeny – Carman 方程[12]

$$k = \frac{\phi r^2}{8\tau^2} \tag{2}$$

式中　　k——岩石渗透率，D；

　　　　ϕ——岩石孔隙度，f；

　　　　r——岩石孔隙半径，μm；

　　　　τ——孔隙迂曲度，dless。

由式(2)可以看出，岩石的孔隙度和孔隙半径越小，岩石的渗透率就越低。烃源岩都是一些富含有机质的细粒暗色岩石，孔隙度和孔隙半径都较小，因而渗透能力通常都较低。但是，这并不意味着烃源岩没有渗透能力。烃源岩与储集岩没有本质的不同，其主要差别在于烃源岩的渗透能力低，而储集岩的渗透能力高。烃源岩虽然渗透能力低，但还是可以输导流体的，只是输导流体的速度较慢而已。那种认为烃源岩没有渗透能力的说法是没有根据的。

油气初次运移的主要动力来源是浮力的作用，因此，根据渗流力学理论[17~21]，油滴在烃源岩中的运移速度为

$$V = \frac{k\Delta\rho_{wo}g}{\mu} \tag{3}$$

式中　V——油气运移速度，m/ks；

　　　μ——油气黏度，mPa·s。

由式(3)计算的油滴运移出烃源岩所需的时间列于表1中，计算时选用的烃源岩有效孔隙度为5%，水油密度差为0.4g/cm³，原油黏度为0.5mPa·s。由表1数据可以看出，烃源岩的渗透率越高，油滴离储集层越近，运移所需的时间就越短。这个计算结果，大致为人们描绘出了油气初次运移的基本图景。

表1　油气初次运移时间(万年)

烃源岩渗透率/D	10m 烃源岩厚度	50m 烃源岩厚度
1×10^{-7}	2	10
1×10^{-8}	20	100
1×10^{-9}	200	1000
1×10^{-10}	2000	10000

油气生成既是一个物理过程，又是一个化学过程。生成和运移过程又紧密相连，且满足物质守恒。固态的生油母质(干酪根)生成液态油后，干酪根的体积会减小，液态油的体积会增加，但总体积会略有增加；生成天然气后，总体积会增加更多。图5为生油和运移过程示意图。图5(a)为烃源岩的初始平衡状态，尚未开始生油。图5(b)中烃源岩开始生油，生油后因体积增大致使孔隙压力增大，为了达到烃源岩与储集层之间的压力平衡，部分孔隙水将被排出。然后，油滴会在浮力的作用下运移出烃源岩[图5(c)]。由于油滴的排出致使烃源岩孔隙出现亏空，储集岩中的地层水将回流至烃源岩。这个过程与实验室中的吸水排油实验基本类似[22]，当把饱和油的岩心放入水中后，岩心中的油将被排出，与此同时水将被吸入岩心替换排出油所占的体积。油气生成过程中增大的体积部分，最终将转换为烃源岩上方储集岩的流体体积增加量。对于烃源岩来说，生成的油气运移走了，而地层水却没有流走，油气运移宏观上表现为油气的单相流动。由于油气运移出烃源岩的动力，略大于地层水回流至烃源岩的动力，因此，油气运移出烃源岩的速度略大于地层水的回流速度。

当油气运移进入储集岩之后，储集岩的孔隙压力就会有所升高，从而驱使孔隙中的地层水通过盖层向上运移，以达到压力的平衡状态(图6)。如果在一定时期内运移进入储集岩的油气数量，多于或快于运移出储集岩的地层水数量，则储集岩中就会出现异常高压。否则，将是正常的地层压力。

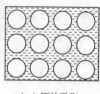 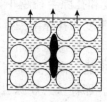 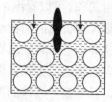

（a）原始平衡　　　　　　　（b）生油排水　　　　　　　（c）排油吸水

图5　油气生成及运移过程示意图

　　一般情况下，常规黑油的黏度要高于地层水的黏度，黑油的运移速度应低于地层水的运移速度，因此，黑油油藏出现异常高压的情况极其少见。但是，气体的黏度通常远低于地层水的黏度，一般低1~2个数量级，因此，气体运移的速度远高于地层水的运移速度，地层中则容易出现异常高压现象。另外，由于气体生成时体积增大较多，

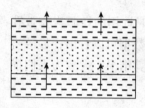

图6　烃源岩、储集层与盖层组合

因此，孔隙压力也增加较多，气藏出现异常高压的情况要多于油藏。轻质油藏溶解较多的气体，因此，轻质油藏比重质油藏出现异常高压的情况又要多一些。油气成藏之后，地层压力将随着地层水的不断排出而逐渐衰减，并最终达到平衡状态。因此，异常高压只是一种暂时的压力状态，古油气藏出现异常高压的情况较少，而新生油气藏出现异常高压的情况则相对多一些。当然，如果盖层的渗透能力较差或封堵能力较好，则异常高压的保存时间要相对长一些。

4　运移通道与微油气藏

　　均质烃源岩生出的油气，基本上都可以通过粒间孔隙（通道）运移出来，只是所需时间的长短不同而已。但是，实际的烃源岩都不是均质的，而是由于海进海退呈现出一定的韵律特征。韵律性烃源岩层的粒度分布呈粗细交替特征，即地层出现了非均质性（图7）。这种非均质性，对油气的初次运移十分不利。当运移中的油气遇到大孔隙时，再向上运移就会受到毛管压力的阻力作用，因而会滞留下来形成微油藏或微聚集。一些烃源岩层理中存在的油脉现象，实际上就是由于烃源岩的非均质性导致的微油藏。

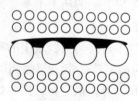 

图7　非均质烃源岩　　　　　　　　　　图8　烃源岩微裂缝

　　另外一个十分普遍的现象，就是烃源岩中存在着很多充满油气的微裂缝（图8），它们通过荧光照片可以清楚地看到[23,24]。许多研究人员都把微裂缝当成了油气运移的通道，并把微裂缝的形成归因于油气生成产生的高压使地层压裂的结果。实际上，这样就误解了微裂缝的真正含义。微裂缝实际上也是烃源岩的一种非均质性，它是由地应力的不均衡作用和岩石的不均匀收缩所造成的，与油气生成没有任何关系。如果生烃过程只在一个孔隙中进行（图9），则可能由于体积的膨胀和压力的升高而将地层压裂[25]，但是，烃源岩的生烃过程

同时在所有的孔隙中进行(图10),一个孔隙的压力升高会被周围其它孔隙的压力升高所平衡,致使裂缝无法形成。如果要产生裂缝的话,则每个孔隙都必须产生裂缝,事实上地层中并没有这么多的裂缝。一些没有生烃能力的非储集层和低渗透储集层中也有微裂缝发育,可见裂缝与生烃过程无关。烃源岩的生烃能力通常较弱,碳酸盐岩更是如此,而且生烃和排烃同时进行,不足以憋压将地层压裂。所谓的因裂缝开合而引起的幕式排烃模式,其实并不存在。

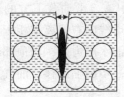

图9 一孔隙生烃可能压裂地层

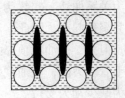

图10 多孔隙生烃不可能压裂地层

地层能否被压裂,可用 Mohr 强度理论进行判断[26,27]。图11为 Mohr 强度曲线,当地层应力圆位于 Mohr 强度曲线内(右)侧时(实线圆),地层则不会被压裂;当地层应力圆位于 Mohr 强度曲线外(左)侧时(虚线圆),地层则一定被压裂。判断地层是否被压裂,就是要看地层应力圆位于什么位置。图11为固体材料的 Mohr 强度曲线,当应用于多孔介质时,则必须采用有效应力的概念。Terzaghi 有效应力的计算公式为[28,29]

$$\sigma_{\text{eff}}^{\text{T}} = \sigma - p \tag{4}$$

式中　　$\sigma_{\text{eff}}^{\text{T}}$——Terzaghi 有效应力,MPa;

　　　　σ——地层岩石外应力,MPa;

　　　　p——地层岩石内应力(孔隙流体压力),MPa。

根据式(4),如果孔隙压力增加,则有效应力减小,应力圆左移,地层趋于压裂。如果外应力增加,则有效应力增大,应力圆右移,地层趋于闭合。对于只有一个孔隙生烃的情况(图9),外应力不变,内应力(孔隙压力)因生烃而增大,有可能导致地层被压裂。地层能否被压裂,要看孔隙生烃的数量以及所产生的压力增量大小。对于多孔隙生烃的情形(图10),周围孔隙的压力升高转化为中间孔隙的外应力增大,因此,外应力与内应力是同步增大的,有效应力则保持不变,地层不可能被压裂。

烃源岩中的微裂缝与生烃过程无关,地层岩石在地应力作用下产生了微裂缝。微裂缝的延伸范围很小,连通性很差。运移中的油气遇到了微裂缝,将会聚集起来形成微油藏,这也对油气的初次运移十分不利。若微裂缝是油气运移的通道,则微裂缝必定把储集层连通起来,微裂缝中的油气就一定能够运移出去,不可能残留至今。裂缝中的油气显示并不是油气运移通道的证据,恰恰相反,是油气运移不出来的证据。如果微裂缝是油气运移的通道,那么,微裂缝里的油气是从哪里运移进来的呢?这必然又会产生新的疑惑。毫无疑问,裂缝里的油气是从周围没有裂缝的烃源岩中运移进来的,这说明没有裂缝油气依然可以运移。裂缝中有油气聚集,裂缝外无油气聚集,

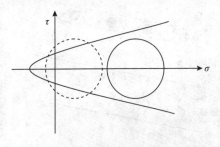

图11 Mohr 强度曲线

说明烃源岩向裂缝的排烃运移效率非常高。泥岩都是一些韧性很强的岩石，不容易产生裂缝，而致密砂岩和碳酸盐岩则是一些脆性很强的岩石，很容易产生裂缝。

均质烃源岩地层的排烃效率很高，但地层一旦出现非均质性和微裂缝，排烃效率将会大幅度降低。非均质性越强，微裂缝越多，烃源岩的排烃效率也就越低。

烃源岩中的微油藏对油气的初次运移十分不利，但它们的储集能力有限，超过它们储集能力的部分，会突破上方岩层继续向上运移。图12(a)为一个微油藏聚集的例子，图12(b)为微油藏的压力关系曲线，实线为水相压力，虚线为油相压力[30]。微油藏下方的油气不断向微油藏运移并聚集起来，因此，油相的压力就会不断升高，虚线向右偏离水相压力的程度就会不断增大。但是，微油藏顶部的油水压力差要大于底部的油水压力差，当顶部油水压力差大于岩石的毛管压力时，微油藏中的油气就会向上突破，进一步向上运移。油气是不会向下突破的，因为缺少动力支持。

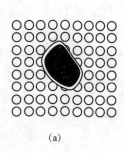
(a)

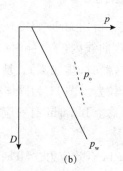
(b)

图12　烃源岩微油藏及压力分布

烃源岩中因非均质性和微裂缝残留一部分油气而不能运移出来，这也是无可奈何的事情。

5　有效烃源岩厚度

根据前面的研究，油气是以连续相的形式，在浮力的作用下从烃源岩运移到储集岩之中的。由于烃源岩中的沉积有机质是极其分散的，因此，生成的油气也是极其分散的。若烃源岩是均质地层，油滴从烃源岩的小孔隙向储集岩大孔隙的排出效率是非常之高的，几乎不会残留任何油气(地层非均质性会降低运移效率)。但是，运移出来的油气不一定能够聚集起来形成油气藏。图13为一个生储盖组合。烃源岩生成的油气在浮力的作用下，运移到储集层的顶部。储集层顶部不可能是一个光滑的斜面，而是由储集岩和盖层岩石交互构成的凹凸过渡段。若烃源岩生成的油气数量较少，则全部被过渡段的凹陷处所滞留，不可能形成油气藏。当烃源岩生成的油气数量较大，以至于填满所有的凹陷处之后，多余的油气才可能沿储集层的上倾方向运移，并最终聚集起来形成油气藏。

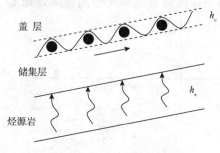

图13　生储盖组合及油气运移

单位面积烃源岩的排烃量可以用下式计算

$$Q_o = h_s \rho_r \alpha \beta \gamma \tag{5}$$

式中　Q_o——单位面积烃源岩排烃量，kg/m^2；

　　　h_s——烃源岩厚度，m；

　　　ρ_r——岩石密度，g/cm^3；

　　　α——烃源岩有机质(有机碳)含量，f；

　　　β——有机质烃转化系数，f；

　　　γ——烃源岩排烃效率，f。

　　单位面积储盖层过渡段凹陷处滞留的烃量用下式计算

$$q_o = h_c \phi (1 - s_{wc}) \rho_o \tag{6}$$

式中　q_o——单位面积盖层滞留烃量，kg/m^2；

　　　h_c——储盖层过渡段厚度，m；

　　　s_{wc}——束缚水饱和度，f；

　　　ρ_o——地层原油密度，g/cm^3。

　　只有当 $Q_o > q_o$ 时，才可能形成油气藏。联合式(5)和式(6)，得最小烃源岩厚度的计算公式

$$h_s = \frac{h_c \phi (1 - s_{wc}) \rho_o}{\rho_r \alpha \beta \gamma} \tag{7}$$

　　若 $h_c = 1m$、$\phi = 0.10$、$s_{wc} = 0.30$、$\rho_o = 0.60 g/cm^3$、$\rho_r = 2.0 g/cm^3$、$\alpha = 1\%$、$\beta = 4\%$、$\gamma = 80\%$，则 $h_s = 66m$。也就是说，当烃源岩厚度达到66m以上时，才可能形成油气藏。如果过渡段厚度只有0.5m，则烃源岩厚度达到33m，就可以形成油气藏。对于碳酸盐岩地层，由于有机质含量低，对烃源岩厚度的要求也要大一些。

　　计算中烃源岩的排烃效率取了80%，即80%的油气以连续相的形式运移到储集岩中，另外20%的油气以分子溶液的形式分散到地层水中永远无法聚集起来。

　　由式(7)计算的烃源岩厚度，是烃源岩的连续厚度。若烃源岩是砂泥岩互层，则聚集油气藏的可能性变小。一是因为在砂泥岩互层的情况下，有机质丰度会有所降低；二是因为储盖层过渡段滞留的烃量会增多。当然，储盖层还必须具有一定的倾斜程度，倾角越大，滞留量越小，油气二次运移的动力就越强。

　　"砂泥岩互层有利于排烃"这个观点是没错的[31]，但砂泥岩互层不利于油气聚集，一是因为生成的油气数量减少，二是因为散失的油气数量增多。事实上，任何一个盆地的石油勘探都是以寻找巨厚烃源岩作为主要勘探目标的。虽然烃源岩的厚度大，油气运移的时间较长，但漫长的地质演化过程可以提供足够的时间让油气运移出来。但是，因为砂泥岩互层散失的油气数量却没有办法弥补。

　　如果地层过于平缓，倾角较小，油气二次运移的动力明显减弱，运移途中散失的油气数量就会增多，特别不利于油气成藏。因此，沿储集层顶面进行长距离二次运移的理论，一般得不到技术层面上的支持，油气还没有运移到圈闭就已散失掉。倾角较大的地层或断层是最有效的二次运移通道[32]，运移动力强，油气散失数量少。事实上，许多油气藏的形成都与大的断裂存在密切的关系。

6 运移方向与倒灌现象

通过前面的研究不难发现，油气是在浮力的作用下向上进行初次运移的，整体上表现为烃源岩的油气在流动，而地层水却没有流动，这就是浮力排烃。然而，许多研究者认为，油

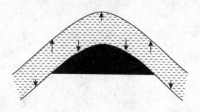

图 14 压实排烃与油气倒灌

气的初次运移是压实作用的结果，即烃源岩生成的油气因渗透能力低而不能流动，但随着上覆压力的增大，烃源岩受到压实作用，孔隙度降低，孔隙压力增大，将烃源岩中的液体排出，同时伴随有排烃过程，这就是压实排烃。压实作用可以使其中的流体向上和向下两个方向运移（图14）[1,33]。向下运移的油气，在下方储集层中聚集成藏，这就是"倒灌"现象，这种成藏模式就是所谓的"顶生式"生储盖组合[34]。

基岩油气藏被认为是"顶生式"即上生下储式生储盖组合的典型例子（图15、图16）[35~37]。基岩中一般不存在有机质，当然也不存在生烃过程。人们自然产生了油气初次运移可能由上向下的猜想，于是就有了"倒罐"形成基岩油气藏的成藏模式。

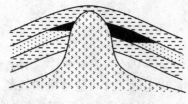

图 15 侵入式基岩

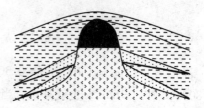

图 16 沉积式基岩

虽然理论上"倒罐"可以形成油气藏，但"倒罐"缺少动力的驱动。压实作用可以使其中的流体向上和向下两个方向运移，但文献[38]已经分析了压实排烃的不可能性。泥岩大规模生烃之前即成岩之前的压缩性强[39]，给人一种压实排烃的错觉。但是，泥岩大规模生烃时期即成岩之后的压缩性很弱，不可能进行大规模的压实排烃。碳酸盐岩致密而坚硬，压缩性极弱，有机质丰度又很低，几乎不存在任何压实排烃的可能性。实际上，烃源岩的压实作用在成岩之前是比较大的，在成岩之后随着胶结程度的增大逐渐减弱，而对油气运移和聚集有直接作用的是成岩之后的压实作用。烃源岩在上覆压力的作用下受到压缩，孔隙体积将减小；与此同时，孔隙中的流体体积也将受到压缩，而且流体的压缩性比岩石大，因此，岩石不会因为压实作用而排出流体，当然也就无法排烃。岩石的压实作用，与海绵挤水的过程完全不同。用手挤压海绵时，海绵受压，但海绵中的水不受压，因而水被挤出。岩石受压时，其中的地层水同时受压，因而挤不出来。压实作用对油气运移的影响，在过去显然被夸大了。烃源岩是否因生烃而憋压，从来没有被证实过，因为烃源岩的孔隙压力无法实测。

如果因为生烃作用，增加了烃源岩孔隙中的流体体积，进而增加了孔隙压力，并使岩石膨胀，孔隙开度增大，最终使岩石的输导能力转好（图17），岩石有可能开始排液（同时排烃）。岩石的这种宏观排液行为是按照孔隙中的油水比例将油水同时排出的，不可能只排油而不排水。烃源岩生烃后的孔隙烃饱和度可以用下式计算

$$s_o = \frac{\rho_r \alpha \beta}{\rho_o \phi_s} \qquad (8)$$

式中　s_o——含油饱和度，f；

　　　ϕ_s——烃源岩孔隙度，f。

图17　孔隙压力对孔隙开度的影响

若 $\phi_s = 0.20$，其他参数同前，则烃源岩的烃饱和度为 $s_o = 0.67\%$；若 $\phi_s = 0.10$，则 $s_o = 1.33\%$。虽然烃源岩的渗透率通常很低，但绝对孔隙度并不低。当孔隙度为 10% 时，烃源岩的生烃饱和度仅达到 1.33%。这是一个很低的数值，用宏观的渗流观点来看，原油在烃源岩中根本无法流动。若烃源岩因生烃"憋压"而排液，则排出的液量应与生成的烃体积等量，根据渗流力学理论，排出的液量中烃的比例应低于或等于烃的饱和度。按照这个思想，烃源岩的最小厚度应满足下式

$$h_s \phi_s s_o^2 = h_c \phi (1 - s_{wc}) \qquad (9)$$

整理后，得烃源岩的最小厚度计算公式

$$h_s = \frac{h_c \phi \phi_s (1 - s_{wc}) \rho_o^2}{\rho_r^2 \alpha^2 \beta^2} \qquad (10)$$

若 $h_c = 1m$、$\phi = 0.10$、$\phi_s = 0.10$、$s_{wc} = 0.30$、$\rho_o = 0.60g/cm^3$、$\rho_r = 2.0g/cm^3$、$\alpha = 1\%$、$\beta = 4\%$，则由式(10)计算的最小烃源岩厚度为 $h_s = 3937.5m$。很显然，这个数值是不正确的，反过来也说明了靠烃源岩宏观流动机制即压实排烃聚集成藏的可能性几乎是不存在的。

烃源岩孔隙中的流体是按照密度进行分层的，油在上、水在下，若压实作用向下排烃，需首先排水才行，最后烃源岩孔隙中充满了油气，实际情况并非如此，说明烃源岩并不能向下压实排烃。

图17 显示，孔隙压力的升高可以增大孔隙开度，但却不能改变孔隙度。过去那种认为孔隙憋压可以提高烃源岩孔隙度的欠压实概念，十分欠妥[38,40]。

即使从微观的角度分析，油气也不可能向下流动。当烃源岩生出油气时，油气的压力一定高于周围地层水的压力(图12)。油滴压力高于下伏储集层的地层水压力，并不表示油滴一定要向下流动，因为高出的部分正好被毛管压力所平衡。但是，油滴顶部的油水压力差大于底部的油水压力差，也就是说，如果油滴开始流动，是从顶部开始向上流动的。油滴顶、底端的这种压力差异，实际上就是浮力。浮力总是牵着油滴向上运移的。浮力在油气运移过程中起到至关重要的作用。空气中的露珠永远向下落，水或淤泥中的气泡永远向上升。相反的情况从来没有发生过，若发生了，物理学定律就必须改写。如果烃源岩中向下的水流速度很快，则有可能带着油滴向下运移。但是，烃源岩的渗透率极低，水的渗流速度不可能很快，因此，油滴向下运移的可能性几乎是不存在的。

从图15和图16所示的基岩油气藏可以看出，油气藏的形成完全是二次运移过程中侧向

运移的结果。基岩凸起部位较高，周围较低地层中生成的油气自然向高部位进行侧向运移，从而形成基岩油气藏。

基岩的形成分两种情况，一种是基岩侵入已沉积地层（图15），另一种是基岩形成后再沉积周围地层（图16）。不管哪种情况，基岩凸起部位都比周围地层高，油气侧向运移具有充足的动力。

侵入式基岩本身不会形成油气藏，油气藏往往分布在基岩周围（图15）。基岩上方烃源岩生成的油气不会向下运移，基岩附近的油气都是从遥远边部侧向运移过来的。有时候，人们在基岩油气藏附近找不到有机质丰度高的烃源岩，因而怀疑是基岩上方生成的油气向下倒灌的结果。实际上，在侵入岩较高温度的烘烤下，低丰度的烃源岩也可能以较高转化率的形式生成足够数量的油气。有机质丰度低，就得靠高转化率来进行弥补。没有在基岩周围发现高有机质丰度的烃源岩，也许就是有机质转化较为彻底的结果。烃源岩中的沉积有机质有多少能够转化成石油，至今仍然是个谜。但可以肯定，只要存在沉积有机质，就存在石油的转化过程。

沉积式基岩的顶部，因风化作用而形成优质储集层（图16）。基岩凸起的位置较高，是周围烃源岩油气运移的必然指向，侧向运移进入之后即形成所谓的潜山油气藏。侧向运移是形成基岩油气藏唯一可能和可行的途径。有些潜山油气藏并不是基岩油气藏，潜山本身就是烃源岩，属于自生自储式。沉积式基岩油气藏属于新生古储式生储盖组合，但不属于上生下储式生储盖组合。任丘油田就是典型的新生古储式油藏。

根据沉积学原理，基岩位置较高，上方岩层的有机质丰度应低于周围低洼处的岩层，因而基岩油气藏的烃源岩应在基岩周围，而不应该在上方。

当然，基岩侵入过程中生成和携带的一些有机或无机气体，一起聚集在油气藏中，也是完全有可能的[41]。

地质科学需要想象，奇思妙想会给地质科学带来活力，但是，能用传统科学解释清楚的地方，应尽量避免非理性的猜想，否则，会给科学带来混乱。压实排烃和"倒灌"现象等都属于这种情形。

烃源岩和储集岩没有本质的区别，只是骨架颗粒和孔隙开度的大小略有不同而已，没有人能够把烃源岩和储集岩截然分开。流体在岩石中的流动应遵循相同的规律，它不会因人为划分岩石类型的不同而采取不同的渗流规律。如果说存在不同的话，就是油气在烃源岩和储集岩中的流动速度有所不同而已。通过本文的研究，油气在烃源岩和储集岩中运移的动力是统一的，运移的方向和相态是统一的，因此，初次运移和二次运移也是完全统一的。就像没有人能把烃源岩和储集岩截然分开一样，人们也无法把初次运移和二次运移截然分开。油气在地层中的所有运移都是一样的（扩散除外），即油气在浮力的作用下向上运移，遇到障碍就改变方向，遇到圈闭就聚集起来形成油气藏，圈闭破坏后油气继续向上运移，终极目标是地表和大气。油气在地层中的运移可以用通俗的语言概括为"浮力托着油向上，遇到障碍就转向，圈闭留住油脚步，歇一歇后再向上，到达地面散失光。"图18 显示了油气运移过程的基本图景。

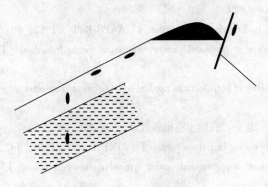

图18　油气运移图

7　认识与结论

（1）油气的初次运移是以连续相、而不是以分子溶液相和扩散相的形式进行的。

（2）油气初次运移的动力是浮力，因而初次运移的方向总是向上的。烃源岩的排烃机制为浮力排烃，而非压实排烃。

（3）油气初次运移所需的时间与烃源岩的渗透能力有关，与油气的黏度有关，还与烃源岩的厚度有关。

（4）油气藏的异常高压是一种暂时的压力状态，气藏的异常高压多于油藏，新生油气藏多于古油气藏。

（5）油气初次运移的通道就是烃源岩的粒间孔隙，烃源岩的非均质性和微裂缝对油气初次运移十分不利，因形成微油气藏而降低油气运移效率。

（6）烃源岩的厚度越大，越有利于油气聚集。

（7）"倒灌"现象是不存在的，缺少基本的动力驱动，基岩油气藏的形成是二次运移过程中侧向运移的结果。

（8）"顶生式"生储盖组合实际上是不存在的，迄今为止没有人真正看到过"顶生式"油气藏。

参 考 文 献

[1]李明诚. 石油与天然气运移（第三版）[M]. 北京：石油工业出版社，2004.

[2]Wilson H H. Time of hydrocarbon expulsion, paradox for geologists and geochemists[J]. AAPG Bull. , 1975, 61：407 – 415.

[3]Levorsen A I. Geology of petroleum[M]. 2nd editon, W. H. Freeman, san Francisco USA, 1967：724.

[4]张厚福，方朝亮，高先志，等. 石油地质学[M]. 北京：石油工业出版社，1999：32 – 44, 127 – 157.

[5]Magara K. Compaction and fluid migration – practical petroleum geology[M]. Elsevier Scientific Publishing Company, Amsterdam Holland, 1978：319.

[6]Dickey P A. Possible primary migration of oil from source rocks in oil phase[J]. AAPG Bull. , 1975, 59(2)：337 – 345.

[7]McAullife C D. Oil and gas migration – chemical and physical constraints[J]. AAPG Bull. , 1979, 63：761 – 781.

[8]Leythaeuser D, Schaefer R G, Yukler A. Role of diffusion in primary migration of hydrocarbons[J]. AAPG

Bull. , 1982, 66(4): 408 – 429.

[9] Baker E G. Distribution of hydrocarbons in solution[J]. AAPG Bull. , 1962, 46: 76 – 84.

[10] Cordell R J. Colloidal soap as proposed primary migration for hydrocarbons[J]. AAPG bull. , 1973, 57: 1618 – 1643.

[11] Price L C. Aqueous solubility of petroleum as applied to its origin and primary migration[J]. AAPG Bull, 1976, 60(2): 213 – 244.

[12] 何更生. 油层物理[M]. 北京: 石油工业出版社, 1994: 218, 43.

[13] Leverett M C. Capillary behavior in porous media[J]. AIME Trans. , 1941, 142: 152 – 169.

[14] Hubbert M K. Entrapment of petroleum under hydrodynamic conditions[J]. AAPG Bull. , 1964, 58: 661 – 673.

[15] Berg R R. Capillary pressure in stratigraphic traps[J]. AAPG Bull. , 1975, 59: 939 – 956.

[16] 秦同洛, 李璮, 陈元千. 实用油藏工程方法[M]. 北京: 石油工业出版社, 1989: 309 – 312.

[17] 孔祥言. 高等渗流力学[M]. 合肥: 中国科学技术大学出版社, 1999: 30 – 32.

[18] 葛家理. 油气层渗流力学[M]. 北京: 石油工业出版社, 1982: 22.

[19] 翟云芳. 渗流力学(第二版)[M]. 北京: 石油工业出版社, 2003: 10 – 12.

[20] Collins R E. Flow of fluids through porous materials[M]. The Petroleum Publishing Company, Tulsa, 1976.

[21] Scheidegger A E. The physics of flow through porous media[M]. 3rd edition, University of Toronto Press, 1974.

[22] 孙良田. 油层物理实验[M]. 北京: 石油工业出版社, 1992: 96 – 99.

[23] 傅家谟, 刘德汉. 天然气运移、储集及封盖条件[M]. 北京: 科学出版社, 1992: 图板 I, 图板 X.

[24] 陈发景, 田世澄. 压实与油气运移[M]. 武汉: 中国地质大学出版社, 1989: 85 – 86, 63 – 95.

[25] Hubbert M K, Willis D G. Mechanics of hydraulic fracturing[J]. JPT, 1957, 9: 153 – 168.

[26] 李传亮. 多孔介质的有效应力及其应用研究[D]. 合肥: 中国科学技术大学, 2000: 59 – 63.

[27] 李传亮, 孔祥言. 岩石强度条件分析的理论研究[J]. 应用科学学报, 2001, 19(2): 103 – 106.

[28] Terzaghi K, Peck R B. Soil mechanics in engineering practice[M]. Wiley, New York 1948: 566.

[29] 耶格 J C, 库克 N G W. 岩石力学基础[M]. 北京: 科学出版社, 1981: 268 – 272.

[30] 李传亮. 油藏工程原理[M]. 北京: 石油工业出版社, 2005: 107.

[31] 王尚文, 张万选, 张厚福, 谭试典. 中国石油地质学[M]. 北京: 石油工业出版社, 1983: 134.

[32] Hooper E C D. Fluid migration along growth faults in compacting sediments[J]. Journal of Petroleum Geology, 1991, 14(2): 161 – 180.

[33] Chapman R E. Primary migration of petroleum from clay source rocks[J]. AAPG Bull. , 1972, 56: 2185 – 2191.

[34] 伍友佳. 油藏地质学(第二版)[M]. 北京: 石油工业出版社, 2004: 66.

[35] Pan C H. Petroleum in basement rocks[J]. AAPG Bull. , 1982, 66(10): 1597 – 1643.

[36] 李平鲁, 梁慧娴, 戴一丁. 珠江口盆地基岩油气藏远景探讨[J]. 中国海上油气(地质), 1998, 12(6): 361 – 369.

[37] 戴金星. 威远气田成藏期及气源[J]. 石油实验地质, 2003, 25(5): 473 – 480.

[38] 李传亮. 欠压实概念质疑[J]. 新疆石油地质, 2005, 26(4): 450 – 452.

[39] Athy L F. Density, porosity and compaction of sedimentary rocks[J]. AAPG Bull. , 1930, 14(1): 1 – 24.

[40] 李传亮. 孔隙度校正缺乏理论根据[J]. 新疆石油地质, 2003, 24(3): 254 – 256.

[41] 张景廉. 论石油的无机成因[M]. 北京: 石油工业出版社, 2001.

孔隙度校正缺乏理论根据

摘　要： 储油岩石一般为致密介质。致密介质在应力作用下以本体变形（弹性变形）为主，孔隙度不发生变化。油气储量计算时，地面实测孔隙度不需要进行校正。传统的孔隙度校正无形中损失了一部分地质储量，同时为确定校正值大小也浪费了大量人力和物力。致密岩石弹性变形过程中的孔隙度不变性原则将给储量计算带来很大的方便。

关键词： 岩石；孔隙度；压实校正；储量计算

0　引言

岩石的孔隙度随应力条件的变化而变化，这个现象在压实过程中表现得十分明显，但压缩过程中却十分微弱。成岩过程中岩石的孔隙度有着复杂的变化，但并不能就此推论说，地层条件下的岩石孔隙度，在地面条件下进行测定时就一定会有不可忽视的差别。

根据文献[1]，地面条件下测定的孔隙度，必须校正到地层条件才能参与储量计算。校正是按照覆压实验结果进行的，因此孔隙度校正也叫覆压校正。覆压实验就是在实验室不断增大岩心围压，测量孔隙度随压力的变化曲线。覆压实验的孔隙度变化曲线与压实曲线十分类似，因此覆压校正也叫压实校正。

但是，孔隙度校正是没有必要的，也是缺乏理论依据的，是对岩石变形机制的误解。

1　变形方式

多孔介质岩石是由骨架颗粒按照一定的排列方式组合而成的。当受到应力作用时，多孔介质存在两种基本的变形方式[2,3]：本体变形和结构变形。

当岩石受力后骨架颗粒自身的体积不发生变化，只是颗粒的排列方式发生了变化，岩石由疏松排列变成致密排列（图1），这种变形方式称为结构变形。

当岩石受力后骨架颗粒的排列方式不发生变化，只是颗粒自身的体积发生了变化，这种变形被称作本体变形（图2）。

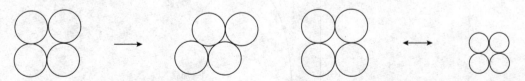

图 1　岩石结构变形示意　　　　　　　　图 2　岩石本体变形示意

岩石的实际变形是这两种基本变形机制的各种组合。结构变形实际上就是岩石的破坏。由于岩石孔隙度是骨架颗粒排列方式的函数，因此在岩石产生结构变形时，其孔隙度也同时发生了变化（图1）。图3为结构变形的体积变化，V_p 为孔隙体积，V_s 为骨架体积，很显然岩石的孔隙体积和外观体积都发生了变化，但骨架体积不变。

结构变形经常发生在像土壤一类的疏松介质上面，因为颗粒之间未被充分胶结，容易产生相对位移，它是一种不可逆的塑性变形。结构变形也叫压实变形。

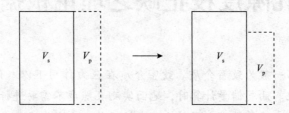

图 3　结构变形的体积变化

但是，在岩石产生本体变形时，岩石的孔隙体积与骨架体积同步变化，因此岩石的孔隙度不发生变化(图 2)。图 4 为岩石本体变形的体积变化。

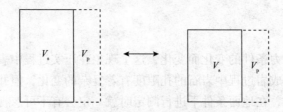

图 4　本体变形的体积变化

本体变形经常发生在像岩石一类的致密介质上面，因为颗粒之间被充分胶结，不容易产生相对位移，它是一种可逆的弹性变形。本体变形也叫压缩变形。

2　压实曲线与取心过程

在地表刚刚沉积的疏松介质，其孔隙度极高，但强度极低。随着埋藏深度的加大，上覆压力也不断加大，压实作用增强。受到应力的作用即加载后，介质的孔隙度迅速减小。加载过程中介质的变形以结构变形为主，这种变形是不能恢复的，属于塑性变形的范畴。图 5 中的实线为岩石的压实曲线，即加载曲线。

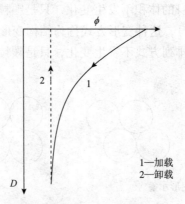

图 5　岩石压实(加载)与卸载曲线

材料的卸载过程则没有塑性变形，完全属于弹性变形的范畴。把岩心从地下取到地面的过程，就是岩石的卸载过程。该过程的变形以本体变形为主，本体变形过程中孔隙度是不发生变化的(图2)。加载使疏松介质变成致密介质，卸载却不能使致密介质变成疏松介质。虽然卸载过程中岩石的体积会发生膨胀，但颗粒的排列方式却因胶结作用而不会发生变化。因此，卸载过程中岩石的孔隙度不会沿着加载路线返回到介质刚刚沉积时的初始孔隙度值，而只能保持地下的孔隙度数值不变。图5中的虚线为岩石的取心曲线，即卸载曲线。

取到地面的岩石，如果再加载，只要加载应力没有超过前期加载应力的最大值，岩石就不会产生结构变形(塑性变形)，而只能产生本体变形(弹性变形)。本体变形过程中孔隙度是不发生变化的。

3 覆压实验问题分析

但是，为什么所有的岩心覆压实验都测到了孔隙度的变化(图6)，进而成为储量计算时孔隙度校正的客观依据呢? 这就是岩石力学理论的一个缺憾。

实验室测量岩石孔隙度的变化时，把致密的介质当作了疏松介质来进行模拟，错误地假设岩石骨架体积不随应力发生变化，即固体骨架为刚性材料，应力作用仅导致孔隙体积的变化和外观体积的微小变化(图3)。这显然是不正确的。对于胶结良好的致密岩石来说，应力作用过程中其骨架颗粒的排列方式是不可能发生变化的，孔隙体积的改变是通过骨架体积的改变来实现的，应力无法单独作用于孔隙之上而又不影响骨架的体积。试想，对于排列方式不可能发生变化的岩石来说，如果固体骨架为刚性不可压缩材料(骨架体积不发生变化)，岩石的孔隙体积和外观体积可能发生变化吗? 显然不能。实际的体积变化过程应如图2和图4所示，即孔隙体积与骨架体积同步减小或增大。

由于目前的实验仪器无法测量骨架体积的变化量，而只能测量孔隙体积的变化量，因而，岩石力学实验借用了土力学的假设，即假设骨架体积不变(图1)，在这个假设条件下，岩石外观体积的变化量与孔隙体积的变化量相同，因而测量的孔隙度随应力的增大而不断减小(图6)。

图6中的孔隙度覆压曲线是基于一个错误的假设而测量到的错误结果，若再用它校正岩石的孔隙度去进行储量计算，就是错上加错了。

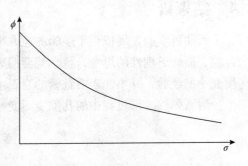

图6 岩石覆压实验曲线

为了说明岩石弹性变形过程中孔隙度不发生变化，下面做一个思想实验。

图7(a)的密闭容器中，一块立方体排列的多孔介质样品在低压下其孔隙度为 $\phi_a =$ 47.64%。若升高容器压力至某一高压下，介质受到压缩，如图7(b)所示。由于压缩过程并未改变骨架颗粒的排列方式，因此，图7(b)中介质样品的孔隙度依然为47.64%。

图7中介质样品的孔隙度虽然没有变化，但介质的孔隙体积依然发生了变化。图7显示了介质弹性变形的情况，这是岩石经常发生的情形。对于疏松的土介质，则完全不同，因为土介质存在结构变形。

石油科学中出现的孔隙度校正这一概念，是有其历史原因的。《土力学》先于《岩石力学》而诞生，因而岩石力学沿用了土力学的许多理论。土力学研究疏松土介质的一个假设条

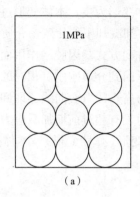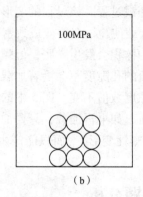

（a）   （b）

图7 多孔介质压缩示意图

件，就是骨架颗粒的体积不发生变化。因为土介质十分疏松，孔隙体积相对较大，应力作用下的孔隙体积变化量也相对较大，因而骨架颗粒的体积变化量因相对较小而通常被忽略。这样做并非因为骨架颗粒为刚性不可压缩材料，而是因为体积变化量的比较结果。

岩石力学研究的是致密介质，致密的岩石与疏松的土介质有着根本的区别。岩石的孔隙体积相对较小，孔隙体积的变化量也相对较小。在这种情况下，骨架颗粒的体积变化量已不能忽略，忽略了就会引起错误。然而，岩石力学沿用土力学的习惯，也一直忽略骨架颗粒的体积变化。这一错误给石油科学带来了很多的麻烦。首先，孔隙度的校正无形中损失了一部分地质储量；其次，为了确定孔隙度校正值的大小，实验室需做大量的覆压实验，浪费了大量的人力和物力，而且油田上也常常为确定校正量的大小争议颇多。

4 结束语

石油科学的发展依赖于经验的地方很多，这与石油科学的工程特点有关。但过分依赖于经验，而缺乏理性的思考，科学就会偏离正轨而失去应有的光辉。疏松土介质受力之后孔隙度变小的经验，并不能表明致密的岩石也一定如此。

岩石弹性变形过程中的孔隙度不变性原则，为石油科学带来的好处将是不言而喻的。

参 考 文 献

[1]杨通佑，范尚炯，陈元千，等．石油及天然气储量计算方法[M]．北京：石油工业出版社，1991：49 – 62．

[2]李传亮，孔祥言，徐献芝，等．多孔介质的双重有效应力[J]．自然杂志，1999，21(5)：288 – 292．

[3]李传亮．多孔介质的有效应力及其应用研究[D]．中国科学技术大学，2000．

[4]段勇．特殊岩心分析技术[M]．北京：石油工业出版社，1993.7：37 – 42．

[5]孙良田．油层物理实验[M]．北京：石油工业出版社，1992.10：79 – 88．

岩石欠压实概念质疑

——兼谈岩石压缩排烃的不可能性

摘　要：根据岩石的变形机制，把岩石孔隙度的变化过程划分为压实和压缩两个阶段，岩石压实阶段的孔隙度呈指数规律变化，岩石压缩阶段的孔隙度保持为常数。传统理论把压缩阶段称作欠压实阶段，是一个误解。根据固体力学和流体力学的有关理论，研究了岩石在压缩阶段的体积变化关系，得出了该阶段的岩石不可能排液、当然也就不可能排烃的结论。

关键词：岩石；压实作用；压缩；欠压实；孔隙度

0　引言

欠压实是石油地质学中的重要概念。石油地质学认为，浅层岩石处于正常压实状态，而深层岩石则处于欠压实状态。岩石的埋深越大，欠压实程度就越高。欠压实是压实过程中岩石排水不畅所致，处于欠压实状态的岩石都是异常高压。石油地质学还认为，岩石的压实过程是岩石排液也是岩石排烃的过程，欠压实导致了油气倒灌的发生。关于欠压实，石油地质学存在一系列的认识论错误，需要加以纠正，以免对石油勘探产生负面的影响。

1　压实、压缩和压熔

对于特定组成的岩石，孔隙度仅是排列方式的函数，与粒度的大小无关。图1中立方体排列（松散排列）的孔隙度为47.64%，图2中菱面体排列（紧凑排列）的孔隙度为25.95%[1]。

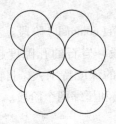

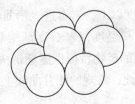

图1　等尺度球形颗粒立方体排列　　　　图2　等尺度球形颗粒菱面体排列

在地球表面的碎屑沉积物是极其松散的，孔隙度极高，甚至可以达到50%~80%（图3中a点）。随着埋藏深度的加大，沉积物受到的上覆压力也越来越大，疏松的沉积物在应力作用下不断趋于致密，骨架颗粒由疏松排列不断趋于紧凑排列，如图3中从a点到b点的第Ⅰ曲线段所示。这个过程被称作压实（compaction）阶段。在压实阶段，孔隙度不断减小，主要是由于压实作用的结果，同时也有胶结作用的原因。压实阶段的孔隙度呈指数规律变化，通常用下面的方程进行描述

$$\phi = \phi_\circ e^{-\beta D} \tag{1}$$

式中　ϕ——孔隙度，f；

　　　$\phi_\circ$——初始孔隙度，f；

　　　D——埋深，m；

　　　β——压实系数，m^{-1}。

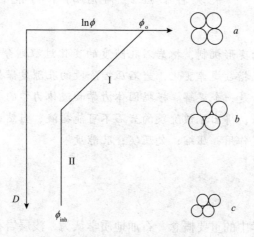

图 3　岩石压实与压缩曲线

当岩石埋深到达 b 点之后，骨架颗粒的排列方式达到最紧凑的程度，岩石也达到最致密的状态，因此，继续增加埋深，岩石的孔隙度就不再发生变化。但是，从 b 点到 c 点的过程，由于上覆压力不断增大，岩石不断被压缩。虽然孔隙度不发生变化，但岩石的体积（包括骨架体积 V_s、外观体积 V_b 和孔隙体积 V_p）却不断减小。因此，该阶段被称作岩石的压缩（compression）阶段，如图 3 中的第 Ⅱ 曲线段所示。在压缩阶段，由于岩石排列方式不发生变化（因骨架颗粒已紧凑排列，并且胶结），因此，岩石的孔隙度保持为常数，该孔隙度称作岩石的固有孔隙度（ϕ_{inh}）或压实作用之后的剩余孔隙度。

b 点深度为岩石的成岩深度。b 点之上碎屑沉积物尚未成岩，而是处于疏松状态；b 点之下，由于压实和胶结作用，碎屑沉积物已成为岩石。

在 c 点深度以下，岩石进入第 Ⅲ 曲线段，即岩石的压熔（commelt）阶段。在该阶段，由于太高的压力和温度，岩石逐渐熔化成液体。在压熔阶段，岩石的孔隙度越来越小直至为 0，而且岩石的矿物特征也逐渐消失。由于出现压熔阶段的深度特别大，目前的钻井技术无法达到，因此，常规的测井曲线上只能出现图 3 中的压实和压缩两个阶段。

2　压缩阶段不能排液

岩石经过压实作用阶段之后，进入压缩阶段是一个自然的过程，也是一个必然的过程。但是，过去人们一直把岩石的压缩阶段，称作岩石的欠压实阶段，而把第 Ⅰ 曲线段称作岩石的正常压实阶段[2]。欠压实理论认为，当岩石压实到一定深度之后，由于岩石排水不畅，岩石的孔隙压力增高，岩石的孔隙度不能沿着第 Ⅰ 曲线段继续减小，即出现了欠压实现象。若不是因为欠压实，岩石的孔隙度将沿着第 Ⅰ 曲线段继续减小，直至为 0。

实际上，这是对岩石孔隙度变化规律的一个误解。这一错误认识已经延续了相当长的时间，并且严重束缚了人们科学思想的发展。

在压实作用阶段，通常认为骨架体积不发生变化，由于紧凑排列的结果，使得孔隙体积大幅度减小，因而孔隙度也大幅度减小（图3）。在该阶段，由于流体体积的压缩幅度比岩石孔隙体积的减小幅度小，因此，压实排水的现象是不可避免的。

但是，在岩石的压缩阶段，由于岩石骨架已紧凑排列并且胶结，孔隙体积的减小是因为骨架体积的减小所致；若骨架体积不变，则孔隙体积不可能减小[3]。由于孔隙体积与骨架体积是同步减小的，因此，岩石的孔隙度是不发生变化的（图3）。

在岩石孔隙体积压缩之后，如果地层水是不可压缩的，岩石一定要排水。事实上，地层水也是可以压缩的，当埋藏深度增大和地层压力升高之后，地层水体积也受到压缩。根据大量的实验研究结果，地层水的压缩系数比岩石的压缩系数高。也就是说，在岩石的压缩阶段，地层水体积的压缩量比孔隙体积的压缩量还要大，因此，地层岩石不可能排水。

岩石的压缩过程与挤压海绵的过程完全不同。当挤压海绵时，海绵中的水不受压，海绵压缩之后，水自然被挤出。但是，地层岩石受压时，孔隙中的水同时也受压。岩石的压实过程与挤压海绵的过程类似，压实让岩石排水。

图4中一块岩石在 A 点深度处的外观体积为 V_b、骨架体积为 V_s、孔隙体积为 V_p。由于孔隙中充满地层水，因此，地层水的体积为 $V_w = V_p$。

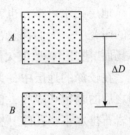

图4 岩石埋深增加示意

当岩石从 A 点埋藏到 B 点，埋深增加 ΔD，孔隙中地层水压力的增加值为

$$\Delta p = \rho_w g \Delta D \tag{2}$$

式中 p——地层水压力，MPa；

ρ_w——地层水密度，g/cm^3；

g——重力加速度，m/s^2。

地层水体积的压缩量为

$$\Delta V_w = V_w c_w \Delta p = V_p c_w \rho_w g \Delta D \tag{3}$$

式中 V_w——地层水体积，m^3；

V_p——岩石孔隙体积，m^3；

c_w——地层水的压缩系数，MPa^{-1}。

岩石埋深增加 ΔD 时固体骨架应力的增加值为

$$\Delta \sigma_s = \rho_s g \Delta D \tag{4}$$

式中 σ_s——骨架应力，MPa；

ρ_s——骨架密度，g/cm^3。

岩石孔隙体积的压缩量为

$$\Delta V_p = 0.619 V_p c_s \Delta \sigma_s = 0.619 V_p c_s \rho_s g \Delta D \tag{5}$$

式中 c_s——固体骨架的压缩系数，MPa^{-1}；

0.619——三维－一维应变（单轴压缩）转换系数[4]。

如果 $\Delta V_w < \Delta V_p$，即地层水的压缩量小于孔隙体积的压缩量，岩石则排水；否则，岩石

则不能排水。如果地层岩石排水，则根据式(3)和式(5)，下式必须满足

$$c_w\rho_w < 0.619 c_s\rho_s \qquad (6)$$

一般情况下，$\rho_w = 1.0 \text{g/cm}^3$，$\rho_s = 2.65 \text{g/cm}^3$，$c_w = 4.0 \times 10^{-4} \text{MPa}^{-1}$，$c_s = 0.1 \times 10^{-4} \sim 1.0 \times 10^{-4} \text{MPa}^{-1}$。由这些数值可以看出，式(6)不可能成立，因此，压缩阶段的岩石也就不可能排水。岩石可以排出的水，在压实阶段早已经排出了。

3 欠压实没有理论根据

把地下的岩心取到地面，是一个弹性膨胀的过程，由于地层流体的膨胀量大于岩石孔隙体积的膨胀量，因而，在井口经常可以看到岩心表面的溢出流体。

岩石压缩过程中不能排水，当然也不会吸水，地层水体积的压缩量与岩石孔隙体积压缩量的不匹配现象，将会由岩石内部矿物的脱水或侧向地应力以及地层温度的变化加以平衡。

地层无水可排，也就不存在岩石"憋压"的现象，因而也就不存在欠压实现象。但在以往的研究中，人们都忽视了地层水的压缩，认为岩石像挤压海绵一样应该排水。但由于排水不畅而"憋压"，致使欠压实现象的发生。显然，这个结论的主观成分较多。

在较深的地层中，无论是砂岩，还是泥岩，都具有一定的孔隙度。这个孔隙度是压实作用之后的剩余孔隙度，也是骨架颗粒紧凑排列的固有孔隙度。而欠压实理论则认为，这是因为岩石排水不畅孔隙"憋压"导致的欠压实现象。

实际上，欠压实现象是没有理论根据和实践根据的。泥岩中的流体不能流动，因而孔隙压力也是不能测量的，"憋压"现象也就从来没有被证实过。但是，砂岩中的流体压力是可以测量的，可是并没有发现砂岩的孔隙度与流体压力之间存在什么关系。塔里木盆地 5~6km 深的许多砂岩储层依然有 15%~20% 的高孔隙度，孔隙度数值也早已脱离了（正常）压实曲线，能说这是因为储层"憋压"导致的欠压实的结果吗？显然不能，因为实际测量到的孔隙压力并没有"憋压"，绝大多数的砂岩储层输导性能好，也不可能"憋压"。相反，有些异常高压（"憋压"）的砂岩储层，其孔隙度也并不见得很高。

浅层的异常高压地层产生了"憋压"现象，但那不是因为排水不畅造成的，而是因为高程差造成的。深层的异常高压地层产生了"憋压"现象，也不是因为排水不畅造成的，而是因为油气聚集的结果[5]。大多数的地层都属于正常压力。

岩石的压实阶段是一个不可逆过程，即岩石由疏松变成致密状态之后，不会再由致密状态变成疏松状态。流体压力的降低可以使岩石由疏松状态变成致密状态，但流体压力的升高却不能使岩石由致密状态变成疏松状态。图5(a)中的岩石处于低压状态（孔隙压力为1MPa），当升高流体压力（憋压）至图5(b)时（孔隙压力为100MPa），岩石骨架颗粒膨胀，岩石的外观体积、骨架体积和孔隙体积都将增大，但岩石骨架颗粒的排列方式不可能变化，因此，图5(a)与图5(b)的岩石孔隙度是一样的。

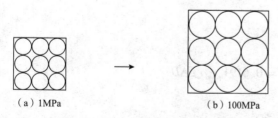

（a）1MPa   （b）100MPa

图5 孔隙压力对孔隙度的影响

图3中 c 点与 b 点的孔隙度相同，但是 c 点的上覆压力高于 b 点的上覆压力，按照欠压实理论，只有当 c 点的孔隙压力远远高于 b 点

的孔隙压力，即产生"憋压"之后，才能保持相同的孔隙度[2]。根据欠压实理论，b点（成岩深度）之下的地层岩石全部"憋压"，不管是砂岩还是泥岩，这显然与事实完全相背。

图3中的曲线只是孔隙度变化的趋势线，所有井都呈现出类似的规律[6~8]，实际的孔隙度变化是围绕着趋势线进行分布的。c点的孔隙度可能比b点高，也可能比b点低，这是因为岩性变化和粒度分布的不同所致，与孔隙"憋压"或欠压实没有任何关系。

虽然蒙脱石高温转换脱水会增加岩石中的水量，并增加岩石的孔隙体积，它的增压作用很难评价。但即使增加了孔隙压力，也不可能改变岩石的孔隙度（图5）。

在砂泥岩互层的地层中，泥岩段内部的孔隙度要比砂泥岩交界处的孔隙度高[9]，这也是泥岩段内部"憋压"和欠压实的证据之一。但笔者认为，这是颗粒分选的差异所致。泥岩段内部粒度虽小，但分选好，因而孔隙度高；砂泥岩交界处粒度虽然大，但分选差，因而孔隙度低。泥岩段的孔隙度高于砂岩孔隙度的另外一个原因是有机质的含量高所致。

油气的初次运移过程是浮力排烃，而非压实排烃。压实阶段（第Ⅰ阶段）的岩石比较疏松，岩石孔隙度下降幅度较大，肯定存在压实排水的现象，同时也伴随有压实排烃的过程。但由于岩石的孔渗条件好，排出的油气难以保存，大都散失殆尽。因此，今天开采的地下油气资源大都不是压实阶段生成和排出的，而是压缩阶段（第Ⅱ阶段）生成和排出的。但是，根据前面的研究，岩石在压缩阶段不可能排出流体，因此，也就不可能排出油气。油气的初次运移过程不可能是因为岩石受力作用的结果[10]。

4 结束语

笔者将岩石孔隙度变化过程划分为压实和压缩两个阶段，这种划分方法是更为科学的。

石油科学中有许多未经证实的假说，却成了禁锢在人们头脑中不变的科学，欠压实概念就是其中之一。假说在被证实之前，还算不上科学。如果把假说当作科学给学生传授，其后果是不堪设想的。

欠压实是地质学中最荒谬的概念之一，它把许多年轻的学子引入了歧途，而又浪费了许多地质学家的宝贵生命。笔者希望通过此文彻底扭转这一错误观念。

参 考 文 献

[1]何更生. 油层物理[M]. 北京：石油工业出版社，1994：20 - 21.

[2]真柄钦次. 石油圈闭的地质模型[M]. 武汉：中国地质大学出版社，1991：1 - 12.

[3]李传亮. 孔隙度校正缺乏理论根据[J]. 新疆石油地质，2003，24(3)：254 - 256.

[4]孙良田. 油层物理实验[M]. 北京：石油工业出版社，1992：79 - 88.

[5]李传亮. 地层压力异常原因分析[J]. 新疆石油地质，2004，25(4)：443 - 445.

[6]傅家谟，刘德汉. 天然气运移、储集及封盖条件[M]. 北京：科学出版社，1992：39 - 44.

[7]陈发景，田世澄. 压实与流体运移[M]. 武汉：中国地质大学出版社，1989：7 - 34.

[8]高瑞祺，赵政璋. 中国油气新区勘探，第一卷，塔里木盆地库车坳陷大气田勘探[M]. 北京：石油工业出版社，1992：95 - 100.

[9]张厚福，张万选. 石油地质学(第二版)[M]. 北京：石油工业出版社，1989：142.

[10]李传亮. 油气初次运移机理分析[J]. 新疆石油地质，2005，26(3)：331 - 335.

毛管压力是油气运移的动力吗？

摘　要： 对油气运移过程中的毛管压力作用机理深入研究后认为，毛管压力不是油气初次运移的动力，也不是二次运移的动力，在油气运移过程中基本上不起作用，仅仅在初次运移向二次运移转换时起到一定的助推作用；毛管压力不是油气初次运移的阻力，也不是二次运移的阻力，而在二次运移向三次运移转换时起到一定的阻力（封堵）作用，该封堵作用对油气成藏意义重大。

关键词： 岩石；油气运移；初次运移；二次运移；毛管压力

0　引言

李明诚教授在其所著《石油与天然气运移》一书中，详细论述了油气初次运移的动力和阻力问题[1]，动力有7个：正常压实产生的剩余压力、欠压实产生的异常高压力、构造应力、渗透作用、扩散作用、毛细管压力、油气的浮力；阻力有3个：分子间的吸附力、毛细管阻力、油气的浮力。毛管压力和浮力同时出现在了动力和阻力之中，似乎前后矛盾。李明诚教授最近又撰文认为，砂泥岩毛管压力差是岩性油气藏充注的动力[2,3]，笔者对此存有异议，现对其观点进行商榷，而且只讨论毛管压力的问题，其他问题暂不讨论。若有不妥之处，请李明诚教授和其他专家批评指正。

1　毛管压力

当岩石表面存在两相流体时，必定有一相流体倾向于润湿岩石（图1），这是由于流体分子与岩石表面之间亲和力的差异所致。两相流体之间的分界面与岩石表面的夹角，定义为润湿角（用符号 θ 表示），其大小从密度大的流体一侧算起。润湿角越小，表明岩石的亲水性越强。

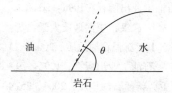

图1　岩石表面油水两相润湿图

储存油气的岩石深埋于地下，受地层水的长期浸泡作用，加上岩石表面的极性基团，致使绝大多数岩石都呈现出亲水的特性，亲油岩石一般很少见到。

油水两相流体在毛细管中的润湿行为如图2所示。由于受到润湿性的影响，油水两相在毛细管中的分界面并不是平面，而是一个弯液面，并且弯液面总是凸向润湿相一侧。油相的压力高于水相的压力，弯液面两侧的油水相压力差（非湿相流体与湿相流体的压力差值），

数值上与毛管压力相等，并且与毛管压力相平衡。毛管压力用下式进行计算[4]

$$p_c = p_o - p_w = \frac{2\sigma\cos\theta}{r} \tag{1}$$

式中　p_c——毛管压力，MPa；

　　　p_o——油相压力，MPa；

　　　p_w——水相压力，MPa；

　　　σ——油水界面张力，N/m；

　　　r——毛细管半径，μm。

由式(1)可以看出，毛细管越细，毛管压力就越大。很显然，毛管压力是两相流体在毛细管中共存时表现出来的性质。若只有单相流体(油或水)，则不存在毛管压力的概念。

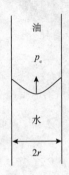

图 2　毛细管中油水两相润湿图

2　流动时的毛管压力

当两相流体在毛细管中流动时，若是油驱水，不论驱替快慢，毛管压力都表现为阻力(图 3)。若是水驱油，在快速驱替时，因为润湿滞后的影响，毛管压力为阻力[图 4(a)]；如果是慢速驱替，则不存在润湿滞后现象，毛管压力就成为驱替的动力了[图 4(b)]。

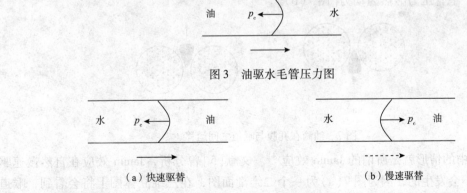

图 3　油驱水毛管压力图

（a）快速驱替　　　　　　　　　　　　　　（b）慢速驱替

图 4　水驱油时毛管压力图

当一个油滴(或气泡)在充满水的均匀毛细管中流动时，快速流动时毛管压力为阻力[图 5(a)]，因为 $p_{c2} > p_{c1}$；慢速流动时毛管压力不起作用[图 5(b)]，因为 $p_{c2} \approx p_{c1}$。因此，由图 5(b)可以看出，油气在均匀毛细管中慢速流动时，毛管压力的作用可以忽略，尽管油滴两端的毛管压力（p_{c1} 和 p_{c2}）可能很大。

(a) 快速   (b) 慢速

图 5　均匀圆管油滴流动时毛管压力图

但是，当油滴在非均匀毛细管中流动时，毛管压力就会起作用了。当油滴从小孔隙向大孔隙运移时，毛管压力为动力，因为 $p_{c1} > p_{c2}$ [图 6(a)]。当油滴从大孔隙向小孔隙运移时，毛管压力为阻力，因为 $p_{c1} > p_{c2}$ [图 6(b)]。

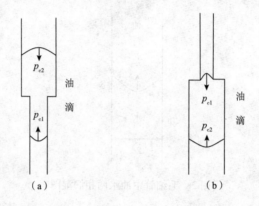

(a)   (b)

图 6　非均匀毛细管中毛管压力图

3　岩石中的毛管压力

地层中的岩石含有大量孔隙，孔隙的开度有大有小，大的部分被称作孔腹，小的部分被称作喉道。当油滴从孔腹向喉道运移时，毛管压力显然为阻力[图 7(a)]；当油滴从喉道向孔腹运移时，毛管压力显然为动力[图 7(b)]。

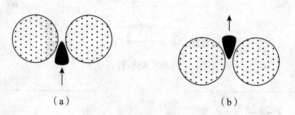

(a)   (b)

图 7　油滴在孔腹与喉道之间运移

图 7(a)中的情形就是所谓的 Jamin 效应[4]。文献[5]曾分析，Jamin 效应在自然慢速驱替条件下是不会发生的，因为图 7(a)为一个二维剖面图，在三维立体图上将会看到，喉道的前、后都存在相连的大孔隙，浮力的作用会使得油滴自动寻找大的孔隙移动，而不是被毛管压力卡在喉道处成为残余油。既然油滴不会从大孔隙进入小的喉道中去，那么图 7(b)中的情形也就不会发生。因此，油气在地层运移的过程中，毛管压力基本上不起作用。

均质地层（砂岩或泥岩）的孔隙开度大致相当，不存在孔隙开度的巨大差异，也不存在毛管压力的剧烈变化。因此，油气在其中的运移，不会受毛管压力的影响，因为油滴顶端和底端的毛管压力基本相等（图8）。

V. C. Illing[1]把初次运移定义为油气在烃源层中的运移（图9的点1处），把二次运移定义为油气在储集层中的运移（图9的点2处）。显然，油气的初次运移和二次运移，都不会受毛管压力的影响。

图9的点1–2处为砂泥岩分界面，它是岩性的突变面，也是物性及孔隙开度的突变面，油气在该界面处的运移既不是初次运移，也不是二次运移，而是初次运移向二次运移的转换。在油气从泥岩向砂岩分泌的一刹那，毛管压力会有一个助推作用（动力）。但这个动力不属于初次运移，也不属于二次运移。毛管压力的动力作用，只发生在初次运移向二次运移转换的瞬间，对泥岩内部的整个初次运移过程没有任何影响。油气有能力做长距离初次运移后到达烃源层顶界，即使没有毛管压力的助推，在浮力的作用下也很容易进入储集层。如果油气没有能力从泥岩深处运移至泥岩顶界，毛管压力的助推作用则难以发挥。因此，对成藏起重要作用的不是毛管压力的助推，而是泥岩内部的初次运移。

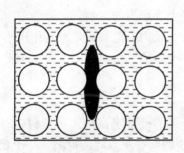

图8　均质地层中的油滴运移

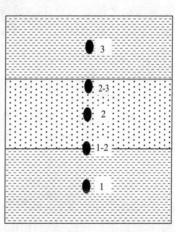

图9　非均质地层中的油滴运移

在图9中的点2–3处，即砂泥岩的另一个分界面处，由于毛管压力的封堵作用，油气无法进入上覆泥岩层，而只能滞留在砂岩层中。虽然在该点毛管压力是油气运移的阻力，但肯定不是初次运移的阻力，也不是二次运移或三次运移的阻力，因为油气在点2–3处的运移既不是二次运移，也不是三次运移，更不是初次运移。如果油气的动力足够大，油气可能突破毛管压力的封堵，进入上覆泥岩层进行三次运移（图9中的点3处）。由于受构造条件的限制，这种情况很难发生。因此，毛管压力的阻力作用，只发生在二次运移向三次运移的转换中，由于毛管压力的阻力作用，这种转换过程通常很难实现。但是，毛管压力的这个阻力作用（严格说来应称作封堵作用），对油气成藏至关重要。油气运移过程中的阻力，其实就是渗流阻力。

李明诚教授在文献[1]中说，毛管压力对烃类的运移一般都表现为阻力，只有在图7(b)中的情形下和图9中的点1–2处表现为动力。现在看来，认为毛管压力是油气运移的阻力的说法是十分不妥的，毛管压力既不是初次运移的阻力，也不是二次运移的阻力，只是在二次运移向三次运移转换时才表现为阻力。毛管压力既不是初次运移的动力，也不是二次运移的动力，只是在初次运移向二次运移转换时才表现为动力。图7(b)的动力情形在油气运移过程中并不存在，只可能发生在油气初次运移开始之前油滴脱离干酪根母体的那一时刻。

李明诚教授在文献[2]和文献[3]中说，砂泥岩毛管压力差是岩性油气藏的成藏动力。砂泥岩的毛管压力数值虽然相差很大，要发挥其在初次运移中的动力作用却很难。例如，泥岩的毛管压力为10MPa，虽然数值很高，但油滴在泥岩中作初次运移时顶端和底端的毛管压力皆为10MPa，毛管应力的合力为0，因而不会影响初次运移过程；若砂岩的毛管压力为0.1MPa，虽然数值很低，但油滴在砂岩中作二次运移时顶端和底端的毛管压力皆为0.1MPa，合力依然为0，因而不会影响二次运移过程。虽然泥岩与砂岩之间存在较大的毛管压力差，但图9中点3处的油滴却无法运移至下伏的砂岩储集层中；如果没有浮力，图9中点1处的油滴也无法在毛管压力差的作用下运移至上覆的砂岩储集层中。因此，恰当的说法应该是，毛管压力在油气初次运移和二次运移中基本上不起作用，浮力才是正在的运移动力[5]。

通过前面的讨论，现在已经十分清楚了，毛管压力的作用在均匀介质中无法显现，只有在介质突变时才能显现出来。或者说，毛管压力在油气运移途中基本上不起作用，只有在运移起止点或运移阶段转换点处才发挥作用。

4 结论

(1)油气的初次运移和二次运移过程基本上不受毛管压力的影响。

(2)毛管压力在初次运移向二次运移转换时表现为动力，但对成藏意义作用不大。

(3)毛管压力在二次运移向三次运移转换时表现为阻力，但对成藏意义作用重大。

(4)浮力是具有成藏意义的油气运移的主要动力。

(5)渗流阻力是油气运移的阻力。

后记 李明诚教授所著《石油与天然气运移》一书汇集了极其丰富的文献资料，对科研、生产及教学起到了积极的指导作用。但笔者认为，书中的某些观点尚需推敲。一个现象产生的原因有很多，但主要的或直接的原因往往只有一个或少数几个。像具有成藏意义的油气运移的主要动力，就不会如书中所列的那么多，而应该只有一个，那就是浮力。油气运移的阻力，也不会那么多，应该只有一个，那就是渗流阻力。至于油滴与干酪根之间的吸附力，是在油气开始运移之前需要克服的，而在油气运移途中就不存在这样一个阻力了，而只存在渗流阻力。渗流阻力又包括油气的粘滞力和岩石的渗透性两个方面。

参 考 文 献

[1]李明诚.石油与天然气运移(第三版)[M].北京：石油工业出版社，2004.

[2]李明诚.砂岩透镜体成藏的动力学机制[J].石油与天然气地质，2007，28(2)：209-215.

[3]李明诚.对油气运聚若干问题的再认识[J].新疆石油地质，2008，29(2)：133-137.

[4]何更生.油层物理[M].北京：石油工业出版社，1994.

[5]李传亮，张景廉，杜志敏.油气初次运移理论新探[J].地学前缘，2007，14(4)：132-142.

油水界面倾斜原因分析

摘　要：本文根据渗流力学的理论计算，分析认为地下现今水流不可能导致油水界面的倾斜；同时，又根据岩石物理的有关理论，分析了岩石物性导致油水界面倾斜的原因。古水流导致岩石物性的差异，岩石物性的差异又导致毛管压力的不同，继而导致了油水界面沿古水流方向向上倾斜的现象，水动力圈闭其实并不存在。

关键词：地层；油藏；油水界面；毛管压力；露头

0　引言

几乎每一个油藏的油水界面都存在一定程度的倾斜，完全水平的油水界面很少看到。理论上分析，造成油水界面倾斜的原因主要有两个：一个是地下现今水流的作用，另一个是岩石物性的差异所致。但根据本文的分析，实际的原因只有一个，即岩石物性的差异所致，地下水流不可能成为油水界面倾斜的真实原因。

1　地下水流

当地下水流动时(图1)，会在流动方向上产生一个压力梯度，即 b 点的压力高于 a 点的压力，因此，相对于 a 点，b 点的油水界面将被抬起。如果油水界面的倾角为 θ，则 a、b 两点之间的压力梯度为

$$\frac{\mathrm{d}p}{\mathrm{d}x} = \Delta\rho_{wo}g\tan\theta \tag{1}$$

式中　p——压力，MPa；

　　$\Delta\rho_{wo}$——水油密度差，g/cm^3；

　　g——重力加速度，m/s^2；

　　θ——油水界面倾角，(°)。

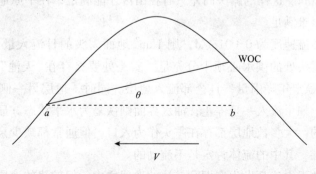

图1　水流致油水界面倾斜

与此压力梯度相对应的地下水渗流速度为

$$V = \frac{k}{\mu}\Delta\rho_{wo}g\tan\theta \qquad (2)$$

式中　V——渗流速度，m/ks；

　　　k——储集层渗透率，D；

　　　μ——水的黏度，mPa·s。

若地下水黏度为 0.5mPa·s，储集层渗透率为 0.5D，地下水油密度差为 0.4g/cm³，油水界面倾角为 0.1°，则地下水的渗流速度为 $V = 0.0006$m/d；若 $\theta = 0.2°$，则 $V = 0.001$m/d；若 $\theta = 0.5°$，则 $V = 0.003$m/d。

从上面的计算可以看出，油水界面的倾斜要求地下水有一定的渗流速度，这在许多情况下是难以达到的。这不仅需要储集层在地面的一端存在露头作为地下水补给的入口，还需要储集层在地面的另一端存在露头作为地下水流出的出口（图 2）。

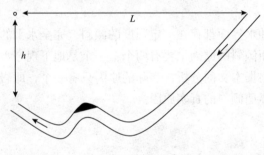

图 2　地层露头示意图

若地层入口与出口之间的海拔高差为 h，入口与出口之间的水平距离为 L，则 h 与 L 之间的关系满足下式

$$h = \frac{\mu V}{k\rho_w g}L \qquad (3)$$

式中　h——地层入口与出口高差，m；

　　　L——地层入口与出口水平距离，m。

地下水的密度取 1.0g/cm³，油水界面的倾角取 0.2°，则当 $L = 50$km 时，$h = 60$m；当 $L = 100$km 时，$h = 120$m。这样的露头高差只有在山区才能满足，在平原地区很难满足，而且流量和流向条件都很难满足。

如果地下水的渗流速度为 0.001m/d，则 1km² 地面露头的日流入量为 1000m³。要产生这么大的流入量，露头处的供水必须十分充足。露头处要么存在"天池"一般的水源，要么存在 365mm 以上的稳定年降雨量，且全部流入地层。同时，地层另一侧的露头还必须以泉水的形式等量流出。如果流入一旦停止，油水界面则恢复为水平状态。显然，这样的露头条件并不是处处都有的。大多数地层都存在露头作为入口，但通常都缺少泉水形式的出口。因此，没有出口的地层，其中的流体肯定是不流动的。

一般情况下，地下水流都发生在埋藏较浅的地层之中，但较浅的地层又常常因为缺少好的盖层而无法聚集油气。较深的地层常常因为各种构造运动和成岩作用把地层切割成封闭或半封闭的状态。封闭地层的地下水不可能流动。半封闭地层因缺乏出口，地下水也流动不起来。假如地下存在水流而又有油气聚集的话，长期的水洗和氧化作用也早已把聚集起来的油气破坏殆尽，不可能形成今天的油气藏。

综合上面的分析不难看出，地下水流只能作为油水界面倾斜的理论原因，却很难成为真实的客观依据。文献[1]中提到的"水动力圈闭"，实际上也不可能是真实存在的。

2 岩石物性

储集石油的岩石大都是在水流环境下沉积的碎屑物质，水流对所携带的碎屑物质有分选作用。当水流速度变缓时，水流携带的碎屑物质开始沉降，先沉降的为粗粒碎屑物，后沉降的为细粒碎屑物。当碎屑沉积物成岩之后，沿着古水流方向就呈现出物性上的差异。水源方向上的岩石颗粒较粗、渗透率较高，但毛管压力曲线的排驱压力却较低；而水流方向上的岩石则恰恰相反，颗粒较细、渗透率较低，但排驱压力却较高（图3）。图中虚线表示古水流方向。

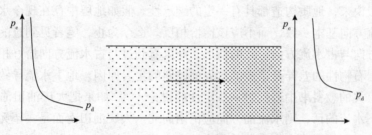

图3 古水流方向岩石物性变化

当岩石中储集了石油之后，石油的分布则受毛管压力控制（图4）。岩石物性较差的地方，排驱压力较高，油水界面也较高；而岩石物性较好的地方，排驱压力较低，油水界面也较低。下式为油水界面深度的计算公式[2]

$$D_{woc} = \frac{p_{0o} - p_{0w} - p_d}{\Delta \rho_{wo} g} \tag{4}$$

式中 D_{woc}——油水界面深度，km；

p_{0o}——油相余压，MPa；

p_{0w}——水相余压，MPa；

p_d——毛管压力曲线的排驱压力，MPa。

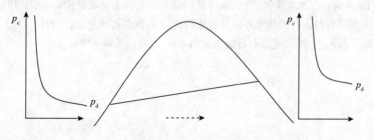

图4 油水界面与岩石物性变化

由式（4）可以看出，排驱压力越高，油水界面的深度也就越小，即油水界面越高。由式（4）可以得到油藏中不同位置油水界面的高差计算公式

$$\Delta h = \frac{\Delta p_{\mathrm{d}}}{\Delta \rho_{\mathrm{wo}} g} \tag{5}$$

式中　Δh——油水界面高差，km；

Δp_{d}——毛管压力曲线的排驱压力差值，MPa。

若油藏不同地点的毛管压力曲线的排驱压力差值为 0.1MPa，则由式（5）计算的油水界面高差为 25.5m；若排驱压力差值为 0.5MPa，则油水界面高差为 127.5m。可见毛管压力对油水界面的影响是非常之大的。

油藏岩石的物性差别很大，因此毛管压力曲线也有很大的不同。油藏岩石物性沿古水流方向有规律地变化，即沿古水流方向岩石物性变差，因此，这就导致了油水界面沿古水流方向向上倾斜。大庆长垣是一个河道沉积，古水流方向自北向南，因此，岩石物性北好南差，由此而导致的油水界面则是南高北低。其他许多油气藏也都呈现出同样的规律。

如果把油水界面倾斜的原因归因于现今的地下水流，则现今水流的方向与古水流的方向恰好相反。一般说来，地质构造都具有一定的继承性。假如地层中存在现今水流的话，水流方向应与古水流方向基本一致，而不应该恰恰相反。迄今为止，笔者见到过的油藏实例都是油水界面上倾方向与古水流方向一致的情形，尚未看到过与古水流方向恰好相反的情形，这也间接说明了岩石物性的差异是造成油水界面倾斜的主要原因。地下水流导致油水界面倾斜的原因，只在有关的教科书中看到过一些定性的讨论[1,3]。如果把大庆油田油水界面的倾斜归因于现今地下水流的话，则水流的方向应由南向北。大庆油田南面是一望无际的平原，北侧则山峦叠嶂，不可能形成由南向北的现今地下水流。

地下现今水流的存在是天然能量充足的象征。若把油水界面的倾斜归因于地下现今水流作用的结果，将不需要进行人工注水补充能量，也会因此而制定出错误的油气藏开发方案。

3　结论

古水流导致岩石物性的差异，岩石物性的差异又导致毛管压力的不同，继而导致油水界面沿古水流方向向上倾斜的现象。绝大多数情况下，油水界面的倾斜都不是地下现今水流所造成的，所谓的水动力圈闭其实是不存在的。

参 考 文 献

[1]张厚福，张万选 主编. 石油地质学(第二版)[M]. 北京：石油工业出版社，1989：181-183.

[2]李传亮. 用单井测压资料预测油气水界面的方法研究[J]. 新疆石油地质，1993，14(3)：254-261.

[3]科尔 F W. 油藏工程方法[M]. 北京：石油工业出版社，1981：159-168.

油气倒灌不可能发生

摘　要： 对油气运移中的倒灌问题研究后认为，油气是在浮力的作用下向上或侧向上运移的，油气倒灌是不可能发生的，油气倒灌的错误认识源于欠压实；欠压实是一个错误的概念，是对岩石变形理论的错误理解，用等效深度法计算烃源层压力也是一种错误做法，断层不是倒灌的通道，油气倒灌缺少动力的支持，当然不可能发生。

关键词： 烃源岩；油气运移；欠压实；异常高压；油气倒灌；岩性油气藏

0　引言

烃源层生成的油气，在浮力的作用下向上（而不是向下）进行初次运移，进入储集层后再沿储集层顶面进行侧向上（而不是侧向下）的二次运移，遇到圈闭后聚集起来形成油气藏，这就是油气运移的基本模式，完全符合科学的基本原理[1]。然而，在石油地质学界却一直存在"油气倒灌"的说法[2~8]，即烃源岩生成的油气逆着浮力的方向向下进行初次运移，进入储集层后再在浮力的作用下沿着储集层顶面进行侧向上运移，最后在圈闭中聚集成藏。

"油气倒灌"说把初次运移与二次运移截然分开，令二者的运移机理出现了本质的不同。其实，泥岩与砂岩都属于碎屑岩，并没有本质的区别，油气在其中的运移机理也不应该存在本质的不同，而应该是统一的[1]。

科学不允许有例外，如果绝大多数的油气都向上运移，只有少量的油气产生了所谓的"倒灌"，这一定不是科学，而是对油气运移过程的误解。

1　欠压实概念极其荒谬

油气倒灌这个错误认识源于"欠压实"。欠压实其实并不存在，是人们对岩石变形机理的错误理解，也是石油地质学中最荒谬的概念之一[8]。

笔者在文献[9]中把可钻深度范围内的孔隙度变化曲线分成了两段：压实阶段（Ⅰ）和压缩阶段（Ⅱ）（图1）。在压实（compaction）阶段，骨架颗粒的排列方式随上覆压力的增大而不断趋于紧凑（结构变形），因此，孔隙度是不断减小的。孔隙度随深度一般呈指数规律变化

$$\phi = \phi_o e^{-\beta D} \tag{1}$$

式中　ϕ——孔隙度，f；

　　　ϕ_o——初始孔隙度，f；

　　　D——埋深，m；

　　　β——压实系数，m^{-1}。

在压缩（compression）阶段，由于排列方式不再发生变化（因骨架颗粒已紧凑排列，并且胶结），因此，岩石的孔隙度不再减小，而是保持为常数 ϕ_{inh}。虽然孔隙度不发生变化，但岩石的体积（包括骨架体积 V_s、外观体积 V_b 和孔隙体积 V_p）却不断减小，因此，岩石随上覆

压力增大是不断被压缩的(本体变形)。

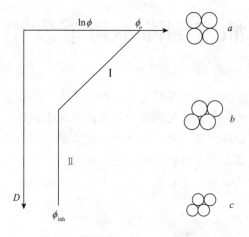

图1　岩石压实与压缩曲线

压实和压缩是两种完全不同的变形机制。

岩石经过压实作用阶段之后，出现压缩阶段是一个自然的过程，也是一个必然的过程。但是，过去人们一直把压缩阶段称作欠压实阶段，而把第Ⅰ曲线段称作正常压实阶段。欠压实理论认为[10~13]，当岩石压实到一定深度之后，由于岩石排水不畅，岩石的孔隙压力增高(憋压)，孔隙度不能沿着第Ⅰ曲线段继续减小，即出现了所谓的欠压实。若不是因为欠压实，岩石的孔隙度将沿着第Ⅰ曲线段继续减小，直至为0。实际上，这是对岩石孔隙度变化规律的一个误解。孔隙度不再减小，不是因为欠压实憋压，而是压缩阶段的本质特征。

在压实作用阶段，由于孔隙体积大幅度减小(比流体体积的减小幅度大)，因此，压实排水是不可避免的。但是，由于岩石较为疏松，输导能力较强，因此，不可能出现憋压现象。

在压缩阶段(即所谓的欠压实阶段)，随着埋深增大，上覆压力也不断增大，岩石会被压缩，但是，流体也同时被压缩，由于流体比岩石更容易压缩，因此，岩石不可能憋压，当然也不可能排水。

实际上，欠压实现象是没有理论根据和实践根据的。所谓的欠压实阶段岩石憋压是通过声波时差曲线按照等效深度法计算出来的[13,14]，并非真正测到过泥岩中的异常高压现象。按照欠压实理论，只要孔隙度偏离了所谓的正常压实曲线，地层中就会出现异常高压。若该理论成立，成岩深度(图1中b点)以下的岩石，不论是砂岩、泥岩还是碳酸盐岩，皆出现异常高压，这显然与事实完全不符。泥岩中的流体不能流动，孔隙压力也不能测量，因而"憋压"现象也就从来没有被证实过。然而，砂岩中的流体压力是可以测量的，但并没发现所有的砂岩地层皆为异常高压地层(绝大多数都是正常压力)，而且也没发现砂岩地层的孔隙度与流体压力之间存在什么关系。异常高压储层中的孔隙度并不见得高，异常低压储层中的孔隙度也并不见得低。砂岩与泥岩都属于碎屑岩，砂岩的孔隙度与压力之间没有关系，泥岩也不应该有。用等效深度法计算烃源层中的孔隙压力，显然是一个错误。

欠压实不存在，烃源层就不可能憋压，油气倒灌就缺少了动力驱动，因而也就不可能发生。

2 超压不是排烃的动力

烃源层不是一个封闭的系统，有孔隙，也有渗透性，因此，是完全可以输导流体的，只是渗透率较低、输导速度较慢而已。同时，烃源层的生烃速度也很慢，而且，是一边生烃一边排烃的，因此，憋压的可能性极小。

即使烃源层憋压，也不可能成为排烃的主要动力。如果烃源层因超压排液，不可能只排烃、不排水，而是按油水比例同时排出的。根据文献[1]的计算，若靠超压排液来聚集成藏的话，烃源层厚度需达数千米，这显然是不可能的，因此，超压不可能是烃源层的主要排烃动力。

假如烃源层超压需要排液，也应该主要向上排，而不是向下排(图2)。因为下面是一个相对封闭的地层体系，压力容易平衡；上面的地表则是永久的排泄口，因为压力低，而且开放，是地下流体的必然流向。

实际上，由于地层流体和岩石的压缩系数很小，地层不需要排出很多的液体即可将压力平衡。下式是排液量计算公式

$$\Delta V_L = V_p (c_w + c_p) \Delta p \tag{2}$$

式中　ΔV_L——地层排出的液量，m^3；

　　　V_p——地层的孔隙体积，m^3；

　　　c_w——地层水的压缩系数，MPa^{-1}；

　　　c_p——地层岩石的压缩系数，MPa^{-1}；

　　　Δp——地层的超压值，MPa。

若地层水的压缩系数为$4 \times 10^{-4} MPa^{-1}$，地层岩石的压缩系数为$1 \times 10^{-4} MPa^{-1}$，地层的超压为$10MPa$，则只需要排出$0.5\%$的流体即可将超压彻底释放。

同样，烃源层下方的地层只需要进入0.5%的水量就可实现压力平衡，即与烃源层处于相同的压力状态，从此不会再有新的流体进入。

烃源层排出的液量极小，其中的含烃量更低，因此，靠宏观排液聚集成藏的可能性甚微。

如果储集层是靠上方的烃源层供液成藏的，那么，储集层一定与烃源层一样处于异常高压状态，实际情况并非如此，可见靠等效深度法计算出的烃源层压力并不可靠，储集层聚集的油气也不是从上方的烃源层排出的。

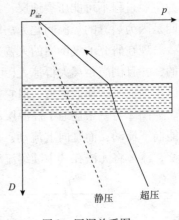

图2　压深关系图

如果烃源岩向下排液，由于密度差异导致的分层现象，首先排出的应该是地层水，然后才能排烃，而且烃源层孔隙中最后充满了烃，实际上情况并非如此，可见烃源层并没有向下排烃。

即使在一个超压烃源岩地层中，一个油滴的周围都是超压，超压对油滴的合力为0，因此，超压并不能驱动油滴运移。但是，油滴还受一个浮力的作用，因此油滴只能在浮力的作用下向上运移。

3 势概念不宜滥用

研究油气运移的文献通常都会引用"势"这一概念，其实"势"概念在渗流力学中用的十分普遍[15~17]。地下的流体是否流动，并不直接取决于压力的高低，而是取决于"势"，即流体从高势区向低势区流动。势的计算公式为

$$\Phi = p + \int_{z_0}^{z} \rho_L g \mathrm{d}z \tag{3}$$

式中 Φ——地层流体的势，MPa；

p——地层流体的压力，MPa；

ρ_L——地层流体的密度，g/cm^3；

g——重力加速度，m/s^2；

z——地层垂向高度，m；

z_0——基准面垂向高度，m。

势还有其他的计算公式，主要思想是把流体的势能（位能）加到流体压力上去。由式（3）可以看出，势只适用于连续相的流体，对于运移过程中呈分散状态的油滴或气泡根本不适用（因为无法积分）。因此，用势理论研究油气的运移过程其实是不合适的，它只适合于水相的势计算，而不适合油气相的计算，也就是说，地层水的流动可以用势差进行判断，但油气的流动却不能。油气运移本质上是一种微观渗流，不能用宏观的势概念进行研究。然而，势概念在油气运移过程中却一直被滥用。

4 断层不是油气倒灌的通道

笔者在文献[1]中分析认为，粒间孔隙是油气初次运移的通道，而裂缝则不是，一是因为生烃过程不可能压裂地层；二是因为裂缝数量有限；三是因为裂缝太小不能沟通储集层；四是因为裂缝的烃源问题无法解决。

现在研究油气倒灌的人普遍认为，烃源层是通过大裂缝（断层）倒灌到下方的储集层中的，并且倒灌距离大得惊人（可达500m以上）[2,7]。裂缝（断层）不是初次运移的通道，却可以作为二次运移的通道，但它是油气倒灌的通道吗？

图3为一条连通了烃源层和下方储集层的断层，如果断层是开放的，其中的流体就不可能向下流动，而是向上流动。如果断层是封闭的，则需要极少量的液体就可以将其压力平衡，流体将无法在其中继续流动。

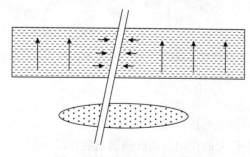

图3 断层连通烃源层和储集层

更为关键的问题是，断层中的油气从哪里来？如果从没有裂缝的烃源层中运移进来，就说明没有裂缝油气完全可以运移。既然油气可以向断层运移，一定也可以向上运移。

由于烃源层的渗透率极低，断层的排液范围很小，排液量也会很少，不足以形成油气聚集。远离断层的绝大部分烃源层是靠浮力向上排烃的，排烃动力充足，排烃量巨大，因此是排烃的主要方式。

如果断层是油气倒灌的通道，由于断层的导流能力极强，下方储集层应与烃源层一样皆为异常高压地层。实际情况果真如此吗？显然不是。如果断层是油气倒灌的通道，因重力分异作用断层中一定充满了油气，而不是充满水。然而至今也没有看到过这种现象，可见断层并不是油气倒灌的通道。

5　油气侧向运移成藏模式

出现油气倒灌的联想，多数情况是因为在储集层下方没有找到烃源层或没有找到高有机质丰度的烃源层所致。在缺乏高有机质丰度烃源层的情况下，则需要转变一下观念，低有机质丰度的地层也会生烃，并不是只有极高丰度的地层才能作为烃源层。若储集层下方没有烃源层，应努力寻找侧向的运移关系(图4)。地下的地层关系错综复杂，地层结构也很难一时搞清，但可以肯定的是，油气不会倒灌，只会在浮力的作用下向上运移，倒灌不符合科学原理。

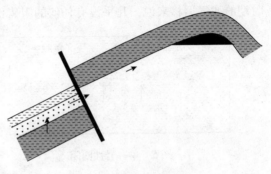

图4　侧向运移成藏模式

许多人通过烃源对比来确定源储关系，这只是一种间接的分析方法，而非直接的证据。如果储集层中的油气与上方烃源层有渊源关系[18]，也不会是上生下储式或顶生式成藏模式，而应该是新生古储成藏模式，并且油气也不是从上方倒灌运移下来的，而是侧向运移的结果[19]。烃源层的面积通常很大，油气藏上方有烃源层，侧边的凹陷处也有烃源岩，油气藏与它们都有渊源关系，油气藏中的油气为何一定是从上方倒灌下来的呢？

6　岩性油气藏成藏模式

人们一般把被泥岩包围的砂体(透镜体)称作岩性圈闭。岩性圈闭中聚集了油气，则为岩性油气藏。由于砂体被泥岩封闭，因此，其油气运移模式就带有了神秘的色彩。其实，岩性油气藏与其他类型的油气藏在油气运移成藏模式上没有太大差别，也是垂向运移或侧向运移的结果。

根据文献[1]的研究，油气初次运移只能在垂向上进行。若岩性圈闭是一个孤立的砂体(图5)，且充满油气，油柱高度为h_o，孔隙度为ϕ，束缚水饱和度为s_{wc}，则需要的烃源层厚度满足下式

$$h_s\rho_r\alpha\beta\gamma = h_o\phi(1 - s_{wc})\rho_o \tag{4}$$

式中　h_s——烃源层厚度，m；

　　　ρ_r——烃源层岩石密度，g/cm^3；

　　　α——烃源层有机质含量，f；

　　　β——有机质烃类转化系数，f；

　　　γ——烃源层排烃效率，f；

　　　ρ_o——原油密度，g/cm^3。

若 $h_o = 10m$、$\phi = 0.10$、$s_{wc} = 0.30$、$\rho_o = 0.60g/cm^3$、$\rho_r = 2.0g/cm^3$、$\alpha = 2\%$、$\beta = 4\%$、$\gamma = 80\%$，则由式（4）计算的烃源层厚度 $h_s = 323m$。也就是说，当岩性圈闭下方的烃源层厚度达到 323m 时，才可以形成 10m 油柱高度的岩性油气藏，砂源比仅为 3%。显然，这样的地质条件是十分苛刻的，因此，仅靠砂体下面的烃源层进行垂向的初次运移，是不足以成藏的。

实际上，岩性圈闭并不是完全封闭的孤立砂体。砂体大都是在河道摆动过程中形成的，因此，砂体不可能完全孤立，多数砂体都存在一定程度的叠合，即存在一定程度的连通关系，只是连通程度较弱而已（图6）。在某个剖面上砂体之间似乎不连通，但在其他剖面上砂体之间则又是连通的。微弱的连通关系，对于开采过程来说可认为是封闭的，但对漫长地质时期的油气运移来说，几乎没有任何的阻碍作用。

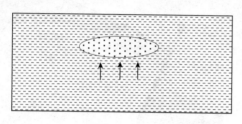

图5 单一岩性圈闭

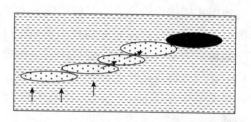

图6 岩性圈闭的连通及侧向运移

如果岩性圈闭的含油面积仅为相连砂体面积的 10%，同样高度的油柱则只需要 32m 的烃源层厚度，砂源比为 30% 左右。显然，这样的地质条件是很容易满足的，也是十分普遍的。

在前面的计算中，有机质的烃类转化系数取值只有 4%，估计实际值远高于 4%，若烃类转化系数的数值很高，则只需要垂向运移即可成藏。

把岩性圈闭油气藏的成藏机理复杂化，对该类油气藏的勘探是十分不利的。岩性油气藏的成藏动力，当然也不是毛管压力、分子扩散或超压作用等[20~22]。

7 结论

（1）欠压实现象并不存在，是对岩石变形机制的错误理解。

（2）用等效深度法计算烃源层压力是一种错误做法，高估了烃源层的地层压力。

（3）超压不是烃源岩具有成藏意义的排烃动力，浮力才是油气运移的主要动力。

（4）势概念不适合于油气运移研究。

（5）断层不是油气倒灌的通道。

（6）因缺少动力驱动，油气倒灌不可能发生。

（7）顶生式或上生下储式成藏模式并不存在。

油气运移的机理极其简单：在浮力的作用下向上运移，遇到障碍就改变方向进行侧向上运移，最后在圈闭中聚集起来形成油气藏。但是，由于地质条件极其复杂，运移的路径却难以把握，于是，人们就臆想出了许多概念，试图把运移路径说清楚，实际上却越说越离谱。

地质科学需要想象，但脱离科学的玄想就不可取了。像欠压实、油气倒灌、水动力圈闭等[10,11,23]，都属于毫无科学价值的伪概念，给石油地质科学蒙上了阴影。石油科学研究长期缺乏理性的思考，浪费了大量的科研资源，现在该回归理性了，这一切都是为了科学的尊严！

参 考 文 献

[1]李传亮，张景廉，杜志敏. 油气初次运移理论新探[J]. 地学前缘，2007，14(4)：132 – 142.

[2]付广，王有功. 三肇凹陷青山口组源岩生成油向下"倒灌"运移层位及其研究意义[J]. 沉积学报，2008，26(2)：355 – 360.

[3]霍秋立，冯子辉，付丽，等. 松辽盆地三肇凹陷扶杨油层石油运移方式[J]. 石油勘探与开发，2005，26(3)：25 – 27.

[4]邹才能，贾承造，赵文智，等. 松辽盆地南部岩性—地层油气成藏动力和分布规律[J]. 石油勘探与开发，2005，32(4)：125 – 130.

[5]迟元林，萧德铭，殷进垠. 松辽盆地三肇地区上生下储"注入式"成藏机制[J]. 地质学报，2000，74(4)：371 – 377.

[6]付广，张云峰，杜春国. 松辽盆地北部岩性油藏成藏机制及主控因素[J]. 石油勘探与开发，2002，29(5)：22 – 24.

[7]罗群，宋子学. 油气沿断裂向下幕式运移的机理[J]. 新疆石油地质，2008，29(2)：170 – 171.

[8]杨喜贵，付广. 松辽盆地北部扶杨油层油气成藏与分布的主控因素[J]. 特种油气藏，2002，9(2)：8 – 11.

[9]李传亮. 岩石欠压实概念质疑[J]. 新疆石油地质，2005，26(4)：450 – 452.

[10]张厚福，方朝亮，高先志，等. 石油地质学[M]. 北京：石油工业出版社，1999：134 – 135.

[11]丁次乾. 矿场地球物理[M]. 山东 东营：石油大学出版社，1992：341 – 344.

[12]李明诚. 石油与天然气运移(第三版)[M]. 北京：石油工业出版社，2004：19 – 26.

[13]真柄钦次. 石油圈闭的地质模型[M]. 童晓光，贾承造 译. 武汉：中国地质大学出版社，1991：1 – 14.

[14]刘向君，刘堂宴，刘诗琼. 测井原理及工程应用[M]. 北京：石油工业出版社，2006：114 – 117.

[15]孔祥言. 高等渗流力学[M]. 合肥：中国科学技术大学，1999：31 – 32.

[16]翟云芳. 渗流力学(第三版)[M]. 北京：石油工业出版社，2003：7 – 10.

[17]葛家理. 油气层渗流力学[M]. 北京：石油工业出版社，1982：180 – 186.

[18]戴金星. 威远气田成藏期及气源[J]. 石油实验地质，2003，25(5)：473 – 479.

[19]孟卫工，李晓光，刘宝鸿. 辽河坳陷变质岩古潜山内幕油藏形成主控因素分析[J]. 石油与天然气地质，2007，28(5)：584 – 589.

[20]李明诚. 砂岩透镜体成藏的动力学机制[J]. 石油与天然气地质，2007，28(2)：209 – 215.

[21]李明诚. 对油气运聚若干问题的再认识[J]. 新疆石油地质，2008，29(2)：133 – 137.

[22]李传亮. 毛管压力是油气运移的动力吗？[J]. 岩性油气藏，2008，20(3)：17 – 20.

[23]伍友佳. 油藏地质学(第二版)[M]. 北京：石油工业出版社，2004：76 – 77.

等效深度法并不等效

摘　要： 利用岩石力学理论研究了岩石的变形机制问题。岩石的孔隙度是骨架颗粒排列方式和粒度分布的函数，与粒度大小无关。岩石孔隙度变化曲线可以分成压实阶段和压缩阶段。压实阶段的孔隙度变化与应力有关，压缩阶段的孔隙度基本为常数，与应力无关。石油地质学一直把压缩阶段称作欠压实阶段，把孔隙度不再减小认为是孔隙憋压所致，并用等效深度法计算了地层压力的大小。实际上等效深度法并不等效，该方法把孔隙度视为地层压力的函数是缺乏理论根据的。用等效深度法计算得到的压缩阶段地层皆为异常高压的认识也是不符合实际的，用等效深度预测地层压力没有任何的实际意义，会误导相关内容的研究。

关键词： 岩石；压实；压缩；欠压实；异常高压；等效深度法；油气倒灌

0　引言

地层压力的高低，受许多因素的影响，而孔隙度与地层压力之间恰恰没有确定的关系，异常高压地层的孔隙度不见得高，异常低压地层的孔隙度也不见得低。然而，石油地质学却经常用孔隙度计算地层压力，并称之为等效深度法[1~3]。其实，等效深度法并不等效，用该方法计算地层压力既缺乏理论根据，又没有实用价值，而且还误导了石油地质学的其他相关研究，如油气运移等。

1　孔隙度影响因素

岩石是由骨架颗粒组成的，骨架颗粒的排列方式对孔隙度产生重要的影响。图1为等径球形颗粒的两种典型排列[4]，图1(a)为立方体排列，图1(b)为菱面体排列。立方体排列的孔隙度较高，为47.64%，因此又称作疏松排列或松散排列；菱面体排列的孔隙度较低，仅为25.95%，因此，又称作紧凑排列或致密排列。图1显示，孔隙度是排列方式的函数。

图2为不同粒度的排列方式，图2(a)为较大颗粒的立方体排列，图2(b)为较小颗粒的立方体排列。尽管粒度并不相等，两种情形的孔隙度却完全相等。图2显示，孔隙度不是粒度的函数。

(a) 立方体　　　　　(b) 菱面体　　　　　(a) 粗粒度　　　　　(b) 细粒度

图1　等径球形颗粒典型排列　　　　图2　不同粒度的球形颗粒立方体排列

图3为不同粒度分布的排列方式。图3(a)为均匀粒度的排列，孔隙度较高；图3(b)为

杂排列，孔隙度较低。粒度分布越均匀，孔隙度就越高。虽然孔隙度不是粒度的函数，但图3 显示，孔隙度是粒度分布的函数。

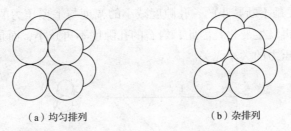

（a）均匀排列　　　　　　　　（b）杂排列

图3　不同粒度分布的排列方式

　　胶结物对孔隙度的影响很大，它是通过改变岩石的粒度分布和排列方式来改变孔隙度的，因为胶结物可以视为岩石骨架颗粒的细粒组成部分。

　　应力对孔隙度的影响，主要是通过改变骨架颗粒的排列方式来实现的。

2　岩石变形机制

　　岩石在应力作用下主要有两种基本的变形机制：结构变形和本体变形[5]。

　　所谓结构变形（压实变形），是指岩石受力后骨架颗粒的排列方式发生了变化，而骨架颗粒自身的体积并没有变化。由于排列方式由疏松排列变成了紧凑排列，因此，孔隙度也随之发生了变化（图4）。压实变形过程中的孔隙度减少量与应力大小有关。

　　所谓本体变形（压缩变形），是指岩石受力后骨架颗粒的排列方式并不发生变化，而骨架颗粒自身的体积则因受力而压缩（图5）。由于排列方式不发生变化，因此，孔隙度也不发生变化。压缩变形过程中的孔隙度与应力大小无关。

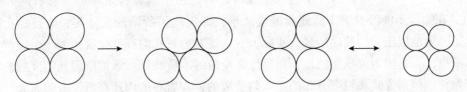

图4　压实变形（不可逆）　　　　　　图5　压缩变形（可逆）

　　一般情况下，压实变形是不可逆的，而压缩变形则是可逆的。

　　由图4和图5可以看出，岩石的应力改变后，岩石的孔隙度可能发生变化，也可能不发生变化，这取决于岩石的变形方式。但若增加岩石的内应力（内压），则只能产生弹性变形，而不能产生结构变形。因此，内压增大不能改变骨架颗粒的排列方式，因而也就无法改变岩石的孔隙度（图6）。

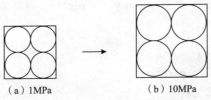

（a）1MPa　　　　　　　　　（b）10MPa

图6　内压增大对孔隙度的影响

岩石在可钻深度范围内的孔隙度变化曲线可以分成两段：压实阶段（Ⅰ）和压缩阶段（Ⅱ）（图7）[6]。在压实阶段，骨架颗粒的排列方式随上覆压力的增大而不断趋于紧凑（结构变形），因此，孔隙度是不断减小的，孔隙度减小的幅度与上覆压力的大小有关。在压缩阶段，由于排列方式不再发生变化，因此，岩石的孔隙度不再减小，而是保持为常数，即压缩阶段的孔隙度与上覆压力的大小无关。

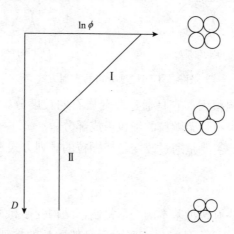

图7 岩石压实与压缩曲线

实际的岩石孔隙度变化不可能是图7中的折线形式，而是波动变化的曲线形式。孔隙度随深度的变化也不是单调递减的，而是波动减小的[图8（a）]。

岩石经过压实作用阶段之后，出现压缩阶段是一个自然的过程，也是一个必然的过程。但是，石油地质学一直把压缩阶段称作欠压实阶段，而把第Ⅰ曲线段称作正常压实阶段。欠压实理论认为[1,2,7,8]，当岩石压实到一定深度之后，由于岩石排水不畅，岩石的内压增高（憋压），孔隙度不能沿着第Ⅰ曲线段继续减小，即出现了所谓的欠压实，而且，孔隙度的波动也是因为地层压力的波动所致。实际上，这是对岩石孔隙度变化规律的一个误解。孔隙度不再减小，不是因为欠压实憋压，而是压缩阶段的本质特征。压缩阶段孔隙度的波动变化是由于颗粒的排列方式和粒度分布的不均匀造成的，与岩石的内压高低没有关系。

3 等效深度法

欠压实理论认为成岩之后孔隙度不再减小是由于地层憋压造成的，并在此基础上提出了等效深度法用以计算地层压力。所谓等效深度，就是"孔隙度相同的地层，其有效上覆压力也相同"。有效上覆压力为上覆压力与地层流体压力（内压）的差值。

地层某一深度处的上覆压力为

$$p_{ob} = p_{air} + \rho_r g D \tag{1}$$

式中 p_{ob}——上覆压力，MPa；

p_{air}——大气压力，MPa；

ρ_r——地层岩石的密度，g/cm^3；

g——重力加速度，m/s^2；

D——深度，km。

地层某一深度处的静水压力为

$$p_w = p_{air} + \rho_w g D \tag{2}$$

式中　p_w——静水压力，MPa；

　　　ρ_w——地层水的密度，g/cm³。

地层上覆压力和静水压力随深度变化的关系曲线如图8(b)所示。根据欠压实理论，正常压实阶段地层是不憋压的，因此，地层压力(实测的地层流体压力p_f)与静水压力完全相等，如c点所示。但是，欠压实阶段地层憋压，地层压力高于静水压力，如d点所示，而且孔隙度越高，地层憋压就越严重。

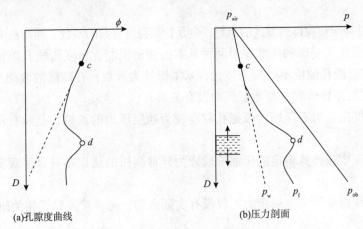

(a)孔隙度曲线　　　　　　(b)压力剖面

图8　孔隙度曲线与地层压力剖面

按照等效深度法，图8(a)中c点与d点的孔隙度相等，二者的有效上覆压力也相等，即

$$(p_{ob} - p_f)_c = (p_{ob} - p_f)_d \tag{3}$$

c点位于正常压实阶段，其地层压力为静水压力，可由式(2)计算得到；c点和d点的上覆压力可由式(1)计算得到，因此，通过式(3)可以计算出d点的地层压力p_f[图8(b)]。

通过等效深度法把地层每一点的压力计算出来之后，就可绘制出图8(b)的压力剖面曲线。

由图8可以看出，用等效深度法计算的地层压力，在压缩阶段皆为异常高压。而且孔隙度最高的d点所在地层的压力高于上覆和下伏地层的压力，因此，其中的流体会向上和向下两个方向流动，人们据此得出了欠压实排液和油气倒灌的机制。实际上，异常高压是人为计算出来的，地层中并非真的存在异常高压，欠压实排液和油气倒灌都是不存在的[9~10]。

等效深度法只强调了有效上覆压力的等效，而忽略了水平地应力的等效，而且，有效上覆压力本身就不科学，是对有效应力概念的误用[11]。

压缩阶段的孔隙度原本与地层压力之间没有关系，但等效深度法却把孔隙度视为了地层压力的函数，从而计算出了虚拟的地层压力。

等效深度法一直用于泥岩，很少用于砂岩，显然是不妥的。泥岩与砂岩没有本质的区别，都属于碎屑岩，其变形机制和渗流机制都是相同的。若等效深度法适用于泥岩，也一定适用于砂岩。泥岩地层是否存在异常高压从来没有被证实过，因为其地层压力无法实测。但是，砂岩地层的压力是可以实测的，并没有发现砂岩地层皆为异常高压，恰恰相反，大多数的砂岩地层皆为正常的压力状态，这也间接说明了等效深度法并不等效。

图8(a)中的孔隙度剖面实际上是由声波时差测井曲线计算得到的，高声波时差对应高孔隙度，高孔隙度对应高地层压力。实际上，高声波时差很多时候是由高有机质含量所致，而非高孔隙度所致。因此，等效深度法背后的理论基础本身就存在问题。

用等效深度法预测泥岩地层的压力对钻井工程没有任何实际意义，因为泥岩地层的流体无法流动，用等效深度法预测砂岩地层的压力，则会得出完全错误的结果。

4 结论

(1)孔隙度是骨架颗粒排列方式的函数，也是骨架粒度分布的函数，而与粒度大小无关。

(2)岩石存在压实变形和压缩变形两种基本的变形机制，压实阶段孔隙度随应力增大而不断减小，压缩阶段孔隙度不随应力变化，基本保持为常数；孔隙度的波动变化是因为粒度分布和排列方式的差异所致，与地层压力没有关系。

(3)等效深度法在岩石压缩阶段把孔隙度视为地层压力的函数，是没有理论根据的，也无法实现等效。

(4)用等效深度法计算得出的压缩阶段皆为异常高压的认识不符合客观实际，因而也是不正确的。

(5)用等效深度法预测地层压力不仅没有实际意义，还严重误导了相关研究的发展。

参 考 文 献

[1]李明诚. 石油与天然气运移(第三版)[M]. 北京：石油工业出版社，2004：53 – 54.

[2]丁次乾. 矿场地球物理[M]. 山东东营：石油大学出版社，1992：341 – 344.

[3]刘向君，刘堂宴，刘诗琼. 测井原理及工程应用[M]. 北京：石油工业出版社，2006：114 – 117.

[4]李传亮. 油藏工程原理[M]. 北京：石油工业出版社，2005：41 – 44.

[5]李传亮，孔祥言，徐献芝，等. 多孔介质的双重有效应力[J]. 自然杂志，1999，21(5)：288 – 292.

[6]李传亮. 岩石欠压实概念质疑[J]. 新疆石油地质，2005，26(4)：450 – 452.

[7]张厚福，方朝亮，高先志，等. 石油地质学[M]. 北京：石油工业出版社，1999：134 – 135.

[8]真柄钦次. 石油圈闭的地质模型[M]. 武汉：中国地质大学出版社，1991：1 – 14.

[9]李传亮，张景廉，杜志敏. 油气初次运移理论新探[J]. 地学前缘，2007，14(4)：132 – 142.

[10]李传亮. 油气倒灌不可能发生[J]. 岩性油气藏，2009，21(1)：6 – 10.

[11]李传亮. 有效应力概念的误用[J]. 天然气工业，2008，28(10)：130 – 132.

气水可以倒置吗？

摘　要：位于向斜底部或斜坡上的气藏，被称作深盆气藏，有研究认为深盆气藏的显著特征是气水倒置。而实际上，深盆气藏并不是一个科学概念，气水倒置也不会发生。根据研究，大尺度容器中气水不会倒置，重力分异会使气水呈正常分布。均匀毛细管中也不会出现气水倒置，浮力作用会使气体向上运移。在上粗下细型毛细管中，气体向上运移的动力更加充足，也不可能出现气水倒置。上细下粗型毛细管因为毛管压力的封堵作用，阻止油气向上运移，使油气聚集起来。常规构造气藏盖层和岩性油气藏围岩中也都有地层水，但都不是气水倒置。砂岩地层因非均质性而出现物性圈闭或物性油气藏，物性圈闭不一定出现在构造的顶部，而可以出现在地层的任意位置。文中提出的物性圈闭是一个科学概念，它可以替代深盆气藏圈闭，更好地指导油气勘探。

关键词：气藏；圈闭；构造；背斜；向斜；深盆气藏；气水倒置；毛细管；毛管压力

0　引言

自 1979 年 J. A. Masters 提出深盆气藏概念以来[1]，越来越多的深盆气藏被发现。深盆气藏不是指气藏的埋藏深度大，是指气藏不像常规构造气藏那样位于背斜的顶部，而是位于向斜的底部或斜坡，因此，它不属于构造油气藏。

随着石油勘探开发的不断深入，人们不仅发现了深盆气藏，还发现了深盆油藏[2]，其勘探领域不断扩大。同时，关于深盆气藏的形成机制和分布特征，也已进行了大量研究[3~12]，而且提出了许多新观点。目前的研究结果认为，深盆气藏有一个显著特征：气水倒置[13]。

气水真的可以倒置吗？当然不可以，它违背了科学的基本原理，需要加以澄清和否定，以免在石油科学领域造成误导。

1　大尺度容器

大尺度容器中的气水（或油水）是不会倒置的，因为重力分异作用会按照密度大小把气水分层：轻者在上，重者在下。流体力学在重力分异中起到了支配作用。

若人为将气水倒置，这种状态十分不稳定，很快就会反转成稳定的气上水下的分布状态。图 1 中强行把气泡置于水中，根据阿基米德定律[14,15]，气泡受到向上的浮力为

$$F_u = \rho_w g V_g \tag{1}$$

式中　F_u——浮力，N；

ρ_w——水的密度，kg/m³；

g——重力加速度，m/s²；

V_g——气泡的密度，m³。

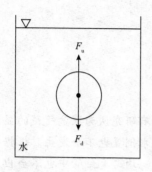

图1 大尺度容器中气泡的受力图

气泡受到向下的重力为

$$F_d = \rho_g g V_g \qquad (2)$$

式中 F_d——重力，N；

ρ_g——气的密度，kg/m^3。

浮力与重力的差值（合力），为气泡向上运移的动力，即

$$F = F_u - F_d = (\rho_w - \rho_g)g V_g = \Delta\rho_{wg} g V_g \qquad (3)$$

式中 F——合力，N；

$\Delta\rho_{wg}$——水气密度差，kg/m^3。

显然，浮力大于重力，即合力 $F > 0$，因此，气泡在水中无法静止，而是在浮力的作用下向上运移，到达水的顶部之后才能稳定下来。

2 均匀毛细管

地下岩石中的孔隙很小，并非像图1中的大尺度容器，而是像图2中的毛细管。石油地质学研究的孔隙尺度一般在 μm 到 mm 量级，μm 量级的孔隙中流体力学依然有效，尚没有流体力学在 μm 量级孔隙中失效的证据。地层孔隙的原始状态都充满地层水，若孔隙中有一个气泡，则气泡的受力状况如图2所示。

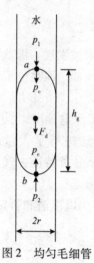

图2 均匀毛细管中气泡的受力图

由于岩石骨架一般为亲水介质，气泡在顶部 a 点受到一个向下的毛管压力的作用，计算公式为[16]

$$p_c = \frac{2\sigma\cos\theta}{r} \qquad (4)$$

式中 p_c——毛管压力，MPa；

σ——气水界面张力，N/m；

r——毛细管半径，μm；

θ——润湿角，(°)。

气泡在底部 b 点受到一个向上的毛管压力的作用，其数值与 a 点相同。由此可见，气泡两端的毛管压力相等，但方向相反，因此，均匀毛细管中毛管压力对气泡不起作用。

气泡在 a 点受到一个上面水相的压力，其数值为 p_1，方向向下；气泡在 b 点受到一个下面水相的压力，其数值为 p_2，方向向上。计算公式为

$$p_2 = p_1 + \rho_w g h_g \qquad (5)$$

式中 p_2——a 点的水相压力，MPa；

p_1——b 点的水相压力，MPa；

h_g——气泡的高度，m。

气泡受到的总的向上的作用力为

$$F_u = (p_2 - p_1)A = \rho_w g h_g A \qquad (6)$$

式中 A——气泡的横截面积，m^2。

实际上，式(6)计算的 F_u，就是地层水对气泡的浮力，与式(1)完全相同。

气泡受到的向下的重力为

$$F_d = \rho_g g h_g A \tag{7}$$

浮力与重力的差值（合力），为气泡向上运移的动力，即

$$F = F_u - F_d = (\rho_w - \rho_g) g h_g A = \Delta\rho_{wg} g h_g A \tag{8}$$

单位气体横截面积上的合力为

$$f = \frac{F}{A} = \Delta\rho_{wg} g h_g \tag{9}$$

式中 f——单位气泡横截面积上的力，MPa。

由于 $f > 0$，所以均匀毛细管中的气泡是不会静止的，而是在浮力的作用下向上运移，因而气水也是无法实现倒置的。

式（9）表明，无论是泥岩还是砂岩，只要是均匀介质，其中的油气就能够向上运移，而不是滞留在孔隙之中[17,20]。

3 非均匀毛细管

非均匀毛细管可以分为两种：上粗下细型和上细下粗型。上粗下细型毛细管如图 3 所示。

气泡在顶部 a 点受到一个向下的毛管压力的作用，即

$$p_{c1} = \frac{2\sigma\cos\theta}{r_1} \tag{10}$$

式中 p_{c1}——毛细管粗端毛管压力，MPa；

r_1——毛细管粗端孔隙半径，μm。

气泡在底部 b 点受到一个向上的毛管压力的作用，即

$$p_{c2} = \frac{2\sigma\cos\theta}{r_2} \tag{11}$$

式中 p_{c2}——毛细管细端毛管压力，MPa；

r_2——毛细管细端孔隙半径，μm。

气泡在受到式（9）合力 f 的基础上，还受到毛管压力的作用，单位气体横截面积向上运移的动力为

$$f = \Delta\rho_{wg} g h_g + p_{c2} - p_{c1} \tag{12}$$

将式（10）、式（11）代入式（12），得

$$f = \Delta\rho_{wg} g h_g + 2\sigma\cos\theta\left(\frac{1}{r_2} - \frac{1}{r_1}\right) \tag{13}$$

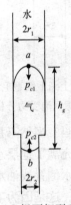

图 3 上粗下细型毛细管孔隙气泡受力分析

由式（13）可以看出，因为 $r_1 > r_2$，所以当气泡由小孔隙向大孔隙运移时，运移的动力更充足了，不可能存在气水倒置。这就是泥岩烃源层生成的油气为何容易排出的理由[21]。

4 毛管压力封堵

上述三种情况都不可能出现气水倒置现象，下面分析上细下粗型非均匀毛细管孔隙（图4）。

气泡在顶部 a 点受到一个向下的毛管压力的作用，即

$$p_{c2} = \frac{2\sigma\cos\theta}{r_2} \tag{14}$$

气泡在底部 b 点受到一个向上的毛管压力的作用，即

$$p_{c1} = \frac{2\sigma\cos\theta}{r_1} \tag{15}$$

气泡在受到式(9)合力 f 的基础上，还受到毛管压力的作用，单位气体横截面积向上运移的动力为

$$f = \Delta\rho_{wg}gh_g + p_{c1} - p_{c2} \tag{16}$$

将式(14)、式(15)代入式(16)，得

$$f = \Delta\rho_{wg}gh_g - 2\sigma\cos\theta\left(\frac{1}{r_2} - \frac{1}{r_1}\right) \tag{17}$$

由式(17)可以看出，因为 $r_1 > r_2$，所以当气泡由大孔隙向小孔隙运移时，运移的动力减小了，当 $f = 0$ 时，气泡便停止运移(图4)。气泡停止运移是因为毛管压力起到了封堵作用，而非其他因素。这就是盖层为何能够封堵油气的原因[18]。

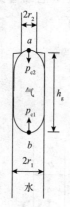

图4　上细下粗型毛细管
孔隙气泡受力分析

5　物性油气藏

图4中毛细管的细端部分模拟盖层的孔隙，粗端部分模拟储集层的孔隙。盖层之所以能够封堵油气，不是因其岩性是泥岩或其他岩类，而是因其物性较差、孔隙较小(相对于下方储集层)。储集层之所以能够储集油气，也不是因其岩性是砂岩或其他岩类，而是因其物性较好、孔隙较大(相对于上方盖层)。泥岩若发育较大孔隙，也可以成为储集层；砂岩若孔隙欠发育，也可以成为盖层。某种岩石在地下是盖层还是储集层，不完全取决于岩性，还要看岩石在层序中的位置。泥岩可以给砂岩作盖层，细砂岩也可以给粗砂岩作盖层。储盖组合遵循"相对论"原则。

图4中毛细管的细端部分为地层水，粗端部分为气体，这是气水倒置吗？当然不是，因为在这种孔隙结构中原本就应该如此。在构造油气藏上方盖层孔隙中也都充满了地层水(图5)，而且水还可以流动，只是流速较慢而已，但从未有构造油气藏存在气水倒置或油水倒置的说法。地层水可以在储集层和盖层中流动[21]，而油气却不能穿过盖层，这是因为毛管压力起到了封堵作用(图4)。

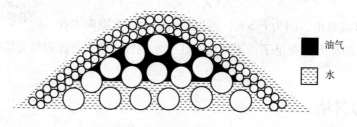

油气

水

图5　构造气藏流体分布

虽然泥岩地层中岩性油气藏的分布不受构造控制，但其内部的流体分布仍是正常的，即

没有发生气水倒置或油水倒置（图6）。岩性油气藏周围泥岩地层（围岩）中也都有地层水，但都不算气水倒置。

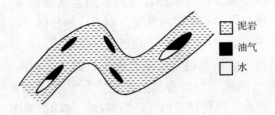

图6　岩性气藏气水分布

砂岩地层中出现的气藏分布（图7），让人们联想到了气水倒置或油水倒置。其实，这不是气水倒置，而是由于地层非均质性导致的物性差异现象，物性好的地方充当了储集层，物性差的地方充当了盖层和遮挡物。非均质性是地层的天然特性，没有非均质性就没有油气聚集。油气藏上方砂岩中有可以流动的地层水，这与图5中常规构造气藏泥岩盖层中的地层水一样，都是正常分布，只是常规油气藏盖层中的地层水流速太慢人们没有太在意而已。油气藏盖层和岩性油气藏围岩中地层水流动能力的强弱，不是气水倒置的标志，而是物性好坏的反映。

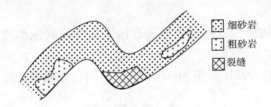

图7　物性气藏气水分布

图7中的油气藏分布状态，不是因为气水倒置或油水倒置所致，而是由于物性差异所致，因此，这类油气藏更为科学的名称应该是"物性油气藏"，而能够聚集物性油气藏的场所则是"物性圈闭"。物性圈闭不一定出现在构造的顶部，而可以出现在地层的任意位置。

有人曾通过细管实验来研究气水倒置或油水倒置的机理，先在管子底部置入原油［图8（a）］，然后在顶部置入水，人为设置油水倒置。静止一定时间让油水自行分异［图8（b）］，结果发现，大于0.36cm的管子短时间都能实现油水反转，小于0.36cm的管子几天乃至几个月都没有实现油水反转，以此来证明油水可以倒置。这种实验能证实油水倒置吗？显然不能，一是因为管子底部封闭，切断了水的浮力，与地层实际情况相差太远，地层孔隙网络相互连通，油气下方一定有水提供浮力；即使管子底部封闭了，粗管中也还是实现了油水分异［图8（b）］；二是因为重力分异时间太短，几天或几个月的分异时间与百万年的地质时间相比，不可同日而语。若这种实验结果正确，直径小于0.36cm的管子都无法实现油水分异，地下油气不就都滞留在烃源岩中了？油气还如何聚集成藏呢？

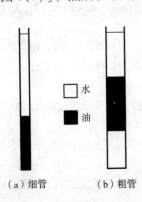

（a）细管　　　（b）粗管

图8　油水倒置机理实验

6 分析

深盆气藏不是一个科学概念，气水倒置或油水倒置就更加荒谬。石油地质学还是应该在科学的框架内发展，而不应违背科学的基本原理。若气水倒置或油水倒置在石油地质学中成立，在整个科学领域也应该成立，但科学领域并不接受这样的概念。一个地质现象的出现，应该在科学范围之内加以研究，而不是独立于科学之外自成体系。像欠压实[22,23]、油气倒灌[24,25]、水动力圈闭[26,27]、气水倒置等概念，毫无科学价值，应尽早从石油地质学中剔除，以免误导油气勘探实践。继构造圈闭、岩性圈闭、地层圈闭等概念提出之后[28]，笔者提出的"物性圈闭"又是一个重要的科学概念，它不仅很好地解释了深盆气藏的存在机理，而且可以更好地指导油气勘探实践，进一步扩大油气的勘探领域。

7 结论

（1）大尺度容器、均匀毛细管和上粗下细型毛细管中都不会出现气水倒置现象，相反，气体在这些孔隙中向上运移的动力非常充足。

（2）上细下粗型毛细管会因为毛管压力的封堵作用，而使油气聚集起来。

（3）常规构造油气藏盖层和岩性油气藏围岩中都有可流动的地层水，但都不是气水倒置。

（4）砂岩地层因非均质性或物性差异而在构造底部或其他部位聚集成藏，并非气水倒置，而是物性油气藏的特征反映。

（5）物性油气藏或物性圈闭是更加科学的概念，可以用来替代深盆气藏概念。

参 考 文 献

[1]Masters J A. Deep basin gas trap, western Canada [J]. AAPG Bulletin, 1979, 63(2): 152 - 181.

[2]侯启军, 魏兆胜, 赵占银, 等. 松辽盆地的深盆油藏[J]. 石油勘探与开发, 2006, 33(4): 406 - 411.

[3]Rose P R, Everett J R, Merin I S. Possible basin centered gas accumulation, Roton Basin, South Colorado [J]. Oil & Gas Journal, 1984, 82(10): 190 - 197.

[4]Spencer C W. Review of characteristics of low - permeability gas reservoirs in western United States [J]. AAPG Bulletin, 1989, 73(5): 613 - 629.

[5]Cant D J. Spirit River formation a stratigraphic - diagenetic gas trap in the "deep basin" of Alberta [J]. AAPG Bulletin, 1983, 67(4): 577 - 587.

[6]李振铎, 胡义军, 谭芳. 鄂尔多斯盆地上古生界深盆气研究[J]. 天然气工业, 1998, 18(3): 10 - 16.

[7]姜烨, 梁春旭. 深盆气藏及松辽盆地勘探远景[J]. 大庆石油地质与开发, 2009, 28(6): 57 - 61.

[8]戴金星. 向斜中的油、气藏[J]. 石油学报, 1983, 4(4): 27 - 30.

[9]张金川, 刘丽芳, 张杰, 等. 根缘气(深盆气)成藏异常压力属性实验分析[J]. 石油勘探与开发, 2004, 31(1): 119 - 122.

[10]庞雄奇, 金之钧, 姜振学, 等. 深盆气成藏门限及其物理模拟实验[J]. 天然气地球科学, 2003, 14(3): 207 - 214.

[11]李明诚, 李先奇, 尚尔杰. 深盆气预测与评价中的两个问题[J]. 石油勘探与开发, 2001, 28(2): 6 - 7.

[12]宋岩, 洪峰. 四盆地川西坳陷深盆气地质条件分析[J]. 石油勘探与开发, 2001, 28(2): 11 - 14.

[13]马中振，吴河勇，戴国威. 深盆气成藏机理研究进展[J]. 大庆石油地质与开发，2009，28(6)：57 – 61.

[14]贺礼清. 工程流体力学[M]. 北京：石油工业出版社，2004：33 – 35.

[15]庄礼贤，尹协远，马晖扬. 流体力学[M]. 合肥：中国科学技术大学出版社，1991：109 – 110.

[16]何更生. 油层物理[M]. 北京：石油工业出版社，1994：192 – 194.

[17]李传亮. 毛管压力是油气运移的动力吗？[J]. 岩性油气藏，2008，20(3)：17 – 20.

[18]李传亮，张景廉，杜志敏. 油气初次运移理论新探[J]. 地学前缘，2007，14(4)：132 – 142.

[19]李传亮. 油气初次运移机理分析[J]. 新疆石油地质，2005，26(3)：331 – 335.

[20]李传亮. 油气初次运移模型研究[J]. 新疆石油地质，2006，27(2)：247 – 250.

[21]李传亮. 泥岩地层产水与地层异常压力原因分析[J]. 西南石油大学学报，2007，19(1)：130 – 132.

[22]李传亮. 岩石欠压实概念质疑[J]. 新疆石油地质，2005，26(4)：450 – 452.

[23]李传亮. 等效深度法并不等效[J]. 岩性油气藏，2009，21(4)：120 – 123.

[24]李传亮. 油气倒灌不可能发生[J]. 岩性油气藏，2009，21(1)：6 – 10.

[25]张景廉. 油气"倒灌"论质疑[J]. 岩性油气藏，2009，21(3)：122 – 128.

[26]李传亮. 油水界面倾斜原因分析[J]. 新疆石油地质，2006，27(4)：498 – 499.

[27]李传亮. 油水界面倾斜原因分析(续)[J]. 新疆石油地质，2009，30(5)：653 – 654.

[28]张厚福，方朝亮，高先志，等. 石油地质学[M]. 北京：石油工业出版社，1999：228 – 265.

页岩气其实是自由气[*]

摘　要：针对目前页岩气的很多认识误区，研究了页岩气的赋存状态。页岩是由基质泥岩和微型砂岩条带（砂条）组成的岩石类型，具有页理结构，是非均质泥岩。砂条尺度小，连续性差，是微型岩性圈闭。基质生成的气体，短距离运移进入砂条聚集成藏。页岩气是储集在微型砂条中的自由气，页岩基质和砂条中都没有吸附气。页岩气藏不是连续型气藏，而是由无数的微型气藏组合而成的大型气藏。微型气藏之间没有连通关系，开发页岩气需要采用水平井加多级压裂的方法才可将尽量多的微型气藏连通起来。页岩气只有甲烷一种组分，因此没有浓度的概念，也不存在扩散现象。页岩气的开发主要靠压力差驱动的流体流动。页岩气藏是典型的单一介质，而不是双重介质。

关键词：页岩；页岩气；泥岩；砂岩；自由气；吸附气；扩散

0　引言

页岩气的开发已进入商业化时代，但对页岩气的赋存状态研究却一直没有得到很好的重视。许多研究人员认为页岩气以吸附气为主，这种观点其实并不正确，而且还严重误导了页岩气的勘探开发实践。实际上，页岩气就是自由气，与常规天然气没有本质的区别，按照常规天然气开发即可，只是技术较复杂、成本较高而已。

1　泥岩和砂岩

泥岩和砂岩都是碎屑岩[1]，砂岩的石英成分较多，而泥岩的黏土成分较多；砂岩的粗粒碎屑较多，而泥岩的细粒碎屑较多；砂岩的孔渗性较好，而泥岩的孔渗性较差；砂岩的有机质含量较少，而泥岩的有机质含量较多……。

由于砂岩和泥岩之间的上述差别，砂岩可以作为储集层储集油气，而泥岩则可以作为烃源岩生成油气。泥岩生成的油气，要通过初次运移和二次运移，才能在圈闭的储集层中聚集起来形成油气藏[2]（图1）。

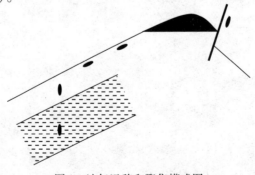

图1　油气运移和聚集模式图

＊该论文的合作者：朱苏阳

砂岩和泥岩通常呈互层存在，砂岩为储集层，泥岩既可以作为烃源岩，又可以作为盖层（图2）[2,3]。砂岩和泥岩的孔隙中最初都充满了地层水，后来烃源层生成了油气，油气在浮力的作用下运移进入上方的储集层，致使部分储集层含有了油气[4]。

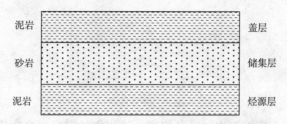

图2　生储盖组合关系图

为了与页岩气相一致，下面仅讨论甲烷气的问题，不再涉及油和其他重质组分。

泥岩中的沉积有机质生成的甲烷，以分子溶液的形式分散到地层水中[4]。由于甲烷在水中的溶解度极低[5]，多余的甲烷将以连续相(气泡)的形式出现。气泡受到水的浮力，即向上运移进入储集层[6]，因此，泥岩孔隙中最后剩下的只是甲烷的水溶液。甲烷作为溶质溶解到水中，必然有少量甲烷分子吸附在岩石骨架颗粒表面，吸附量可用液相 Langmuir 公式计算[7,8]

$$c_{ad} = c_{adm} \frac{bc_m}{1 + bc_m} \tag{1}$$

式中　c_{ad}——甲烷的吸附量，cm^3/g；

c_{adm}——甲烷的饱和吸附量，cm^3/g；

c_m——甲烷在水中的浓度，m^3/m^3；

b——甲烷的液相吸附系数，dless。

泥岩地层的孔隙中存在水和甲烷两种性质不同的分子，因此，泥岩的吸附属于竞争性吸附。由于岩石骨架颗粒的表面具有一定的极性，而甲烷的极性又比水弱，因此，岩石骨架优先吸附水，对甲烷的吸附能力相对较弱。

由于甲烷在水中的溶解度极低，因此，甲烷在泥岩中的吸附量自然也很低。地层水的水溶气至今没有开采价值，极少量的吸附气就更没有开采价值了。

若泥岩的吸附气具有开采价值，现在就没必要去开发页岩气了，因为每个含油气盆地都有大量的烃源岩，直接开发里面的吸附气就可以了。

常规砂岩气藏也没有吸附气，主要是因为气藏岩石存在束缚水，甲烷没有竞争吸附优势。地下岩石也都是亲水的，地下没有亲油或亲气的岩石[9,10]，岩石对甲烷的吸附能力比水弱，这才有了束缚水之说，油藏工程没有束缚油或束缚气的概念。也没人考虑过要开发常规气藏的吸附气问题。

由此可见，烃源岩泥岩中是没有吸附气的，砂岩储集层中也没有吸附气。

笔者说的吸附气是具有开采价值的吸附气，而不是绝对意义上的吸附气。

2　页岩

图2中的砂岩和泥岩地层都有一定的厚度，厚度尺度大约在米量级的范畴。若砂岩的厚

度变小,只有毫米量级,这样的地层就不再是砂岩地层或泥岩地层了,而是大套泥岩地层夹着小的砂岩条带(简称砂条)。砂条的厚度小,横向连续性差,这样的地层就是所谓的页岩(图3)。页岩具有书页状结构(页理)[1],页岩实际上就是非均质性较强的泥岩。

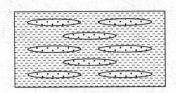

图3 页岩构造

由图3可以看出,页岩由泥岩和砂条组成。页岩中的泥岩通常称作基质。基质是页岩的烃源岩,而砂条则是页岩的储集岩,也是页岩气的微型岩性圈闭。基质生成的甲烷气,经短距离运移进入砂条储集起来成为微型气藏。因此,页岩气是由无数个微型气藏组合而成的大型气藏。页岩气藏宏观上属于自生自储型,但微观上仍属于异地成藏。由于页岩的累计厚度大,有机质丰度高,生烃量充沛,这些微型圈闭的气体饱和程度都很高,以至于里面没有可动水,而且大多数的页岩气藏都属于异常高压。开采页岩气就是开采这些微型气藏中的甲烷气,与开采常规的岩性气藏一样,一般不需要考虑水的问题。

页岩也发育一些微细裂缝,微细裂缝可以作为储集空间并储集甲烷气,但这些微细裂缝也可以视为砂条。均质泥岩不会出现页理,含砂条的非均质泥岩才会出现页理。

砂条中的甲烷都是自由气,砂条和基质都没有吸附气。开采页岩气,实际上就是开采砂条中的自由气。

页岩与泥岩的最大区别,就是泥岩生成的气体都运移走了,而页岩生成的气体都保存了下来。泥岩的保存条件很差,页岩的保存条件很好,以至于很多页岩气藏都是异常高压。因此,页岩气的散失量很小,而资源量却很大。

3 认识误区

关于页岩气,目前还存在许多认识上的误区,需要加以清理。

(1)连续型气藏。国内外很多学者都把页岩气藏称作连续型气藏,这个说法其实并不正确。正如图3所示,页岩气都是储集在微型圈闭中的自由气,这些微型圈闭之间并不连通,而是相互分离。尽管页岩的厚度较大,但由于砂条不连续,仅靠直井无法开采到远处的甲烷气。因此,开采页岩气,必须根据页岩气的赋存特点,采用水平井加多级压裂的方法,把尽量多的砂条连通起来。只有这样,才能有效开发页岩气。页岩是连续的,页岩气不是连续的。

(2)双重介质。很多人把页岩气藏称作双重介质,这也是一个认识误区。尽管页岩中存在微细裂缝和基质孔隙两种类型的孔隙,但并不能因此将其视为双重介质。一个地层是单一介质还是双重介质,不是在微观尺度上进行定义的,而是在气井尺度上进行定义的[11,12]。由于页岩的基质孔隙和微细裂缝的尺度都很小,气井钻井无法单独钻遇基质孔隙和微细裂缝,而是每一口气井都钻遇了大量的基质孔隙和微细裂缝。因此,站在气井的尺度上进行观察,页岩地层每一点的性质都是相同的,并没有表现出双重性质,气井生产也没有双重动态特征。在岩心尺度上也无法测量出基质孔隙和微细裂缝的物性参数,而只能测量到二者的混合效应。因此，页岩气藏就只能视为单一介质，而不能视为双重介质。况且，人们所说的页岩微细裂缝，其实就是页理，看上去像裂缝，并非真正的裂缝。

（3）扩散机理。很多学者认为页岩气的开采过程主要靠甲烷的扩散作用，这其实是对物理化学理论的误解。页岩气的组成比较简单，只有甲烷一种组分，单一组分是没有浓度概念的。扩散是浓度差驱动的结果，页岩气没有浓度的差别，也就不存在扩散作用了。页岩气的开采，主要还是靠压力差驱动气体进行流动。

（4）吸附气。认为页岩气主要是吸附气，这是对页岩气最大的误解。页岩基质（泥岩）生成的甲烷气，都运移到砂条中聚集成藏了，孔隙中剩下的只是地层水，水中溶解了少量甲烷。很多人认为基质孔隙中存在大量的吸附甲烷，主要是基于一些错误的实验数据。基质中的地层水是没有流动能力的，即使里面有吸附气，也根本无法开采出来。人们开采的页岩气，都是储集在微型砂条中的自由气。若没有砂条的存在，页岩即变成均质泥岩，由于泥岩的孔渗条件极差，其中的流体是无法开采出来的。

4 结论

（1）页岩是由泥岩和砂条组成的岩石类型，是非均质泥岩。

（2）页岩中的吸附是竞争性吸附，水的极性比甲烷强，水具有吸附优势。

（3）页岩气为储集在微型砂条中的自由气，砂条和基质孔隙中都没有吸附气。

（4）页岩气藏不是连续型气藏，而是由微型岩性气藏组合而成的大型气藏。

（5）页岩气的开采过程中不存在扩散作用，只存在压差驱动的气体流动。

（6）页岩气藏也不是双重介质，而是典型的单一介质。

参 考 文 献

[1]赵澄林，朱筱敏.沉积岩石学(第三版)[M].北京：石油工业出版社，2001：37–137.

[2]张厚福，方朝亮，高先志，等.石油地质学[M].北京：石油工业出版社，1999：127–178.

[3]伍友佳.油藏地质学(第二版)[M].北京：石油工业出版社，2004：33–64.

[4]李传亮，张景廉，杜志敏.油气初次运移理论新探[J].地学前缘，2007，14(4)：132–142.

[5]李明诚.石油与天然气运移(第三版)[M].北京：石油工业出版社，2004：72–73.

[6]李传亮.气水可以倒置？[J].岩性油气藏，2010，22(2)：128–132.

[7]天津大学物理化学教研室编.物理化学(下)(第二版)[M].北京：高等教育出版社，1983：162–179.

[8]李传亮，彭朝阳.煤层气的开采机理研究[J].岩性油气藏，2011，23(4)：9–11.

[9]李传亮.地下没有亲油的岩石[J].新疆石油地质，2011，32(2)：197–198.

[10]李传亮，李冬梅.渗吸的动力不是毛管压力[J].岩性油气藏，2011，23(2)：114–117.

[11]李传亮.储层岩石连续性特征尺度研究[J].中国海上油气，2004，18(1)：63–65.

[12]李传亮.油藏工程原理(第二版)[M].北京：石油工业出版社，2011：100–103.

煤层气其实是吸附气[*]

摘　要：煤层气开发正快速发展，但对煤层气的赋存状态问题仍存有争议。针对这一问题，主要从煤层气的赋存机理和开采机理进行了研究。结果表明：①泥岩烃源岩的有机质含量低，吸附的甲烷数量少，基本上不具有开采价值；煤岩的有机质含量高，有机质吸附的甲烷数量大，具有开采价值。②煤岩的有机质极性弱，易于吸附极性弱的甲烷分子，而极性较强的矿物质则倾向于吸附水分子。③煤岩由基质岩块和裂缝组成，是裂缝性泥岩，由煤岩基质生成的甲烷自由气都运移至裂缝并散失掉了，只有吸附气保存了下来。④煤层气需要排水降压，使地层水脱气，吸附气解吸并形成自由气后运移进入裂缝中才能被开采出来。⑤煤层气开采存在一个临界产气压力，且开采过程不存在扩散现象。

关键词：煤岩；煤层气；泥岩；自由气；吸附气；扩散

0　引言

笔者在文献[1]中研究了页岩气的赋存状态，认为页岩气其实就是自由气，在此基础上，继续对煤层气的赋存状态问题进行了研究。有煤的地方就有煤层气。煤层气分布广泛，是非常规能源的重要组成部分。西方国家的煤层气开发已完全商业化，国内的煤层气开发才刚刚起步，但发展势头良好。中国是一个产煤大国，也必将是一个煤层气的生产大国，煤层气将成为中国未来能源战略接替的重要组成部分[2,4]。虽然煤层气开发的发展速度很快，但对煤层气的赋存状态以及开采机理的研究却相对滞后。实际上，煤层气就是吸附气，需要进行排水降压并解吸后才能开采出来。

1　泥岩

煤层气储存在煤岩之中，煤岩与泥岩有一些相似之处。泥岩属于碎屑岩[5]，含有较多的细粒成分和黏土矿物，孔隙开度较小，物性较差。若泥岩含有一定数量的沉积有机质，则可以成为烃源岩。当沉积有机质成熟之后，即可生成油气。煤层气的主要成分是甲烷，因此也叫煤层甲烷气或甲烷气。为了与煤层气相一致，下面仅讨论甲烷的赋存问题，不涉及油和其他重质组分。

根据文献[1]的研究结果，泥岩生成的自由气都会在浮力的作用下从烃源岩运移出来，孔隙中最后剩下的只是地层水，其中溶解了少量的甲烷分子。由于甲烷分子和水分子的极性相差较大，甲烷分子的极性相对较弱，而水分子的极性相对较强，因此甲烷在水中的溶解度极低，这部分水溶甲烷气目前尚不具有开采价值。

泥岩碎屑颗粒由两部分组成，分别为无机矿物质颗粒[5]（主要是黏土矿物）和有机质颗

---

* 该论文的合作者：彭朝阳，朱苏阳

粒。有机质颗粒以干酪根的形式分布于无机碎屑颗粒之中（图1）。作为烃源岩的泥岩，有机质含量通常较低，大都在0.1%~10%，平均为2%左右，其中有机质含量为1%的泥岩算是好的烃源岩[6]。甲烷生于干酪根，与干酪根的性质相近，都属于极性相对较弱的物质。根据相近相吸原理，泥岩中无机矿物颗粒的极性相对较强，倾向于吸附水分子[7]，而甲烷分子则倾向于吸附到干酪根颗粒上去（图1）。

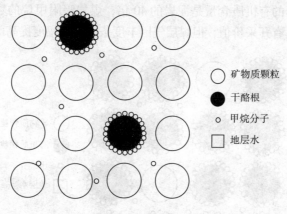

矿物质颗粒

干酪根

甲烷分子

地层水

图1 泥岩微观视图

泥岩的吸附甲烷与水中的溶解甲烷，处于一种平衡状态。由于泥岩的有机质含量较少，吸附的甲烷数量自然也少，基本上不具有开采价值。泥岩中也不存在自由气[1]，目前还未发现从泥岩中开采甲烷气的报道。

2 煤岩

由于煤岩大都为沼泽相沉积，沉积环境与泥岩有些不同。煤岩的沉积有机质以高等植物为主[4,5]，且有机质含量远高于泥岩。

煤的成岩过程伴随着有机质的热演化过程，煤岩的有机质脱去杂基并进行缩合作用后，分子排列更加紧凑和致密，从而使晶体化程度增强，镜质组反射率不断升高[4]。与此同时，煤岩的体积产生一定的收缩，收缩作用产生的内部拉伸应力会导致煤岩破裂，并产生裂缝（割理）。煤岩的裂缝十分发育，端割理和面割理纵横交错形成裂缝网络[3]。裂缝将煤岩分割成了许多基质岩块（图2）。因此，煤岩也可以视为裂缝性泥岩。

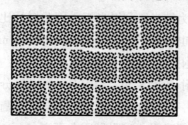

图2 煤岩基质和裂缝

由图2可以看出，煤岩中存在两种孔隙，即基质孔隙和裂缝，其中裂缝的尺度大于基质孔隙。甲烷是在煤基质中生成的，与泥岩的生烃过程一样，基质中生成的自由气都在浮力的作用下运移出来，基质孔隙中只剩下甲烷的水溶液。自由气从基质岩块运移出来之后，进入煤岩裂缝中。由于煤岩顶板(盖层)的封堵能力较差，自由气不能聚集起来，而是散失掉了。因此，煤岩裂缝中也充满了地层水。

煤层气显然不能以自由气的形式存在于裂缝和基质孔隙中，而只能以吸附态的形式存在于基质岩块中(图3)。煤岩的基质岩块也由两部分组成，即有机质颗粒和无机矿物质颗粒(灰分)。煤岩的有机质含量通常较高，大都在50%以上，甚至高达80%或90%[4]。若以80%的有机质含量计算，煤岩的有机质含量是泥岩的40倍，煤岩吸附甲烷的数量也是泥岩的40倍。虽然泥岩的吸附气不具有开采价值，但煤层气因丰度条件的大幅度提高而具有了开采价值。

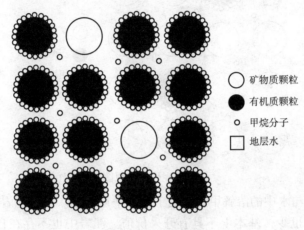

矿物质颗粒
有机质颗粒
甲烷分子
地层水

图3　煤岩微观视图

3　吸附气量

煤岩的生气量巨大，最高可达400m³/t[2,4]。但目前煤岩保存的气量并不大，大约为1~50m³/t。可见，煤岩生成的甲烷大都散失掉了。

目前煤层气开采的深度通常较小。在深度为500m且地层压力为5MPa的条件下，甲烷气的体积系数约为0.02。煤的密度通常较低，约为1.3g/cm³，1t煤的体积大约为0.77m³。若煤岩的含气量为10m³/t，换算到地下则为1m³煤含0.26m³甲烷气。若煤层气全部为自由气，则需要30%以上的孔隙度才能储集。然而，煤岩的孔隙度一般较低[3]，为1%~6%，显然煤层气不是自由气。

煤基质的孔隙很小，一般为纳米级到微米级，因此煤的比表面积通常较大。实验测量的比表面积大约为9~35m²/g，也就是(1.17~4.55)×10⁷m²/m³甚至更高[3]。由此可见，煤岩有足够的孔隙内表面积来吸附甲烷分子。甲烷分子的直径约为0.4nm，一个分子的横截面积为0.1256nm²，1m³煤能吸附(9.32~36.23)×10²⁵个甲烷分子，也就是154~602mol的甲烷分子，折合标准体积为1.45~13.48m³天然气，这与实验测量值十分接近。该计算采用了单分子层吸附，若采用多分子层吸附，吸附量还会更高。

甲烷在水中的溶解度基本上随压力的增大而呈线性增大，在5MPa的地层压力下，实验测得的溶解度很低[3]，大约为1~2m³/m³。由于煤的孔隙度极低，1m³煤中的水量大约为0.01~0.06m³，其中溶解的甲烷也只有0.01~0.12m³。与吸附的甲烷相比，在水中溶解的甲烷量可忽略不计。

4 开采机理

4.1 临界解吸压力

煤岩吸附甲烷的浓度与地层水溶解甲烷的浓度有关，与水的压力无直接关系。吸附甲烷与溶解甲烷可达到平衡，并满足液相 Langmuir 方程[8]

$$c_{ad} = c_{adm} \frac{bc_m}{1 + bc_m} \tag{1}$$

式中 c_{ad}——甲烷的吸附浓度，m^3/m^3；

     c_{adm}——甲烷的饱和吸附浓度，m^3/m^3；

     c_m——甲烷在水中的溶解浓度，m^3/m^3；

     b——甲烷的液相吸附系数，dless。

由式（1）可以看出，甲烷的吸附浓度随其溶解浓度的增大而增大，最终趋于一个极限数值，即饱和吸附浓度。

开采煤层气的过程，实际上就是降低甲烷吸附浓度的过程。由式（1）可以看出，降低甲烷的溶解浓度，可降低甲烷的吸附浓度。若地层水饱和了甲烷，则甲烷的浓度为甲烷在水中的溶解度。甲烷的溶解度与压力之间近似为线性关系（图4）[3]，即

$$c_{ms} = \alpha p \tag{2}$$

式中 c_{ms}——甲烷的溶解度，m^3/m^3；

     α——甲烷的溶解系数，$m^3/(m^3 \cdot MPa)$；

     p——水的压力，MPa。

若原始地层压力 p_i 下的地层水饱和了甲烷，即甲烷的浓度位于 A 点（图4），只要降低地层压力，地层水就会立即脱气，地层水的甲烷浓度就会降低，根据式（1），吸附甲烷就会解吸。若原始地层压力 p_i 下的地层水没有饱和甲烷，而是溶解了少量甲烷，即甲烷的浓度低于甲烷的溶解度（图4中的 B 点），此时即使降低地层压力，地层水也不会立即脱气，地层水的甲烷浓度也不会降低，根据式（1），吸附甲烷也不会解吸。若地层压力降低的幅度较大，从 B 点降到 C 点，此时甲烷的浓度与甲烷的溶解度相等，地层水便开始脱气，吸附的甲烷也开始解吸。C 点的地层压力，即为煤层气的临界解吸压力 p_b，也是地层水的泡点压力或脱气压力。

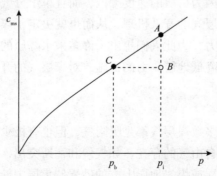

图4　煤层气在水中的浓度曲线

地层水中甲烷的饱和程度反映了煤层气的吸附程度，甲烷饱和程度的越低，煤岩的吸附气量就越少。因此，可以用地层水中甲烷的饱和程度来评价煤岩的吸附程度，定义煤岩的吸附指数为

$$I_{ad} = \frac{c_m}{c_{ms}}$$ (3)

式中 I_{ad}——煤岩的吸附指数，f。

若 $I_{ad}=1$，说明煤岩的生烃能力充沛，煤岩吸附完全；若 $I_{ad}<1$，说明煤岩的生烃能力不足或甲烷散失严重，煤岩吸附不完全。I_{ad} 的数值越低，吸附就越不完全，当 $I_{ad}=0$ 时，煤岩则没有吸附气了。

由于甲烷容易散失，煤岩的含气量测定十分困难，导致无法准确测量，但是测量地层水中的甲烷浓度却十分容易。

4.2 临界产气压力

当地层压力降低时，甲烷在水中的溶解度也随之降低，致使甲烷脱溶及地层水脱气。地层水中的甲烷浓度降低，可使部分吸附的甲烷解吸出来，转而溶解到水中。两个效果的叠加，导致自由气(气泡)的形成。自由气在浮力的作用下运移到裂缝中，并在裂缝的顶端聚集起来(图5)。降压幅度较小时，裂缝中的自由气饱和度较低，气相的连续性较差，不具有流动能力；降压幅度较大时，自由气的饱和度升高，气相的连续性增强，具有了流动能力。自由气开始流动的地层压力，即为煤岩地层的临界产气压力。由于煤岩地层的裂缝结构不同，吸附能力不同，因此临界产气压力也不相同。临界产气压力并不是临界解吸压力。由于煤层气先解吸后流动，所以临界产气压力低于临界解吸压力。

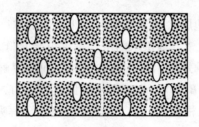

图5 煤层气脱气运移聚集图

综上所述，煤层气的开采机理可以概括为：采水降压、脱气解吸、聚集流动[9]。扩散并不是煤层气的开采机理，因为扩散的速度太低，而且单组分气体也不存在扩散的概念。煤层气的赋存方式，决定了煤层气的开采机理，从而也就决定了煤层气的开采方式。开采煤层气的关键是有效降低地层压力，为此人们想出了许多采水降压的办法，如水力压裂、水平井及洞穴完井等。凡是能有效降低地层压力的措施，对煤层气的开采都是十分有利的。

5 自由气

虽然原始条件下的绝大多数煤层气都是吸附气，但也有极少数区块或层段存在少量的自由气。有些现象已经表明了自由气的存在，如气侵和瓦斯突出，投产即产气，并且产气量较高等。在煤岩地层的砂岩夹层或煤岩地层上方的砂岩储集层中储存的自由气为煤成气，不属于煤层气的范畴。在顶板密封性能较好的朝天缝中也可能存在一定的自由气，但在基质孔隙

中，由于基质的毛管压力高于裂缝，所以不存在自由气。因此，自由气的存在不是普遍现象，也不是煤层气的主体。

6 结论

(1)煤岩由裂缝和基质岩块组成，是裂缝性泥岩，煤基质孔隙和裂缝中饱和了地层水，原始状态下没有自由气。

(2)煤岩的有机质含量很高，甲烷的吸附量也很高，吸附态是煤层气的赋存方式。

(3)煤岩的含气程度可用煤岩的吸附指数来衡量。

(4)采水降压使地层水脱气，使吸附气解吸，形成自由气后运移至裂缝，并在裂缝中聚集。

(5)采水降压是煤层气的主要开采方式。

(6)自由气的流动需要一定的饱和度，煤层气开采存在一个临界产气压力。

(7)煤层气开采不存在扩散现象，主要以渗流为主。

参 考 文 献

[1]李传亮，朱苏阳. 页岩气其实是自由气[J]. 岩性油气藏，2013，25(1)：1-3.

[2]傅雪海，秦勇，韦重韬. 煤层气地质学[M]. 徐州：中国矿业大学出版社，2003：1-8，73-95.

[3]苏现波，林晓英. 煤层气地质学[M]. 北京：煤炭工业出版社，2007：i-iv，16-37.

[4]李增学，魏久传，刘莹. 煤地质学[M]. 北京：地质出版社，2007：i-iv，1-15.

[5]赵澄林，朱筱敏. 沉积岩石学[M]. 第3版. 北京：石油工业出版社，2001：117-124，222-227.

[6]张厚福，方朝亮，高先志，等. 石油地质学[M]. 北京：石油工业出版社，1999：83-87.

[7]李传亮. 地下没有亲油的岩石[J]. 新疆石油地质，2011，32(2)：197-198.

[8]天津大学物理化学教研室. 物理化学[M]. 第2版. 北京：高等教育出版社，1983：173-179.

[9]李传亮，彭朝阳. 煤层气的开采机理研究[J]. 岩性油气藏，2011，23(4)：9-11.

第三部分
岩石力学

多孔介质的双重有效应力[*]

摘　要：*多孔介质存在两种变形机制：本体变形和结构变形；与此相对应，多孔介质具有两个有效应力：本体有效应力和结构有效应力。本体有效应力决定多孔介质的本体变形，结构有效应力决定多孔介质的结构变形。多孔介质具有双重有效应力，这是由介质独特的物质结构所决定的固有特性。*

关键词：Terzaghi 方程；多孔介质；土壤；岩石；有效应力；双重有效应力

0　引言

带有孔隙的固体物质，被称作多孔介质。多孔介质是由相互连接在一起的固体颗粒（骨架）所构成的，而在颗粒之间是形状极其复杂的孔隙空间。孔隙中一般被一种或几种流体（如空气、水等）所饱和。流体可以在孔隙中流动（渗流）。

多孔介质是生产实践和科学研究中十分常见的物质种类。土壤、岩石、动植物肌体等都是典型的多孔介质。通常情况下，多孔介质同时受到外部应力和内部应力（孔隙压力）的共同作用。研究多孔介质的力学行为必须采用有效应力。

所谓有效应力，就是一种等效应力。它作用于多孔介质与内、外应力同时作用于多孔介质所产生的力学行为是完全相同的。Karl Terzaghi 是第一个提出有效应力概念的人，他于 1923 年提出的有效应力计算公式[1]为

$$\sigma_{\text{eff}}^{\text{T}} = \sigma - p \tag{1}$$

式中　$\sigma_{\text{eff}}^{\text{T}}$——Terzaghi 有效应力，MPa；

　　　σ——多孔介质外（总）应力，MPa；

　　　p——孔隙压力，MPa。

式（1）把外应力与内应力的差值定义为有效应力，该式就是著名的 Terzaghi 方程，它对于土介质具有足够的精度，并曾在土木工程实践中发挥过很好的作用。本文把式（1）定义的有效应力称作 Terzaghi 有效应力。

由于多孔介质物质结构的复杂性，多孔介质有效应力概念从定义到应用一直都存有争议[1,2]。由于 Terzaghi 方程只是一个近似方程，并且只能用于介质结构应变行为的研究，因此它在许多情况下都会产生一定的偏差。不少学者都曾致力于改进有效应力的计算公式，但都没有被普遍接受。由于 Terzaghi 方程形式简单、便于应用等优点，目前仍广泛应用于多孔介质的许多研究领域。有效应力是研究多孔介质力学性质的一个基础概念，它在工程地质、岩土力学、石油科学等许多领域都有着广泛的应用[1~14]。为了正确使用这一概念，并使其

＊该论文的合作者：孔祥言，徐献芝，李培超

在科学研究中发挥更好的作用，本文对其进行了研究，提出了多孔介质的本体有效应力和结构有效应力的概念，并提出多孔介质具有双重有效应力的观点，这对今后多孔介质的力学研究是很有意义的。

1 多孔介质的变形机制

多孔介质存在两种变形机制：第一，因骨架颗粒的变形而导致的介质整体变形，笔者称之为本体变形（图1）；第二，因骨架颗粒空间结构上的变化即骨架颗粒之间的相对位移而导致的介质整体变形，笔者称之为结构变形（图2）。多孔介质总的变形是这两种变形的叠加。例如，疏松的土介质在压实过程中既存在因土颗粒自身受压而导致的介质本体变形，也存在因颗粒的紧凑排列（颗粒的相对位移）所导致的介质结构变形。

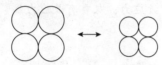
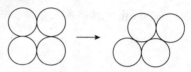

图1　多孔介质本体变形示意　　　　　　图2　多孔介质结构变形示意

结构变形通常是不可恢复的，是多孔介质的永久性变形或塑性变形，因而结构变形过程是不可逆的。介质的断裂、蠕变及黏性流动等都是结构变形的具体表现形式。根据应力状态的不同，结构变形有时候表现为介质的微观破坏，如蠕变和黏性流动等；有时候又表现为介质的宏观破坏，如介质的断裂等。通常情况下，介质的本体变形是可以恢复的，本体变形过程是一个可逆的弹性过程。例如，地表沉降过程中既有本体变形，也有结构变形。回注地下水只能恢复地表的本体变形部分，而结构变形部分将是不可恢复的。

2 本体有效应力

多孔介质的本体变形是由固体骨架的性质决定的，它的大小取决于骨架平均应力（σ_s）的数值变化，而与总应力（外应力 σ）和孔隙压力（内应力 p）的数值并无直接关系。因此，如何通过 σ 和 p 确定出 σ_s，或者 σ、σ_s 和 p 之间存在什么样的关系，是研究多孔介质本体应变行为的关键所在。

本体有效应力（σ_{eff}^p，primary effective stress）定义为作用在整个多孔介质上，并能使多孔介质产生本体变形的应力。介质的本体变形是由 σ_{eff}^p 产生的，σ 和 p 都不能直接使多孔介质产生本体变形，它们是通过 σ_{eff}^p 使固体骨架产生变形，进而导致整个介质产生本体变形的。σ_{eff}^p 使多孔介质产生的本体变形量与 σ 和 p 共同作用（通过 σ_s）使多孔介质产生的本体变形量完全相等，因此，σ_{eff}^p 与 σ_s 之间有着某种对应关系。

在多孔介质中任取一截面 OO'（图3），其截面积为 A（包括孔隙和颗粒），在该截面上对整个介质施加一总应力 σ，则根据静力平衡原理，下式成立

$$\sigma A = p\phi A + \sigma_s(1 - \phi)A \tag{2}$$

式中　A——多孔介质横截面积，m^2；

　　　ϕ——孔隙度，f；

　　　σ_s——骨架应力，MPa；

　　　p——孔隙压力，MPa。

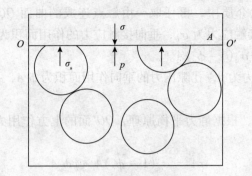

图3 多孔介质应力关系分析图(I)

由式(2)不难导出多孔介质的应力关系方程

$$\sigma = \phi p + (1 - \phi)\sigma_s \tag{3}$$

把 σ_s 折算到整个介质横截面积之上，得多孔介质的本体有效应力

$$\sigma_{eff}^p = \frac{\sigma_s(1 - \phi)A}{A} = \sigma_s(1 - \phi) \tag{4}$$

式中　σ_{eff}^p——本体有效应力，MPa。

把式(4)代入式(3)，得本体有效应力计算公式

$$\sigma_{eff}^p = \sigma - \phi p \tag{5}$$

式(5)可以用来确定多孔介质的本体有效应力，进而用来确定多孔介质的本体应变

$$\varepsilon_p = f(\sigma_{eff}^p) \tag{6}$$

式中　ε_p——本体应变，dless。

3　结构有效应力

结构变形实际上是介质的宏观或微观破坏。任何物体的破坏都发生在应力强度最弱处，多孔介质也不例外。对于多孔介质来说，最容易发生破坏的地方不是骨架颗粒的内部，而是骨架颗粒的接触处，因为此处的应力强度最弱，也是应力最为集中的地方。因此，多孔介质结构变形的产生取决于颗粒之间的触点应力，而与颗粒内部的应力状态无关。

在如图4所示的多孔介质中任取一截面 OO'，截面上方的外应力为 σ，外应力的作用面积为 A，因此，岩石受到的总外力为 σA。

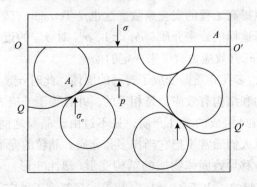

图4 多孔介质应力关系图(II)

在如图 4 所示的多孔介质中，再任取一由触点连成的曲面 QQ'（该曲面不穿过颗粒内部）。QQ' 面下方的垂向接触应力为 σ_c，垂向接触应力的作用面积为 $(1-\phi_c)A$，垂向接触应力对 QQ' 面的总作用力为 $\sigma_c(1-\phi_c)A$。

QQ' 面下方的孔隙压力为 p，孔隙压力的垂向作用面积为 $\phi_c A$，孔隙中流体对 QQ' 面的总作用力为 $p\phi_c A$。

令 QQ' 面趋于 OO' 面，根据静力平衡原理，OO' 面的上方作用力与 QQ' 面的下方作用力应相等，即

$$\sigma A = \sigma_c(1-\phi_c)A + p\phi_c A \tag{7}$$

式中　σ_c——多孔介质的触点应力，MPa；

　　　ϕ_c——多孔介质的触点孔隙度，f。

触点孔隙度为触点处的孔隙面积占整个介质横截面积的百分数，即 $\phi_c = 1 - A_c/A$。

把式（7）整理后，得

$$\sigma = (1-\phi_c)\sigma_c + \phi_c p \tag{8}$$

由式（8）可以求出接触应力的数值，再把接触应力折算到整个岩石横截面积之上，得结构有效应力的计算公式

$$\sigma_{\text{eff}}^s = \sigma - \phi_c p \tag{9}$$

式中　σ_{eff}^s——结构有效应力，MPa。

有了结构有效应力，多孔介质的结构应变可由下式计算

$$\varepsilon_s = f(\sigma_{\text{eff}}^s) \tag{10}$$

式中　ε_s——结构应变，dless。

多孔介质的总应变为本体应变和结构应变的代数和。

4　公式分析

式（9）中的触点孔隙度 ϕ_c 视多孔介质的胶结状况而定，它的值介于 ϕ 和 1 之间，即 $\phi < \phi_c < 1$。对于胶结程度较低的疏松点接触多孔介质，$\phi_c \to 1$；而对于胶结程度较高的致密多孔介质，$\phi_c \to \phi$。当 $\phi_c \to 1$ 时，式（9）即变成了 Terzaghi 方程，此时 σ_{eff}^T 与 σ_{eff}^s 完全相等。当 $\phi_c < 1$ 时，$\sigma_{\text{eff}}^T < \sigma_{\text{eff}}^s$。由此可见，式（1）是式（9）的特例，$\sigma_{\text{eff}}^T$ 是 σ_{eff}^s 的近似值，它只能用来研究多孔介质的结构应变行为。对于像土壤这样的疏松介质，把 ϕ_c 取作 1，不仅可以简化工程计算，而且还可以提高工程的安全系数。这也是 Terzaghi 有效应力为何被广泛应用的原因之一。但对于像岩石这样的致密介质，$\phi_c \ll 1$，σ_{eff}^T 对 σ_{eff}^s 的近似程度十分有限，因此，在这种情况下使用 Terzaghi 有效应力会带来一定的偏差。

当 $\phi_c \to 0$ 或 $p \to 0$ 时，多孔介质即变成了普通的固体，此时 $\sigma_{\text{eff}}^p = \sigma_{\text{eff}}^s = \sigma$（图5）。因此，固体物质的本体有效应力和结构有效应力是相等的，并且等于外应力。实际上，固体物质也可以看作由结晶单元（晶粒）组成的多孔介质，只不过由于晶粒之间的孔隙比较小，无法饱和其他的流体物质，所以人们通常不把它当作多孔介质。晶粒的变形导致固体物质的本体变形，而晶粒之间的相对位移导致固体物质的结构变形（塑性变形）。本体变形是由 σ_{eff}^p 引起的，结构变形是由 σ_{eff}^s 引起的。由于 σ_{eff}^p 和 σ_{eff}^s 相等，且都等于外应力 σ，因此，固体力学没必要采用有效应力的概念了，直接采用外应力即可。

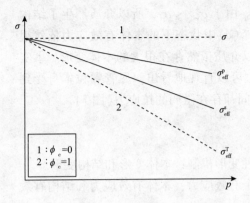

图5 应力及有效应力关系图

孔隙度是多孔介质的特性参数之一，没有孔隙度的参与，有效应力计算公式无法反映多孔介质的特性，因而是不完整也是不妥当的。孔隙度是区分和联系固体物质与多孔介质的桥梁和重要指标，有了孔隙度的参与，有效应力计算公式就把固体物质和多孔介质统一起来了。

5 举例分析

图6(a)为高压容器中的一块点接触多孔介质，介质的 $\phi_c \approx 1$，$\phi = 0.476$，当 $\sigma = p = 1\text{MPa}$ 时，介质体积很大。然后逐渐增大容器压力至 100MPa，骨架颗粒被压缩[图6(b)]，介质体积变小，此时 $\sigma = p = 100\text{MPa}$。在该过程中，多孔介质明显产生了本体变形，但却没有产生结构变形。介质产生本体变形是本体有效应力增大所致，图6(a)的 $\sigma_{\text{eff}}^{\text{p}} = 0.524\text{MPa}$，图6(b)的 $\sigma_{\text{eff}}^{\text{p}} = 52.4\text{MPa}$，增大了100倍。介质没有产生结构变形是结构有效应力没有变化所致，图6(a)与图6(b)的 $\sigma_{\text{eff}}^{\text{s}}$ 相等，且皆近似等于0。

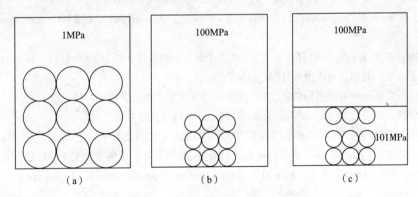

图6 多孔介质压缩和破裂示意图

若按传统做法，只用 Terzaghi 有效应力进行分析，则图6(a)与图6(b)的 $\sigma_{\text{eff}}^{\text{T}}$ 皆等于0，即介质不会产生变形。实际上，介质产生了明显的本体变形，这说明 Terzaghi 有效应力失去效果。

在被压缩介质[图6(b)]上面胶结一块隔板，隔板上面压力保持 100MPa 不变，把孔隙压力增大至 101MPa，如果介质的抗拉强度 $\sigma_t = 0$，则介质会立即破裂[图6(c)]。在图6(c)

的状态下，$\sigma_{\text{eff}}^{\text{s}} = -1\text{MPa}$。由于 $\sigma_{\text{eff}}^{\text{s}} < \sigma_{\text{t}}$，所以介质产生了结构变形，即破裂。但是，图6(c)中状态下的本体有效应力依然很高，$\sigma_{\text{eff}}^{\text{T}} = 51.92\text{MPa}$，所以介质依然存在很大的本体变形。事实也是如此，从图6(c)中也可以直观地看出，尽管颗粒本身受到较大的压应力，但颗粒之间却存在微弱的拉应力(图7)。

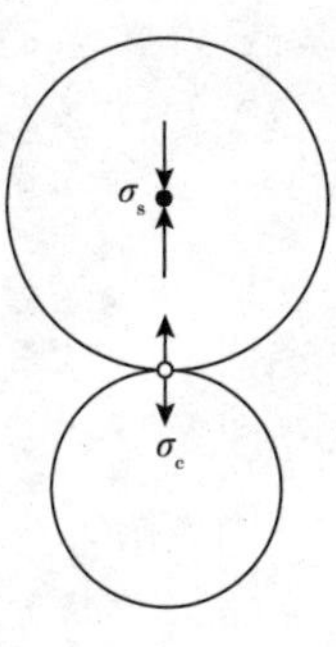

图7　骨架颗粒受力示意图

6　结论

(1)多孔介质存在两种变形机制：本体变形和结构变形。

(2)多孔介质具有两个有效应力：本体有效应力和结构有效应力。

(3)本体有效应力决定介质的本体变形，结构有效应力决定介质的结构变形。

多孔介质具有两种变形机制和两个有效应力，这是多孔介质不同于普通固体物质的地方。独特的物质结构决定了它在许多方面具有双重性质。双重有效应力是多孔介质特有的力学性质。

笔者用两个有效应力分别研究介质的两种应变行为，进而达到研究介质总的应变行为的目的，而前人却只用一个有效应力研究介质总的应变行为。虽然前人都在特定的条件下获得了成功，但都具有一定的局限性，如被广泛应用的 Terzaghi 有效应力就不能研究如图6所示的应变行为，也不能解释海底沉积物比地面疏散土壤更加致密的自然现象。由于多孔介质存在两种变形机制，用一个有效应力显然不能完全描述介质的应力状态，联合使用双重有效应力应是必然的科学选择。

参 考 文 献

[1]耶格 J C，库克 N G W. 岩石力学基础[M]. 北京：科学出版社，1981：268 – 272.

[2]Lade P V, de Boer R. The concept of effective stress for soil, concrete and rock[J]. Geotechnique, 1997, 47 (1): 61 – 78.

[3]盖尔德·古德胡斯 著，朱百里 译. 土力学[M]. 上海：同济大学出版社，1986.11：78 – 80.

[4]杨英华. 土力学. 北京：地质出版社[M].1987：7 – 8.

[5]刘听成. 岩石力学——有关名词解释[M]. 北京：煤炭工业出版社，1982：12，32.

[6]华东水利学院. 岩石力学[M]. 北京：水利出版社，1981：1，85 – 88.

[7]斯塔格 K G，普基维茨 O G. 工程实用岩石力学[M]. 北京：地质出版社，1978：2，73 – 81.

[8]Bear J 著，李竞生，陈崇希 译. 多孔介质流体动力学[M]. 北京：中国建筑工业出版社1983：37 – 41.

[9]Zimmerman R W, Somerton W H, King M S. Compressibility of porous rocks[J]. J. Geophys. Res., 1986, 91 (B12): 765 – 777.

[10]Fatt I. Pore volume compressibilities of sandstone reservoir rocks[J]. Trans. AIME, 1958, 213: 362.

[11]Dake L P. Fundamentals of reservoir engineering[M]. Elsevier Scientific Publishing Company, Amsterdam, 1978: 3 – 10.

[12]杨通佑，范尚炯，陈元千，等. 石油及天然气储量计算方法[M]. 北京：石油工业出版社，1991：49 – 62.

[13]孙良田. 油层物理实验[M]. 北京：石油工业出版社，1992：79 – 88.

[14]王鸿勋，张琪. 采油工艺原理(修订本)[M]. 北京：石油工业出版社，1993：205 – 215.

岩石强度条件分析的理论研究*

摘　要：在岩石强度条件分析中，必须使用有效应力。目前广泛应用的 Terzaghi 有效应力只适用于胶结程度较低的疏松点接触多孔介质，而对于胶结程度较高的致密岩石，应使用结构有效应力。直接用总应力进行岩石强度条件分析，结论过于安全；用 Terzaghi 有效应力进行分析，结论偏于破坏；用结构有效应力进行分析，结论正确而适中。

关键词：莫尔强度理论；岩石；多孔介质；有效应力；双重有效应力

0　引言

在进行电站、水库、路基等工程设计时，首先必须考虑工程的安全性，即对工程基础（岩石）的强度条件进行分析。对于像岩石这种抗压和抗拉强度不相同的物质，莫尔库仑准则是普遍使用的剪切破坏理论[1~6]。

岩石的破坏与许多因素有关，破裂面上的正应力便是导致破坏的因素之一。由于岩石是多孔介质，独特的物质结构使岩石同时受外应力 σ（正应力，总应力）和内应力 p（孔隙压力）两个应力的作用。因此，在进行岩石强度分析时，就不能单独使用这些应力，而应采用有效应力（沿袭岩石力学习惯，压应力为正，拉应力为负）。

Terzaghi 在 1923 年提出了有效应力的概念[1,5,7]，并广泛应用于岩石的强度或破坏条件分析中。然而，Terzaghi 有效应力只适用于胶结程度较低的点接触疏松多孔介质，对于像土壤这样的疏松介质，Terzaghi 有效应力具有足够的工程精度；而对于像岩石这样的致密介质，使用 Terzaghi 有效应力将产生一定的偏差[1,8~10]。也有人提出其他形式的有效应力，但这些有效应力大都用于岩石的应变研究，很少用于岩石的强度分析[10]。笔者经过分析认为，在对岩石进行强度条件分析时，应采用岩石的结构有效应力，只有这样才能既保证工程的安全，又保证工程的精度。

1　莫尔‐库伦强度理论

如果把材料破坏时的应力状态绘制到 $\tau-\sigma$ 平面上，将得到如图 1 所示的莫尔应力圆，这种应力圆被称作极限应力圆。一系列极限应力圆的包络线，即莫尔包络线，代表了材料的破坏条件或强度条件。在包络线上所有各点都反映了材料破坏时的剪应力 τ_f 与正应力 σ 之间的关系，即

$$\tau_f = f(\sigma) \tag{1}$$

式中　τ_f——材料的抗剪强度，MPa；

　　　σ——正应力，MPa。

　＊　该论文的合作者：孔祥言

式(1)就是莫尔强度条件的一般表达式，τ_f也就是材料的抗剪强度。从式(1)可以看出，材料的破坏与否，不但与材料的剪应力有关，同时还与材料的正应力有很大关系。

根据莫尔理论，在复杂应力状态下判断材料内某一点是否破坏时，只需在$\tau - \sigma$平面图上作出该点的莫尔应力圆，然后根据应力圆与包络线的相对位置即可作出判断(图2)。如果所作应力圆在莫尔包络线以内，则通过该点任何面上的剪应力都小于相应面上的抗剪强度τ_f，说明该点不会破坏(图2实线小圆)。如果所作应力圆与莫尔包络线相切，则通过该点有一对平面上的剪应力刚好达到相应面上的抗剪强度τ_f，说明该点开始破坏，或该点处于极限平衡状态(图2实线大圆)。当然，超出莫尔包络线的应力圆或应力状态是不存在的，因为在达到这样的应力状态之前，材料早已经破裂(图2虚线圆)。

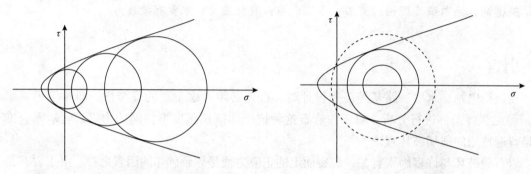

图1　莫尔应力圆及莫尔强度曲线示意图　　图2　莫尔破坏准则示意图

关于岩石的莫尔包络线的形状，目前存在许多意见，有人认为是抛物线，也有人认为是双曲线或摆线。为了简化计算，实际工作中多采用直线形式的包络线，也就是说，岩石的强度条件可用莫尔－库仑方程(莫尔－库仑条件)来表示，即

$$\tau_f = \tau_o + \eta\sigma \tag{2}$$

式中　τ_o——岩石的内(凝)聚力或固有抗剪强度，MPa；

　　　η——岩石的内摩擦系数，$\eta = \text{tg}\theta$，dless；

　　　θ——岩石的内摩擦角，(°)。

图3为莫尔－库仑破坏准则示意图。两条直线为莫尔－库仑强度曲线，直线内侧区域为安全区，直线外侧区域为破坏区。当岩石的应力圆与直线相切时，岩石将发生剪切破坏，破裂面与最大主应力所在平面的夹角为$\alpha = 45° + \theta/2$。

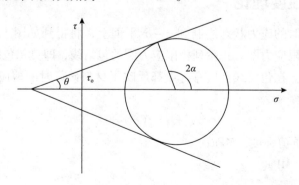

图3　莫尔－库仑准则示意图

如果岩石某一点的主应力为 σ_1、σ_2 和 σ_3，其中 σ_1 为最大主应力，σ_3 为最小主应力，则应力圆的圆心在 $\tau-\sigma$ 平面上的位置为

$$\sigma_{\mathrm{m}} = \frac{1}{2}(\sigma_1 + \sigma_3) \tag{3}$$

应力圆的半径为

$$\tau_{\mathrm{m}} = \frac{1}{2}(\sigma_1 - \sigma_3) \tag{4}$$

按照上述数据在 $\tau-\sigma$ 平面上绘制出岩石的应力圆，根据应力圆与莫尔－库仑强度曲线的相对位置，即可判断出岩石破坏与否。

2 岩石有效应力

多孔介质岩石有两个有效应力：本体有效应力和和结构有效应力[11]。

2.1 本体有效应力

本体有效应力的计算公式为

$$\sigma_{\mathrm{eff}}^{\mathrm{p}} = \sigma - \phi p \tag{5}$$

式中 $\sigma_{\mathrm{eff}}^{\mathrm{p}}$——本体有效应力，MPa；

σ——岩石外应力，MPa；

p——岩石孔隙压力，MPa；

ϕ——岩石孔隙度，f。

本体有效应力决定岩石的本体变形量，本体变形为由岩石骨架颗粒自身的变形导致的岩石整体变形。

2.2 结构有效应力

结构有效应力的计算公式为

$$\sigma_{\mathrm{eff}}^{\mathrm{s}} = \sigma - \phi_{\mathrm{c}} p \tag{6}$$

式中 $\sigma_{\mathrm{eff}}^{\mathrm{s}}$——结构有效应力，MPa；

ϕ_{c}——岩石触点孔隙度，f。

结构有效应力决定岩石的结构变形量，结构变形为由岩石骨架颗粒之间的相对位移导致的岩石整体变形。结构变形实际上就是岩石的破坏。因此，岩石是否破坏，取决于结构有效应力的数值大小。

式(6)中的 ϕ_{c} 视岩石的胶结状况而定，它的数值介于 ϕ 和 1 之间。对于像土壤这种胶结程度较低的疏松点接触介质，$\phi_{\mathrm{c}} \to 1$；而对于胶结程度较高的致密岩石，$\phi_{\mathrm{c}} \to \phi$。当 $\phi_{\mathrm{c}} = 1$ 时，式(6)即变成

$$\sigma_{\mathrm{eff}}^{\mathrm{T}} = \sigma - p \tag{7}$$

式中 $\sigma_{\mathrm{eff}}^{\mathrm{T}}$——Terzaghi 有效应力，MPa。

式(7)就是著名的 Terzaghi 方程，由该式定义的有效应力为岩石外应力与孔隙压力的差值，被称作 Terzaghi 有效应力。

当 $\phi_{\mathrm{c}} = 1$ 时，式(6)变成了式(7)，此时 $\sigma_{\mathrm{eff}}^{\mathrm{T}}$ 与 $\sigma_{\mathrm{eff}}^{\mathrm{s}}$ 完全相等。由此可见，式(7)是式(6)

的特例，$\sigma_{\text{eff}}^{\text{T}}$ 是 $\sigma_{\text{eff}}^{\text{s}}$ 的近似值。对于像土壤这样的疏松介质，把 ϕ_c 取作 1，不仅可以简化工程计算，还可以提高工程的安全系数，这也是为什么 Terzaghi 有效应力被广泛应用的主要原因之一。但对于胶结程度较高的致密岩石，$\sigma_{\text{eff}}^{\text{T}}$ 对 $\sigma_{\text{eff}}^{\text{s}}$ 的近似程度十分有限，直接应用 $\sigma_{\text{eff}}^{\text{T}}$ 将产生一定的偏差[1,6~9]。当 $\phi_c \to 0$，或当岩石不饱和流体即 $p \to 0$ 时，$\sigma_{\text{eff}}^{\text{s}} \to \sigma$，$\sigma_{\text{eff}}^{\text{p}} \to \sigma$，岩石趋向于普通固体。孔隙度是多孔介质最重要的特性参数之一，由于孔隙度的引入，本体有效应力和结构有效应力把多孔介质与普通固体统一了起来。Terzaghi 有效应力忽视介质的物理条件，不管介质的内部结构如何，它一律同等对待，缺少理论上的合理性，显然是不科学的。

式(7)和式(6)的差别是明显的，例如对于 $\phi_c = 0.5$ 的岩石，当 $\sigma = p = 50\text{MPa}$ 时，由式(7)计算得 $\sigma_{\text{eff}}^{\text{T}} = 0$，而由式(6)计算得 $\sigma_{\text{eff}}^{\text{s}} = 25\text{MPa}$。

岩石在骨架颗粒触点处的应力集中系数为

$$\beta = \frac{1}{1 - \phi_c} \tag{8}$$

式中　β——应力集中系数，dless。

当 $\phi_c \to 1$ 时，$\beta \to \infty$，在这样的应力集中条件下，任何岩石都将被破坏。因此，$\phi_c = 1$ 的点接触岩石实际上是不存在的，即使存在点接触的情形，在强大的应力作用下，点接触面也会很快被钝化；事实上，岩石颗粒的表面是很不光滑也很不规则的，颗粒之间的接触都存在一定的接触面积。这也表明式(6)是一个正确的公式，而 Terzaghi 有效应力只适用于 $\phi_c \approx 1$ 的点接触疏松介质，而结构有效应力则适用于所有的介质类似。

3　岩石强度条件分析

在进行岩石强度条件分析时，传统的岩石强度条件分析普遍采用 Terzaghi 有效应力[10]。实际上，结构有效应力才是严格的岩石破坏应力。

3.1　Terzaghi 有效应力分析

采用 Terzaghi 有效应力之后，莫尔－库伦方程则表示为

$$\tau_f = \tau_o + \eta \sigma_{\text{eff}}^{\text{T}} \tag{9}$$

此时莫尔应力圆的圆心位置位于

$$\sigma_m^{\text{T}} = \frac{1}{2}(\sigma_{\text{eff1}}^{\text{T}} + \sigma_{\text{eff3}}^{\text{T}}) = \frac{1}{2}(\sigma_1 + \sigma_3) - p = \sigma_m - p \tag{10}$$

应力圆的半径为

$$\tau_m^{\text{T}} = \frac{1}{2}(\sigma_{\text{eff1}}^{\text{T}} - \sigma_{\text{eff3}}^{\text{T}}) = \frac{1}{2}(\sigma_1 - \sigma_3) = \tau_m \tag{11}$$

由式(9)和式(10)可以看出，使用 Terzaghi 有效应力之后，应力圆的大小没有变化，应力圆的位置向左移动，移动的距离为 p(图4)。直接用总应力 σ 进行分析时位于安全区的岩石，若采用 Terzaghi 有效应力进行分析，则可能位于破坏区。因此，用 Terzaghi 有效应力分析岩石的强度，使土木工程的安全系数大大提高。用总应力分析认为可以进行工程建设的地方，用 Terzaghi 有效应力进行分析则不能建设。在 Terzaghi 有效应力提出之后，土木工程事故频出的情景大为改观。Terzaghi 本人也因此为人类作出了巨大的贡献[12]。

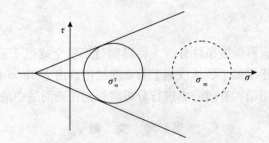

图 4　Terzaghi 有效应力岩石强度分析示意图

3.2　结构有效应力分析

由于 Terzaghi 有效应力只是结构有效应力的近似值，因此严格的岩石强度条件分析应采用结构有效应力。采用结构效应力之后，莫尔－库仑方程则变为

$$\tau_f = \tau_o + \eta\sigma_{eff}^s \tag{12}$$

此时莫尔应力圆的圆心位置位于

$$\sigma_m^s = \frac{1}{2}(\sigma_{eff1}^s + \sigma_{eff3}^s) = \frac{1}{2}(\sigma_1 + \sigma_3) - \phi_c p = \sigma_m - \phi_c p \tag{13}$$

应力圆的半径为

$$\tau_m^s = \frac{1}{2}(\sigma_{eff1}^s - \sigma_{eff3}^s) = \frac{1}{2}(\sigma_1 - \sigma_3) = \tau_m \tag{14}$$

由式(13)和式(14)可以看出：使用结构有效应力之后，应力圆的大小也没有变化，应力圆位置同样向左移动，但移动的距离只有 $\phi_c p$（图 5）。用 Terzaghi 有效应力进行分析时位于破坏区的岩石，用结构有效应力进行分析则可能位于安全区。因此，用结构有效应力分析岩石的强度，使自然资源的利用率有所提高。用 Terzaghi 有效应力分析认为不能进行工程建设的地方，用结构有效应力进行分析则可能适宜建设。许多可以建设更大规模土木工程的地方，则因为使用了 Terzaghi 有效应力，而缩小了建设规模；许多可以进行工程项目建设的地方，则因为使用了 Terzaghi 有效应力，而没有建设。因此，当人们重新审查地球上十分有限的自然资源时，在 Terzaghi 有效应力的基础上，采用结构有效应力进行分析，一定会为人类作出更多的贡献。

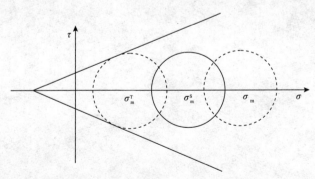

图 5　结构有效应力岩石强度分析示意图

4 结论

直接用正应力进行岩石强度条件分析，将得到过于安全或过于乐观的结论；用 Terzaghi 有效应力进行分析，将得出偏于破坏或偏于悲观的结论；由于 Terzaghi 有效应力仅是结构有效应力的近似值，因此用结构有效应力进行分析将得到正确而适中的结论。

参 考 文 献

[1]耶格 J C，库克 N G W. 岩石力学基础[M]. 北京：科学出版社，1981：268 – 277；115 – 123.

[2]李光炜. 岩块力学性质[M]. 北京：煤炭工业出版社，1983：256 – 288.

[3]谭学术，鲜学福，郑道访，等. 复合岩体力学理论及其应用[M]. 北京：煤炭工业出版社，1994：1 – 16.

[4]刘鸿文. 材料力学(第二版)[M]. 北京：高等教育出版社，1982：313 – 317.

[5]华东水利学院. 岩石力学[M]. 北京：水利出版社，1981：85 – 93.

[6]杨英华. 土力学[M]. 北京：地质出版社，1987：112 – 116.

[7]盖尔德·古德胡斯. 土力学[M]. 上海：同济大学出版社，1986：78 – 80.

[8]Zimmermon R W，Somerton W H，King M S. Compressibility of porous rocks[J]. J of Geophysical Research，1986，91(B12)：765 – 777.

[9]Fatt I. Pore volume compressibilities of sandstone reservoir rocks[J]. Trans AIME, 1958, 213：362.

[10]Lade P V，de Boer R. Concept of effective stress for soil, concrete and rock [J]. Geotechnique, 1997, 47(1)：61 – 78.

[11]李传亮，孔祥言，徐献芝，等. 多孔介质的双重有效应力[J]. 自然杂志，1999，21(5)：288 – 292.

[12]张维. 世界著名科学家传记——力学家[M]. 北京：科学出版社，1995：180 – 292.

多孔介质的流变模型研究[*]

摘　要：多孔介质在应力作用下具有弹性变形和黏性变形两种完全不同的变形机制。多孔介质的弹性变形是由介质的本体有效应力所致，而黏性变形则是由介质的结构有效应力所致。多孔介质的总变形为弹性变形和黏性变形的叠加。计算多孔介质总应变量的流变模型必须同时采用本体有效应力和结构有效应力(双重有效应力)，而传统的流变模型仅采用 Terzaghi 有效应力是不妥当的，它无法正确描述多孔介质的应变行为。采用了双重有效应力之后的流变模型，通过调节介质物性参数，可以拟合介质的实际应变行为，并且把多孔介质与普通固体联系了起来。

关键词：多孔介质；有效应力；应变；黏弹性；流变模型

0　引言

多孔介质在应力的作用下，存在两种变形机制：因骨架颗粒自身的变形而导致的介质整体变形；因介质微观结构上的变化即骨架颗粒之间的永久性相对位移而导致的介质整体变形。文献[1]把前者称作本体变形，把后者称作结构变形。多孔介质的总变形是这两种变形的叠加。

多孔介质通常同时受到外应力(总应力)和内应力(孔隙压力或流体压力)的共同作用。研究多孔介质的应变行为必须采用有效应力。有效应力是为了计算方便而虚拟的应力概念。文献[1]的研究表明，与多孔介质的两种变形机制相对应，多孔介质存在两个有效应力：本体有效应力和结构有效应力，并称之为多孔介质的双重有效应力。

多孔介质的应变行为是一个极其复杂的物理过程，在应力的作用下，它既表现出弹性，又同时表现出黏性。所选用的流变模型必须能同时描述介质的这两种应变行为。本文仅以广义 Kelvin 模型(Voigt 模型)为例，对简单情形下的流变模型进行了研究，目的是把双重有效应力概念扩展到多孔介质的流变学研究之中。

1　有效应力

多孔介质的有效应力概念最初由著名的土力学专家 K. Terzaghi 教授于 1923 年提出[2]，之后一直广泛应用于土力学、岩石力学和其它相关学科的研究之中[3~7]。但是，由于 Terzaghi 有效应力在应用中出现过一些问题，人们也一直努力不断对其进行修正。双重有效应力的提出，使多孔介质的力学研究出现了一些积极的变化，它解释了 Terzaghi 有效应力无法解释的力学现象，也解决了多孔介质的许多力学问题[8~11]。

　＊ 该论文的合作者：孔祥言，杜志敏，徐献芝，李培超

1.1 本体有效应力

多孔介质的本体有效应力公式为

$$\sigma_{eff}^{P} = \sigma - \phi p \tag{1}$$

式中 σ_{eff}^{P}——本体有效应力，MPa；

σ——外应力，MPa；

ϕ——孔隙度，f；

p——内应力，MPa。

本体有效应力决定介质的弹性应变量或本体应变量，即

$$\varepsilon_{e} = f_{e}(\sigma_{eff}^{P}) \tag{2}$$

式中 ε_{e}——弹性应变，dless。

1.2 结构有效应力

多孔介质的结构有效应力公式为

$$\sigma_{eff}^{s} = \sigma - \phi_{c} p \tag{3}$$

式中 σ_{eff}^{s}——结构有效应力，MPa；

ϕ_{c}——触点孔隙度，f。

ϕ_{c} 视多孔介质的胶结状况而定。对于胶结程度较低的疏松点接触多孔介质，$\phi_{c} \rightarrow 1$；而对于胶结程度较高的致密多孔介质，$\phi_{c} \rightarrow \phi$。当 $\phi_{c} = 1$ 时，式（3）即变成著名的 Terzaghi 方程

$$\sigma_{eff}^{T} = \sigma - p \tag{4}$$

式中 σ_{eff}^{T}——Terzaghi 有效应力，MPa。

式（4）定义的有效应力被称作 Terzaghi 有效应力。由式（4）可以看出，Terzaghi 有效应力定义为外应力与孔隙压力的简单差值。很显然，它是式（3）定义的结构有效应力的近似值。

结构有效应力决定介质的黏性应变率或结构应变率

$$\dot{\varepsilon}_{v} = f_{v}(\sigma_{eff}^{s}) \tag{5}$$

式中 ε_{v}——介质的黏性应变，dless；

$\dot{\varepsilon}_{v}$——介质的黏性应变率，s^{-1}。

介质的总应变量为

$$\varepsilon = \varepsilon_{e} + \varepsilon_{v} = f_{e}(\sigma_{eff}^{P}) + \int_{0}^{t} f_{v}(\sigma_{eff}^{s}) \mathrm{d}t \tag{6}$$

式中 ε——介质的总应变，dless。

2 多孔介质变形规律

多孔介质在受到载荷的作用之后，会产生一个瞬时的弹性应变响应（本体变形），然后在相当长的时间内会产生一个持续的黏性应变响应（结构变形），直至最后稳定（图1）。弹性应变响应是可以恢复的，而黏性应变响应是不可恢复的，是多孔介质的永久性变形。多孔介质之所以产生黏性应变响应，是由介质独特的内部物质结构所决定的。多孔介质由相互连接在一起的固体骨架颗粒所组成。当对介质施加应力作用之后，骨架的空间物质结构将按照

新的应力条件进行调整，由于这种调整涉及颗粒之间的相对位移即介质的流动，因而调整是一个极其缓慢的物理过程。弹性应变响应可以认为是瞬时完成的，因为应力波的传播速度相对于施加应力的速度和介质黏性流动的速度来说都是非常大的。

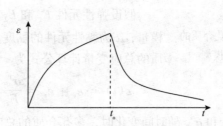

图1　多孔介质的应变响应

3　Kelvin 流变模型

Kelvin 模型由一个弹性元件和一个黏性元件并联组成（图2、图4）。图2模拟的材料通常称为滞弹体（黏弹体的一种）[7]。滞弹材料本质上仍属于弹性材料，其弹性应变响应表面上表现出时间依赖性或蠕变特征，实际上并非真正的黏性变形，而是滞缓了的弹性变形。滞弹体的应变响应在卸除应力之后，将逐渐恢复（图3）。这个过程可用如图2所示的 Kelvin 模型进行模拟，但模型中的黏性元件并非模拟材料的黏性流动，而只是用来对弹性过程起控制作用（唯象学方法）。滞弹体的应变响应可以表示为

$$\varepsilon = \begin{cases} \dfrac{\sigma}{E}(1 - e^{-\frac{t}{\mu/E}}) & t < t_o \\ \dfrac{\sigma}{E}(e^{-\frac{t-t_o}{\mu/E}} - e^{-\frac{t}{\mu/E}}) & t > t_o \end{cases} \tag{7}$$

式中　E——弹性模量，MPa；

　　　μ——黏度，mPa·s；

　　　t——时间，s；

　　　t_o——卸载时刻，s。

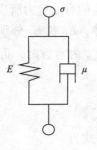

图2　Kelvin - Ⅰ 模型

图3　滞弹材料应变响应

图2所示的流变模型把弹性元件放在了左（前）边，强调了材料的弹性性质，表明模型以弹性元件为主，笔者把这种模型称作 Kelvin - Ⅰ 模型。

然而，自然界中还存在另外一种物质，加载后其黏性流动过程并不能像纯黏性物质那样能够得到充分的发展，常常由于受到物质内部结构的制约，表现为滞缓了的黏性变形，并且卸载后应变不能恢复（图5），这种物质称之为滞黏体。物体的滞黏性质，是由于物体内部质点之间产生了抵抗性质的永久性相对位移所致。滞黏体的应变行为可用如图4所示的流变模型进行模拟，只不过该模型以黏性元件为主，黏性元件放在了左边，弹性元件仅对黏性流动过程起到一定的控制作用，并非模拟材料的弹性变形，笔者把这种模型称之为 Kelvin - Ⅱ 模型。滞黏体的应变响应可以表示为

$$\varepsilon = \begin{cases} \dfrac{\sigma}{E}(1 - \mathrm{e}^{-\frac{t}{\mu/E}}) & t < t_{\mathrm{o}} \\[3mm] \dfrac{\sigma}{E}(1 - \mathrm{e}^{-\frac{t_{\mathrm{o}}}{\mu/E}}) & t > t_{\mathrm{o}} \end{cases} \tag{8}$$

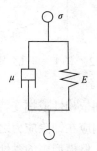

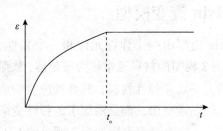

图4　Kelvin – Ⅱ模型　　　　　　　　　　　图5　滞黏材料应变响应

4　多孔介质的流变模型

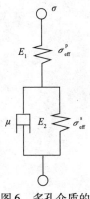

图6　多孔介质的流变模型

多孔介质不仅是滞黏材料,同时还表现出弹性,是典型的黏弹体。因此,需在Kelvin – Ⅱ模型上面串联一个弹性元件,即用广义 Kelvin 模型(Voigt 模型)模拟其应变行为(图6)。图1 所示的多孔介质应变行为可用如图6 所示的流变模型进行模拟。该模型由一个弹性元件和一个Kelvin – Ⅱ模型串联而成。弹性元件模拟介质的弹性变形,而 Kelvin – Ⅱ模型模拟介质的滞黏变形。

多孔介质的流变模型由两部分串联而成,其总应变为两部分的应变之和,而每一部分的应变量由其相对应的有效应力所决定。

假设弹性元件 E_1 和 E_2 皆为线弹性体, E_1 和 E_2 分别为它们的弹性模量, μ 为黏性元件的黏度。当 $\sigma_{\mathrm{eff}}^{\mathrm{p}}$ 和 $\sigma_{\mathrm{eff}}^{\mathrm{s}}$ 为常数时,可以导出多孔介质的总应变量计算公式为

$$\varepsilon(t) = \varepsilon_{\mathrm{e}} + \varepsilon_{\mathrm{v}} = \frac{\sigma_{\mathrm{eff}}^{\mathrm{p}}}{E_1} + \frac{\sigma_{\mathrm{eff}}^{\mathrm{s}}}{E_2}(1 - \mathrm{e}^{-\frac{t}{\mu/E_2}}) \tag{9}$$

当 $\sigma_{\mathrm{eff}}^{\mathrm{p}}$ 和 $\sigma_{\mathrm{eff}}^{\mathrm{s}}$ 随时间变化时,多孔介质的总应变量计算公式为

$$\varepsilon(t) = \frac{\sigma_{\mathrm{eff}}^{\mathrm{p}}(t)}{E_1} + \int_0^t \frac{\sigma_{\mathrm{eff}}^{\mathrm{s}}(\tau)}{\mu} \mathrm{e}^{-\frac{t-\tau}{\mu/E_2}} \mathrm{d}\tau \tag{10}$$

传统的多孔介质应变量计算只采用 Terzaghi 有效应力,此时式(9)变为

$$\varepsilon(t) = \frac{\sigma_{\mathrm{eff}}^{\mathrm{T}}}{E_1} + \frac{\sigma_{\mathrm{eff}}^{\mathrm{T}}}{E_2}(1 - \mathrm{e}^{-\frac{t}{\mu/E_2}}) \tag{11}$$

如果仅采用总应力 σ 进行应变量计算,式(9)则变为

$$\varepsilon(t) = \frac{\sigma}{E_1} + \frac{\sigma}{E_2}(1 - \mathrm{e}^{-\frac{t}{\mu/E_2}}) \tag{12}$$

5　流变模型分析

对于 $\phi_c = 0$ 的普通固体材料，$\sigma_{\text{eff}}^{\text{p}} = \sigma_{\text{eff}}^{\text{s}} = \sigma$。对于像纤维材料做成的多孔介质（如海绵体），$\phi_c \to 1$，$\phi \to 1$，$\sigma_{\text{eff}}^{\text{p}} \to \sigma_{\text{eff}}^{\text{T}}$，$\sigma_{\text{eff}}^{\text{s}} \to \sigma_{\text{eff}}^{\text{T}}$。对于一般的多孔介质，由于 $\phi_c \neq \phi$，$\sigma_{\text{eff}}^{\text{p}}$ 和 $\sigma_{\text{eff}}^{\text{s}}$ 两个有效应力之间存在一定的数值差异。σ 和 $\sigma_{\text{eff}}^{\text{T}}$ 分别是多孔介质有效应力的上限和下限值（图7）。

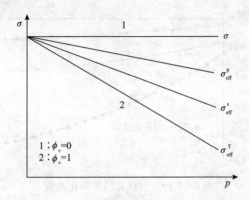

图7　多孔介质的有效应力关系

对具有上限有效应力的极端情况，采用总应力即采用式(12)计算介质的应变量即可，普通的黏弹性固体材料也都是如此。对具有下限有效应力的极端情况，采用 Terzaghi 有效应力即采用式(11)亦能得到近似正确的介质应变量计算结果，目前对于极其疏松的土介质也都是如此。但是，对于非极端情况下的多孔介质，必须同时采用双重有效应力即采用式(9)方能得到正确的介质应变量计算结果。实际上，式(9)是一个综合公式，它的计算结果随介质物性参数 ϕ_c 和 ϕ 的变化而变化，而式(11)和式(12)仅为式(9)的两种极端情况下的特例，它们的计算结果与介质的物性参数无关。

孔隙度是多孔介质最重要的物性参数之一。由于孔隙度的引入，双重有效应力把多孔介质与普通固体材料联系了起来。Terzaghi 有效应力忽视介质的物性条件，不管介质的内部结构如何，都一律同等对待，显然是不够科学的。

6　计算举例

一块多孔介质样品在干燥条件下测得的有关参数为：$E_1 = 10\,\text{MPa}$，$E_2 = 2.5\,\text{MPa}$，$\mu = 1 \times 10^{16}\,\text{mPa} \cdot \text{s}$，$\phi = 0.4$，$\phi_c = 0.8$。若 $\sigma = 0.12\,\text{MPa}$，$p = 0.1\,\text{MPa}$，则 $\sigma_{\text{eff}}^{\text{p}} = 0.08\,\text{MPa}$，$\sigma_{\text{eff}}^{\text{s}} = 0.04\,\text{MPa}$，$\sigma_{\text{eff}}^{\text{T}} = 0.02\,\text{MPa}$。把有关参数代入式(9)，采用双重有效应力进行计算，得介质总应变

$$\varepsilon(t) = 0.008 + 0.016(1 - e^{-\frac{t}{46.3}})$$

把有关参数代入式(11)，采用 Terzaghi 有效应力进行计算，得介质总应变

$$\varepsilon(t) = 0.002 + 0.008(1 - e^{-\frac{t}{46.3}})$$

把有关参数代入式(12)，采用总应力进行计算，得介质总应变

$$\varepsilon(t) = 0.012 + 0.048(1 - e^{-\frac{t}{46.3}})$$

用 3 种应力计算的应变量变化曲线如图 8 所示。从图中曲线可以看出，用总应力进行计算，应变量最大；用 Terzaghi 有效应力进行计算，应变量最小；用双重有效应力进行计算，应变量介于它们之间。采用双重有效应力的优点在于，应变量计算结果随介质物性参数 ϕ 和 ϕ_c 的变化而变化，因此，通过调节介质物性参数的数值，流变模型可以灵活地拟合介质实际的应变行为。用总应力和 Terzaghi 有效应力进行计算，则没有这种灵活性。

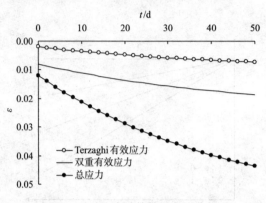

图 8　3 种应力计算结果对比曲线

7　结论

在多孔介质的流变模型中，仅采用 Terzaghi 有效应力是不妥当的；用本体有效应力和结构有效应力分别计算介质的弹性应变量和黏性应变量，进而计算介质的总应变量，是更为科学的做法。考虑双重有效应力之后的流变模型通过介质物性参数把多孔介质与普通固体联系了起来。

参 考 文 献

[1]李传亮，孔祥言，徐献芝，等．多孔介质的双重有效应力[J]．自然杂志，1999，21(5)：288–292.

[2]耶格 J C，库克 N G W．岩石力学基础[M]．北京：科学出版社，1981：382–403.

[3]李传亮．多孔介质的有效应力及其应用研究[D]．合肥：中国科学技术大学，2000.

[4]Lade P V，de Boer R. The concept of effective stress for soil, concrete and rock[J]. Geotechnique, 1997, 47(1)：61–78.

[5]杨英华．土力学[M]．北京：地质出版社，1987：92–110.

[6]华东水利学院．岩石力学[M]．北京：水利出版社，1981：57–61.

[7]刘雄．岩石流变学概论[M]．北京：地质出版社，1994：19–56.

[8]李传亮，孔祥言．油井压裂过程中岩石破裂压力计算公式的理论研究[J]．石油钻采工艺，2000，22(2)：54–56.

[9]李传亮，孔祥言．岩石强度条件分析的理论研究[J]．应用科学学报，2001，19(2)：103–106.

[10]李传亮．射孔完井条件下的岩石破裂压力计算公式[J]．石油钻采工艺，2002，24(2)：37–37.

[11]李传亮．多孔介质的应力关系方程[J]．新疆石油地质，2002，23(2)：163–164.

岩石压缩系数与孔隙度的关系

摘　要：岩石压缩系数与孔隙度的关系问题是一个没有得到很好解决的理论问题，传统的经验公式显示出岩石压缩系数随孔隙度的增大而减小。应用多孔介质力学的有关理论，推导出了岩石压缩系数与孔隙度之间的理论关系式。该关系式表明，岩石的压缩系数随孔隙度的增大而增大。岩石压缩系数受成岩矿物硬度的影响，矿物硬度越大，岩石的压缩系数就越小。

关键词：岩石；孔隙度；压缩系数；油藏工程

0　引言

岩石压缩系数是油藏工程研究的一个重要参数，它在评价油藏弹性能量和动态地质储量方面有着重要的应用价值。岩石压缩系数不是一个常数，它随压力的变化而变化，但在一定的压力范围内可将其视为常数。不同岩性的岩石，其压缩系数也不相同，砂岩、泥岩和碳酸盐岩的压缩系数就有很大的差别。

在压力条件和岩性条件相同的情况下，岩石的压缩系数还随孔隙度数值的变化而变化。但是，岩石压缩系数与孔隙度之间到底是一种什么样的关系，至今没有得到很好的解决。目前通常采用经验公式来描述它们之间的关系，但经验公式却表示了一种错误的逻辑关系。笔者根据多孔介质力学的有关理论，推导出了岩石压缩系数与孔隙度之间的理论关系式。该关系式可以解释许多从前无法解释的力学现象，对油藏工程研究具有积极的指导作用。

1　岩石压缩系数定义

与普通固体不同，岩石有 3 个体积：孔隙体积、骨架体积和外观体积。外观体积有时也被称作总体积。3 个体积之间满足下面的关系式

$$V_p + V_s = V_b \tag{1}$$

式中　　V_p——孔隙体积，m^3；

　　　　V_s——骨架体积，m^3；

　　　　V_b——外观体积，m^3。

岩石同时受外应力和内应力(孔隙压力)2 个应力的共同作用。在岩石的内部，还存在第三个应力，即骨架应力。3 个应力之间满足下式[1]

$$\sigma = (1 - \phi)\sigma_s + \phi p \tag{2}$$

式中　　σ——外应力，MPa；

　　　　σ_s——骨架应力，MPa；

　　　　p——孔隙压力，MPa；

　　　　ϕ——孔隙度，f。

当岩石任一应力发生变化时，岩石的 3 个体积都将发生变化，因此，岩石有 9 个压缩系数[1]

$$c_{ij} = (-1)^n \frac{\partial V_i}{V_i \partial \sigma_j} \tag{3}$$

式中 $i = b$、s、p——分别表示外观体积、骨架体积和孔隙体积，m^3；

　　$j = b$、s、p——分别表示外应力、骨架应力和内应力，MPa。当 $j = b$、s 时，$n = 1$；当 $j = p$ 时，$n = 2$。

式（3）中第一个下标符号表示体积，第二个下标符号表示应力，如 c_{pb} 表示孔隙体积对外应力的压缩系数，c_{pp} 表示孔隙体积对孔隙压力的压缩系数。当 2 个下标相同时就简化成 1 个下标，如 c_{pp} 一般简写成 c_p。

由于式（1）和式（2）的约束关系，3 个体积和 3 个应力中都分别只有 2 个是独立的，因此，9 个压缩系数中只有 4 个是独立的。

油藏工程关心的是，在外应力为常数的情况下岩石孔隙体积随孔隙压力的变化情况，因此，c_p 是油藏工程中常用的一个压缩系数，即

$$c_p = \frac{dV_p}{V_p dp} \tag{4}$$

式中 c_p——岩石压缩系数，MPa^{-1}。

式（3）定义的压缩系数实际上是岩石孔隙体积对孔隙压力的压缩系数，但通常被称作岩石压缩系数，这样做也是为了简便和与流体的压缩系数相对应，因为油藏工程只使用这一个岩石压缩系数。岩石压缩系数的大小反映了岩石中蕴藏的弹性能量的多少。

2   岩石压缩系数经验公式

1953 年，Hall 通过大量的实验测量数据统计出来的岩石压缩系数与孔隙度之间的关系曲线如图 1 所示，该曲线通常称作 Hall 图版[3]，Hall 图版曲线的经验公式为

$$c_p = \frac{2.587 \times 10^{-4}}{\phi^{0.4358}} \tag{5}$$

式中 c_p——岩石的压缩系数，MPa^{-1}；

　　ϕ——岩石的孔隙度，f。

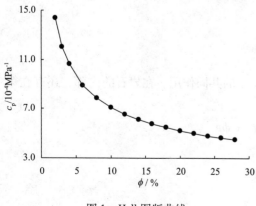

图 1   Hall 图版曲线

在过去相当长的时期内，人们一直采用 Hall 图版确定岩石的压缩系数。但是，Hall 图版有 3 个明显的错误。第一，Hall 图版曲线显示了错误的逻辑关系。根据 Hall 图版，岩石越疏松，或岩石的孔隙度越大，岩石的压缩系数就越小，即岩石越难以压缩；相反，岩石越致密，或岩石的孔隙度越小，岩石的压缩系数就越大，即岩石越容易压缩。实际上，孔隙度越大，表明岩石越疏松，岩石应该越容易压缩，即岩石的压缩系数应该越大。第二，Hall 图版

与岩石的力学性质无关。根据 Hall 图版，只要孔隙度的数值相等，不管岩石软硬，其压缩系数都相等。第三，用 Hall 图版确定的岩石压缩系数普遍偏高，都高于地层水，在特低孔隙度的情况下，甚至高过地层原油和天然气，缺乏基本的合理性。由此可见，Hall 图版是一个错误的关系曲线。

描述胶结砂岩的岩石压缩系数与孔隙度关系的经验公式是由 Newman 给出[4]，即

$$c_p = \frac{0.014104}{(1 + 55.8721\phi)^{1.42359}} \tag{6}$$

Newman 公式与 Hall 图版曲线的经验公式类似。

3　岩石骨架的压缩系数

岩石是由固体物质以骨架颗粒的形式构成的。固体物质就是石英、长石一类的普通结晶矿物材料。当对普通的单相固体物质进行压缩时，就如同对流体物质的压缩一样，固体骨架的压缩系数可以写成

$$c_s = -\frac{dV_s}{V_s d\sigma_s} \tag{7}$$

式中　c_s——固体骨架的压缩系数，MPa^{-1}。

根据固体力学理论，在弹性变形条件下固体骨架的压缩系数可用下式计算[5]

$$c_s = \frac{3(1 - 2\nu)}{E_s} \tag{8}$$

式中　ν——固体骨架的泊松比，dless；

　　　E_s——固体骨架的弹性模量，MPa。

弹性模量的大小反映了固体骨架的软硬程度，弹性模量越大，固体骨架就越硬，其压缩系数也就越小。

岩石固体骨架物质的泊松比一般在 0.3 左右，弹性模量一般在 $(1 \sim 10) \times 10^4 MPa$ 之间[6]，代入式(7)，得固体骨架的压缩系数一般在 $(0.1 \sim 1) \times 10^{-4} MPa^{-1}$ 之间。

4　岩石压缩系数

岩石是由骨架颗粒和粒间孔隙构成的(图 2)，岩石的体积构成如图 3 所示，岩石的应力构成及压缩过程如图 4 所示。

图 2　岩石物质构成图　　图 3　岩石体积构成图

根据式(2)，当从岩石中采出流体时，岩石的孔隙压力就会减小。由于通常情况下，岩石的外应力即通常所说的上覆压力保持不变，因而岩石的骨架应力就会增大。σ_s 增大将导致骨架被压缩，因而整个岩石也被压缩。从图 4 可以看出，孔隙本身不会直接被压缩(因为

孔隙不是物质，不能受力），孔隙体积的减小是因为骨架被压缩所致。在这种情况下，孔隙体积的压缩系数即所谓的岩石压缩系数为

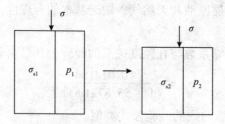

图 4　岩石应力构成及压缩图

$$c_{\mathrm{p}} = \frac{\mathrm{d}V_{\mathrm{p}}}{V_{\mathrm{p}}\mathrm{d}p} = \frac{\mathrm{d}V_{\mathrm{s}}}{V_{\mathrm{s}}\mathrm{d}p} \tag{9}$$

对式（2）求微分，得

$$\mathrm{d}p = -\frac{1-\phi}{\phi}\mathrm{d}\sigma_{\mathrm{s}} \tag{10}$$

把式（10）代入式（9），得

$$c_{\mathrm{p}} = -\frac{\phi}{1-\phi}\frac{\mathrm{d}V_{\mathrm{s}}}{V_{\mathrm{s}}\mathrm{d}\sigma_{\mathrm{s}}} \tag{11}$$

再结合式（7），得

$$c_{\mathrm{p}} = \frac{\phi}{1-\phi}c_{\mathrm{s}} \tag{12}$$

对于特定的岩石来说，由于固体骨架的压缩系数为一常数，因而由式（12）得出的规律是，岩石的孔隙度越大，岩石的压缩系数也就越大。这也就是为什么疏松土介质比致密岩石更容易压缩的原因。

式（12）同时表明，岩石的压缩系数还受到构成岩石的矿物性质的影响，矿物越硬，矿物的压缩系数就越小，因而，岩石的压缩系数也就越小。传统的经验公式则反映不出这种规律。

图 5 显示了硬矿物岩石的压缩系数与孔隙度的关系曲线（$E = 10 \times 10^4 \mathrm{MPa}$）。当岩石中含有了相对较软的矿物时，岩石的压缩系数就会增大。图 6 为软矿物岩石的压缩系数与孔隙度的关系曲线（$E = 1 \times 10^4 \mathrm{MPa}$）。对比图 5 和图 6 中可以看出，软矿物构成的岩石比硬矿物构成的岩石的压缩系数更大。这也就是为什么泥岩比砂岩更容易压缩的原因。

岩石的矿物组成十分复杂，且很难直接测量每一种矿物的弹性模量。但是，岩石的弹性模量却很容易测量。若测得了岩石的弹性模量，则通过下式可以求出岩石骨架的平均弹性模量

$$E_{\mathrm{s}} = \frac{E}{1-\phi} \tag{13}$$

式中　E——岩石的弹性模量，MPa。

然后，通过式（8）和式（12）就可以直接计算出岩石的压缩系数。

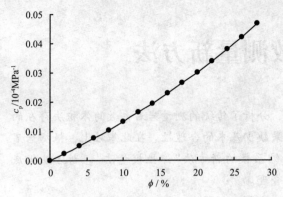
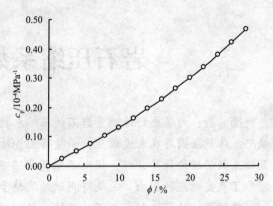

图5　硬矿物岩石压缩系数曲线（$E_s = 10 \times 10^4 \text{MPa}$）　　图6　软矿物岩石压缩系数曲线（$E_s = 1 \times 10^4 \text{MPa}$）

5　计算举例

塔里木盆地某油藏岩石的孔隙度约为4.2%，岩石的弹性模量实验测量值为$5 \times 10^4 \text{MPa}$，代入式（13）得岩石骨架的弹性模量为$5.219 \times 10^4 \text{MPa}$，然后由式（8）计算出固体骨架的压缩系数为$0.23 \times 10^{-4} \text{MPa}^{-1}$，再由式（12）计算出岩石的压缩系数为$0.01 \times 10^{-4} \text{MPa}^{-1}$。

一般情况下，固体物质的压缩系数在$(0 \sim 1) \times 10^{-4} \text{MPa}^{-1}$之间变化，液体的压缩系数在$(1 \sim 100) \times 10^{-4} \text{MPa}^{-1}$之间变化，气体的压缩系数在$(100 \sim \infty) \times 10^{-4} \text{MPa}^{-1}$之间变化。根据式（12），岩石的压缩系数在$(0 \sim \infty) \times 10^{-4} \text{MPa}^{-1}$之间变化，因此，式（12）把气、液、固3种物态统一了起来，力学上也把多孔介质（岩石）称作介于流体和固体之间的一种相态。但是，由于地层岩石在强大的上覆压力作用下，孔隙度数值不可能很高，一般低于30%，因此，岩石的压缩系数也不可能很高，一般都小于$1 \times 10^{-4} \text{MPa}^{-1}$。

6　结论

（1）岩石有9个压缩系数，独立的压缩系数只有4个。

（2）油藏工程只使用孔隙体积对孔隙压力的压缩系数，并称之为岩石压缩系数。

（3）由岩石压缩系数的实验测量值统计出的Hall图版及其他经验公式存在逻辑反转。

（4）本文推导出的岩石压缩系数理论公式呈现出正确的逻辑关系，岩石孔隙度越高，即岩石越疏松，岩石压缩系数就越高；岩石矿物越硬，岩石压缩系数就越小。

参 考 文 献

[1]李传亮. 多孔介质的应力关系方程[J]. 新疆石油地质, 2002, 23(2)：163 – 164.

[2]李传亮. 多孔介质的有效应力及其应用研究[D]. 合肥：中国科学技术大学, 2000.

[3]秦同洛, 李璗, 陈元千. 实用油藏工程方法[M]. 北京：石油工业出版社, 1989：64 – 65.

[4]黄炳光, 刘蜀知. 实用油藏工程与动态分析方法[M]. 北京：石油工业出版社, 1998：21.

[5]刘鸿文. 材料力学（第二版）[M]. 北京：高等教育出版社, 1982：293 – 302.

[6]李先炜. 岩块力学性质[M]. 北京：煤炭工业出版社, 1983：40 – 65.

岩石压缩系数测量新方法

摘　要：为了更好地测量岩石的压缩系数，分析了传统的测量岩石系数的体积法存在的缺陷。体积法因存在表皮效应，而使得测量结果缺少基本的合理性。在此基础上，根据岩石压缩系数的理论计算公式，提出了测量岩石压缩系数的新方法"弹性模量法"。新方法彻底消除了表皮效应的影响，而使得测试结果趋于合理。

关键词：油藏工程；岩石；压缩系数；岩心分析；仪器

0　引言

油藏岩石的压缩系数，定义为单位压力的孔隙体积变化率[1]。基于此概念，人们设计出了岩石压缩系数测量仪器和测量方法。目前的测量仪器都是通过测量岩石孔隙体积的变化来测量岩石压缩系数的[2]，因此，本文称其为"体积法"。但是，应用体积法测量的岩石压缩系数存在很多问题，主要表现在数值偏高和存在逻辑反转等现象[3 -6]。为了克服传统测量方法存在的缺陷，笔者提出了岩石压缩系数的理论计算公式[3]。根据该理论公式，提出了岩石压缩系数的测量新方法。

1　体积法

体积法测量岩石压缩系数的基本原理如图 1 所示。测量时将岩心放入夹持器的封套中，封套外压(围压，σ)保持为一常数，饱和流体的岩心在内、外应力的作用下达到平衡。若降低内压(孔隙压力，p)，岩心的孔隙体积就会受到压缩，其中的流体就会排出。流体的排出量和内压的变化都可以计量出来。流体的排出量可以换算成岩心孔隙体积的变化量，然后，再通过下式计算出岩石的压缩系数

$$c_p = \frac{dV_p}{V_p dp} \tag{1}$$

式中　c_p——岩石(孔隙)压缩系数，MPa^{-1}；

　　　V_p——孔隙体积，m^3；

　　　p——孔隙压力，MPa。

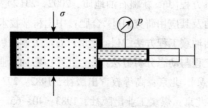

图 1　体积法测量岩石压缩系数

通过体积法测量的岩石压缩系数曲线，一般如图 2 所示。图 2 为一块低孔($\phi = 5\%$)低

渗岩心的实测压缩系数曲线，由图中曲线可以看出，岩石的压缩系数极高，在净围压为 5MPa 时高达 $300 \times 10^{-4} \mathrm{MPa}^{-1}$；在净围压为 70MPa 时，压缩系数为 $26 \times 10^{-4} \mathrm{MPa}^{-1}$。这些数值不仅超过了地层水的压缩系数，甚至超过了气体的压缩系数，显然是十分错误的。

之所以出现了图 2 中的岩石压缩系数测量结果，是由于岩心与封套之间的微间隙所致（图 3）[5]。这些微间隙的压缩性，比岩石本身的压缩性还强，因而对测试过程产生了很大的负面影响（表皮效应）[6]。

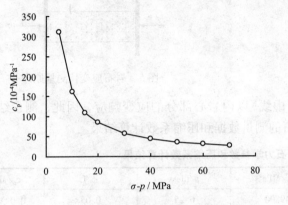 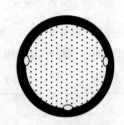

图 2　实测岩石压缩系数曲线　　　　图 3　封套密封岩心示意图

2　弹性模量法

笔者在文献[3]中给出了岩石压缩系数与岩石孔隙度和岩石骨架压缩系数的理论关系式，即

$$c_{\mathrm{p}} = \frac{\phi}{1 - \phi} c_{\mathrm{s}} \tag{2}$$

式中　c_{s}——岩石骨架的压缩系数，MPa^{-1}；

　　　ϕ——孔隙度，f。

弹性变形条件下固体骨架的压缩系数计算公式为

$$c_{\mathrm{s}} = \frac{3(1 - 2\nu)}{E_{\mathrm{s}}} \tag{3}$$

式中　E_{s}——固体骨架的弹性模量，MPa；

　　　ν——固体骨架的泊松比，dless。

固体骨架的弹性模量与岩石弹性模量之间的关系式为

$$E_{\mathrm{s}} = \frac{E}{1 - \phi} \tag{4}$$

式中　E——岩石的弹性模量，MPa。

由式(3)和式(4)可以看出，只要首先测量出了岩石的弹性模量、泊松比和孔隙度参数，就可以通过式(3)计算出岩石骨架的压缩系数，然后再通过式(2)计算出岩石（孔隙体积）的压缩系数。

岩石力学参数的测量极其简单，只要测量出了岩石的应力 – 应变关系曲线（图 4），就可以确定出岩石的弹性模量。弹性模量为岩石应力 – 应变关系曲线的斜率[7]。

岩石力学参数的测量是在应变仪上进行的(图5)，首先在岩石两端施以应力作用后(固定围压)，测量岩石的纵向应变和横向应变，然后计算岩石的弹性模量和泊松比。

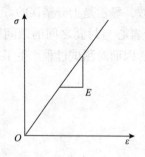

图4　岩石应力－应变曲线

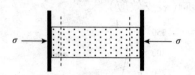

图5　岩石应变仪测量原理

由于应变仪只测量刻度线(图5虚线)以内岩心部分的应变响应，因此，测量结果排除了表皮效应的干扰。表1为一组岩石的测量数据和压缩系数计算结果。

表1　岩石力学参数和压缩系数计算结果

岩心编号	岩性	E/MPa	ν/dless	ϕ/f	c_p/MPa^{-1}
1	灰岩	49800	0.25	0.05	0.02×10^{-4}
2	砂岩	14500	0.28	0.15	0.14×10^{-4}
3	白云岩	34000	0.26	0.07	0.03×10^{-4}

从表1中的数据可以看出，岩石的弹性模量越大，岩石的硬度也就越大，岩石的压缩系数就越小；岩石的孔隙度越高，压缩系数就越高。而且，岩石的压缩系数已普遍低于地层流体的压缩系数。测量结果反映了正确的逻辑关系。

3　结论

(1)体积法测量的岩石压缩系数，受表皮效应的影响很大，测试结果缺少基本的合理性。

(2)弹性模量测试新方法，由于消除了表皮效应的影响，而使得测试结果趋于合理。

参 考 文 献

[1]李传亮. 油藏工程原理[M]. 北京：石油工业出版社，2005：72.

[2]孙良田. 油层物理实验[M]. 北京：石油工业出版社，1992：79－88.

[3]李传亮. 岩石压缩系数与孔隙度的关系[J]. 中国海上油气(地质)，2003，17(5)：355－358.

[4]李传亮. 实测岩石压缩系数偏高的原因分析[J]. 大庆石油地质与开发，2005，24(5)：53－54.

[5]李传亮. 低渗透储层不存在强应力敏感[J]. 石油钻采工艺，2005，27(4)：61－63.

[6]李传亮. 岩心分析过程中的表皮效应[J]. 天然气工业，2006，25(11)：38－39.

[7]刘鸿文. 材料力学(第二版)[M]. 北京：高等教育出版社，1982：26－30.

油井压裂过程中岩石破裂压力计算
公式的理论研究[*]

摘　要：根据多孔介质的双重有效应力，研究了油井压裂过程中岩石破裂压力的计算问题，提出了一个新的综合计算公式，该公式参数取不同的数值，可预测不同类型岩石的破裂压力。应用新公式还分析了现有公式的应用范围：H-W公式只能计算非渗透岩石的破裂压力，因而给出了破裂压力的上限值；H-F公式只能计算高渗透岩石的破裂压力，因而给出了破裂压力的下限值。新公式可预测任何渗透状况岩石的破裂压力，它包括了早期提出的2个计算公式，并把渗透性岩石和非渗透性岩石统一了起来。

关键词：油井；压裂；岩石；破裂压力；理论研究；计算公式

0　引言

在油井压裂设计过程中，根据有关理论公式事先预测岩石破裂压力，对成功进行压裂作业有很大帮助。影响岩石破裂压力的因素很多，井筒周围的地应力及其分布、地层岩石的性质是其主要影响因素。破裂压力的理论计算公式必须充分反映这些因素。本文以形成垂直裂缝的情形为例，首先对现用破裂压力计算公式存在的问题进行了分析，然后给出了一个新的通用理论计算公式。

1　现用公式介绍

目前压裂设计过程中广泛使用的破裂压力计算公式主要有2个，Hubbert-Willis（H-W）公式和Haimson-Fairhurst（H-F）公式。

1.1　Hubbert-Willis（H-W）公式

M. K. Hubbert 和 D. G. Willis 于1957年在假设岩石没有渗透性的前提下，应用Terzaghi有效应力，提出了第一个裸眼完井条件下地层产生垂直裂缝（图1）的岩石破裂压力计算公式，即Hubbert-Willis（H-W）公式[1,2]

$$p_b = 3\sigma_h - \sigma_H + \sigma_f - p_o \tag{1}$$

式中　p_b——地层岩石的破裂压力，MPa；

　　　σ_h——最小水平地应力，MPa；

　　　σ_H——最大水平地应力，MPa；

　　　σ_f——地层岩石的单向拉伸应力强度，MPa；

　　　p_o——地层岩石的孔隙压力，MPa。

---

* 该论文的合作者：孔祥言

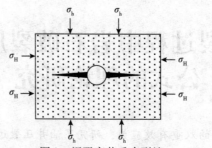

图1 裸眼完井垂直裂缝

式(1)适用于非渗透岩石。由于非渗透性岩石的孔隙压力 $p_o = 0$，所以，H-W 公式也可以写成

$$p_b = 3\sigma_h - \sigma_H + \sigma_f \tag{2}$$

1.2 Haimson-Fairhurst(H-F)公式

考虑到岩石的渗透性，B. Haimson 和 C. Fairhurst 于 1967 年应用 Terzaghi 有效应力，提出了第二个裸眼完井条件下地层产生垂直裂缝（图 1）的岩石破裂压力计算公式，即 Haimson-Fairhurst(H-F)公式[3]

$$p_b = \frac{3\sigma_h - \sigma_H + \sigma_f - 2\eta p_o}{2(1 - \eta)} \tag{3}$$

式中 η——地层岩石性质参数，dless。

式(3)适用于渗透性岩石，式中的 η 取值范围为 $0 < \eta < 0.5$。当 $\eta \to 0$ 时，岩石即趋向于非渗透性岩石，此时，式(3)趋向于

$$p_b = \frac{3\sigma_h - \sigma_H + \sigma_f}{2} \tag{4}$$

很显然，H-F 公式并没有收敛到 H-W 公式，用 H-F 公式计算的非渗透性地层的岩石破裂压力，为用 H-W 公式计算的非渗透性地层岩石破裂压力的 1/2。事实上，在渗透性岩石和非渗透性岩石之间并不存在一个明确的界限，描述它们性质的公式应当是统一的。但是，H-F 公式和 H-W 公式之间却存在着很大的矛盾。

2 岩石有效应力

上述公式是建立在 Terzaghi 有效应力基础之上的，而 Terzaghi 有效应力只适用于像土壤这样的疏松介质，对于像岩石这样的致密介质，应用 Terzaghi 有效应力会带来一定的偏差[4,6]。严格地讲，岩石存在 2 个有效应力：本体有效应力和结构有效应力[7]。

2.1 本体有效应力

本体有效应力决定岩石的本体变形，其公式为[7]

$$\sigma_{eff}^p = \sigma - \phi p \tag{5}$$

式中 σ_{eff}^p——本体有效应力，MPa；

σ——外应力，MPa；

p——孔隙压力，MPa；

ϕ——孔隙度，f。

2.2 结构有效应力

结构有效应力决定岩石的结构变形(包括岩石的破坏与断裂),其公式为[7]

$$\sigma_{eff}^s = \sigma - \phi_c p \tag{6}$$

式中 σ_{eff}^s——结构有效应力,MPa;

ϕ_c——触点孔隙度,f。

ϕ_c 视岩石的胶结情况而定,其值介于 ϕ_c 和 1 之间。对于胶结程度较低的点接触疏松土壤介质,$\phi_c \rightarrow 1$;对于胶结程度较高的岩石,$\phi_c \rightarrow \phi$。当 $\phi_c = 1$ 时,式(6)即变成Terzaghi方程

$$\sigma_{eff}^T = \sigma - p \tag{7}$$

式中 σ_{eff}^T——Terzaghi 有效应力,MPa。

有效应力概念是由 Terzaghi 于 1923 年最早提出的[5],并在实践中发挥过很好的作用,目前 Terzaghi 方程仍广泛应用于许多科学领域中。但式(7)仅是式(5)的一个近似公式,且仅适用于胶结程度较低的点接触疏松类介质,并不适用于像岩石一样的致密介质。

3 新公式建立

(1)地应力在井筒周围井壁上产生的最小周向应力[1]

$$\sigma_\theta = 3\sigma_h - \sigma_H \tag{8}$$

式中 σ_θ——最小周向应力,MPa。

(2)井筒内压在井壁上形成的周向应力[1]

$$\sigma_\theta = -p_{inj} \tag{9}$$

式中 p_{inj}——井筒注入流体压力,MPa。

(3)渗入井筒周围地层中的流体在井壁上产生的附加周向应力[3]

$$\sigma_\theta = (p_{inj} - p_o)\phi \frac{1-2\nu}{1-\nu} \tag{10}$$

井壁上总的最小周向应力为上述 3 个应力之和。根据式(6),井壁上最小周向结构有效应力为

$$\sigma_{eff\theta}^s = 3\sigma_h - \sigma_H - p_{inj} + (p_{inj} - p_o)\phi \frac{1-2\nu}{1-\nu} - \phi_c p_{inj} \tag{11}$$

当最小周向结构有效应力达到岩石的拉伸应力强度时,岩石即产生裂缝,此时

$$\sigma_{eff\theta}^s = -\sigma_f \tag{12}$$

于是,由式(11)和式(12)得岩石的破裂压力计算公式

$$p_b = p_{inj} = \frac{3\sigma_h - \sigma_H + \sigma_f - \phi \frac{1-2\nu}{1-\nu} p_o}{1 + \phi_c - \phi \frac{1-2\nu}{1-\nu}} \tag{13}$$

令

$$\eta = \frac{\phi}{2} \frac{1-2\nu}{1-\nu} \tag{14}$$

则式(13)变成

$$p_{\mathrm{b}} = \frac{3\sigma_{\mathrm{h}} - \sigma_{\mathrm{H}} + \sigma_{\mathrm{f}} - 2\eta p_{\mathrm{o}}}{1 + \phi_{\mathrm{c}} - 2\eta} \tag{15}$$

由于 $0 < \phi < 1$，$0 < \nu < 0.5$，因此，$0 < \eta < 0.5$。ϕ、ϕ_{c} 和 η 统称为岩石性质参数。

4 公式分析

式(15)是岩石破裂压力的一个综合计算公式，对于非渗透性岩石，$p_{\mathrm{o}} = 0$，由于 $\phi \to 0$，$\phi_{\mathrm{c}} \to 0$，$\eta \to 0$，式(15)则变成 H-W 公式。对于渗透性极高的疏松介质，$\phi_{\mathrm{c}} \to 1$，则式(15)变成 H-F 公式。

由此可见，式(15)是一个通用的岩石破裂压力计算公式，而 H-W 公式和 H-F 公式则分别是非渗透性岩石和高渗透性岩石两种极限状态的岩石破裂压力计算公式。式(15)可预测任何渗透状况的岩石破裂压力，而 H-W 公式和 H-F 公式则只能分别预测两种极限状态下的岩石破裂压力，即岩石破裂压力的上限值和下限值。至此，争论多年的岩石破裂压力公式终于得到了统一。

H-W 公式和 H-F 公式在预测岩石破裂压力时之所以产生矛盾，是因为在建立这两个公式时完全采用了 Terzaghi 有效应力。采用双重有效应力，则得到了正确的岩石破裂压力计算公式。

5 计算举例

某井层的地层应力条件为：$\sigma_{\mathrm{h}} = 30\mathrm{MPa}$，$\sigma_{\mathrm{H}} = 40\mathrm{MPa}$。岩石性质参数：$\phi = 0.10$，$\phi_{\mathrm{c}} = 0.50$，$\nu = 0.23$，$\eta = 0.035$。若 $p_{\mathrm{o}} = 12\mathrm{MPa}$，$\sigma_{\mathrm{f}} = 5\mathrm{MPa}$，则由 H-W 公式计算的非渗透性岩石的破裂压力 $p_{\mathrm{b}} = 55\mathrm{MPa}$；由 H-F 公式计算的岩石破裂压力 $p_{\mathrm{b}} = 28.06\mathrm{MPa}$。令 $\eta = 0$，则由 H-F 公式计算的所谓"非渗透性岩石"的破裂压力 $p_{\mathrm{b}} = 27.5\mathrm{MPa}$。由式(15)计算的岩石破裂压力 $p_{\mathrm{b}} = 37.87\mathrm{MPa}$。

由计算结果可以看出，H-W 公式给出了岩石破裂压力的上限值(55MPa)，即不渗透状况下的岩石破裂压力；H-F 公式则给出了岩石破裂压力的下限值(28.06MPa)，即高渗透状况下的岩石破裂压力；而由式(15)计算的岩石破裂压力(37.87MPa)介于上、下限破裂压力之间。精心确定或适当调节岩性参数，式(15)可更准确地预测井筒条件下的岩石破裂压力，为石油开发提供更可靠的依据。用 H-F 公式计算的所谓"非渗透性岩石"的破裂压力(27.5MPa)是不正确的，因为它比极高渗透性岩石的破裂压力还低。H-W 公式和 H-F 公式都是特定条件下的破裂压力计算公式，其中的岩石参数 η 不能再进行调整。如果仅令 $\eta \to 0$，试图让 H-F 公式预测非渗透岩石的破裂压力，将得到完全错误的结果，这是因为式(15)所描述的岩石性质由 η 和 ϕ_{c} 两个参数共同决定，单独改变其中一个参数将得到十分离奇的结果。

6 结论

H-W 公式和 H-F 公式是目前广泛应用于油井压裂设计的两个岩石破裂压力计算公式。H-W 公式适用于非渗透性岩石，H-F 公式适用于高渗透性岩石，而对处于中间过渡状态岩石的破裂压力，它们都无法进行预测。它们之间存在着不能统一的矛盾，矛盾的起因在于推导两式时采用了 Terzaghi 有效应力。本文根据多孔介质的双重有效应力，推导出的新公式可预测任何渗透状况岩石的破裂压力，把渗透性岩石和非渗透性岩石的预测公式完全统一了起来。

参 考 文 献

[1]王鸿勋，张琪. 采油工艺原理(修订本)[M]. 北京：石油工业出版社，1989：205 – 215.

[2]Detournay E，Carbonell R. Fracture – mechanics analysis of the breakdown process in minifracture or leakoff test [J]. SPE Production & Facilities，Aug. 1997：195 – 199.

[3]Haimson B，Fairhurst C. Initiation and extension of hydraulic fractures in rocks[J]. SPEJ，Sept. 1967：310 – 318.

[4]Lade P V，de Boer R. Concept of effective stress for soil，concrete and rock[J]. Geotechnique，1997，47(1)：61 – 78.

[5]耶格 J C，库克 N G W. 岩石力学基础[M]. 北京：科学出版社，1981：268 – 272.

[6]Biot M A. Theory of elasticity and consolidation for a porous anisotropic solid[J]. J Appl Phys，1955，26：182 – 185.

[7]李传亮，孔祥言，徐献芝，等. 多孔介质的双重有效应力[J]. 自然杂志，1999，21(5)：288 – 292.

射孔完井条件下的岩石破裂压力计算公式

摘　要： 现有的岩石破裂压力公式都是针对裸眼完井条件给出的，还没有射孔完井条件下的岩石破裂压力计算公式。在裸眼完井条件下岩石破裂压力计算公式的基础上，研究了射孔完井条件下的岩石破裂问题，给出了射孔完井条件下的岩石破裂压力计算公式。两种完井条件下的计算公式有所不同。岩石的破裂压力大小与油井的完井条件有关，射孔孔眼有助于裂缝的形成。

关键词： 油井；压裂；岩石；破裂压力；射孔完井

0　引言

笔者在文献[1]中把多孔介质的双重有效应力[2]应用到油井的压裂研究之中，得到了裸眼完井条件下地层产生垂直裂缝时的岩石破裂压力计算公式。该公式把长期存在矛盾的 Hubbert – Willis(H – W)公式和 Haimson – Fairhurst(H – F)公式统一了起来。用 H – W 公式计算的破裂压力是岩石破裂压力的上限值，而用 H – F 公式计算的破裂压力则是岩石破裂压力的下限值。岩石的实际破裂压力介于它们之间，其数值随岩石性质的不同而有所变化。本文是文献[1]的续篇，主要研究射孔完井条件下油井压裂过程中岩石破裂压力的计算问题。

1　裸眼完井

在裸眼完井条件下对油井进行压裂，垂直裂缝将沿着最小水平主应力的垂直方向即最大水平主应力的平行方向延伸(图 1)。

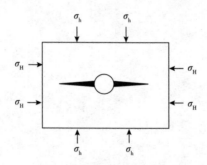

图 1　裸眼完井垂直裂缝

裂缝开始形成时，井底流压即地层岩石的破裂压力计算公式为[1]

$$p_{\mathrm{b}} = \frac{3\sigma_{\mathrm{h}} - \sigma_{\mathrm{H}} + \sigma_{\mathrm{f}} - 2\eta p_{\mathrm{o}}}{1 + \phi_{\mathrm{c}} - 2\eta} \tag{1}$$

式中　p_{b}——岩石破裂压力，MPa；

　　　σ_{h}——最小水平地应力，MPa；

　　　σ_{H}——最大水平地应力，MPa；

σ_f——地层岩石的单向拉伸应力强度，MPa；

p_o——地层岩石的孔隙压力，MPa；

ϕ_c——岩石的触点孔隙度，f；

η——岩石的性质参数，dless。

岩石的性质参数由下式计算

$$\eta = \frac{\phi}{2} \frac{1 - 2\nu}{1 - \nu} \tag{2}$$

式中　ϕ——岩石的孔隙度，f；

ν——岩石的泊松比，dless。

由式(1)可以看出，裸眼完井条件下地层产生垂直裂缝时的岩石破裂压力除了与岩石的性质参数 ϕ_c 和 η 有关外，主要受水平地应力参数 σ_h 和 σ_H 的影响，而与地层的埋藏条件或油层的上覆地层压力无关。

按照公式(1)的推导方法[1]，很容易推导出裸眼完井条件下地层产生水平裂缝(图2)的岩石破裂压力计算公式

$$p_b = \frac{p_{ob} + \sigma_f - 2\eta p_o}{\phi_c - 2\eta} \tag{3}$$

式中　p_{ob}——上覆地层压力，MPa。

由式(3)可以看出，裸眼完井条件下地层产生水平裂缝时的岩石破裂压力除了与岩石的性质参数 ϕ_c 和 η 有关外，主要受地层的埋藏条件即油层的上覆地层压力 p_{ob} 的影响，而与水平地应力参数 σ_h 和 σ_H 无关。

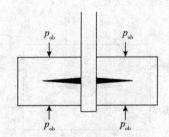

图2　裸眼完井水平裂缝

2　射孔完井

对于射孔完井，情况则完全不同。由于油层段下了套管，地层是通过射孔孔眼与井筒进行联系的。高压流体首先从井筒流入射孔孔眼，然后通过孔眼把地层岩石压开。每一个孔眼就相当于裸眼完井条件下的一个小井眼。在所有孔眼中，与最小水平主应力垂直或与最大水平主应力平行的孔眼中最容易产生垂直裂缝(图3)。

射孔孔眼的应力条件与井筒完全不同(图4)。

在孔眼中产生垂直裂缝的岩石破裂压力计算公式为

$$p_b = \frac{3\sigma_h - p_{ob} + \sigma_f - 2\eta p_o}{1 + \phi_c - 2\eta} \tag{4}$$

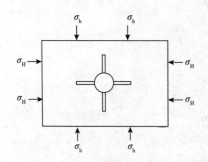

图 3　油井射孔孔眼分布

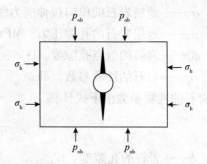

图 4　射孔完井垂直裂缝

由式(4)可以看出，射孔完井条件下地层产生垂直裂缝的岩石破裂压力，除了与岩石的性质参数 ϕ_c 和 η 有关外，主要受地应力条件参数 σ_h 和 p_{ob} 的影响，而与地层的最大水平主应力 σ_H 没有关系。

按照式(1)的推导方法[1]，推导出的射孔完井条件下地层产生水平裂缝(图5)的破裂压力计算公式为

$$p_b = \frac{3p_{ob} - \sigma_H + \sigma_f - 2\eta p_o}{1 + \phi_c - 2\eta} \tag{5}$$

由式(5)可以看出，射孔完井条件下地层产生水平裂缝的岩石破裂压力，除了与岩石的性质参数 ϕ_c 和 η 有关外，主要受地应力条件参数 σ_H 和 p_{ob} 的影响，而与地层的最小水平主应力 σ_h 没有关系。式(5)同时表明，射孔完井条件下产生水平裂缝的岩石破裂压力计算公式与裸眼完井条件下产生水平裂缝的岩石破裂压力计算公式完全不同。

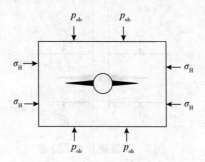

图 5　射孔完井水平裂缝

3　计算举例

[例1]某井层的地应力条件：$\sigma_h = 30\text{MPa}$，$\sigma_H = 40\text{MPa}$，$p_{ob} = 50\text{MPa}$。岩石性质参数：$\phi_c = 0.10$，$\phi_c = 0.50$，$\nu = 0.23$，$\eta = 0.035$。若 $p_o = 18\text{MPa}$，$\sigma_f = 5\text{MPa}$，则由式(1)计算的裸眼完井条件下地层产生垂直裂缝的岩石破裂压力 $p_b = 37.58\text{MPa}$。

由式(3)计算的裸眼完井条件下地层产生水平裂缝的岩石破裂压力 $p_b = 124.98\text{MPa}$。

由式(4)计算的射孔完井条件下地层产生垂直裂缝的岩石破裂压力 $p_b = 30.59\text{MPa}$。

由式(5)计算的射孔完井条件下地层产生水平裂缝的岩石破裂压力 $p_b = 79.54\text{MPa}$。

[例2]某井层的地应力条件：$\sigma_h = 60\text{MPa}$，$\sigma_H = 70\text{MPa}$，$p_{ob} = 50\text{MPa}$。岩石性质参数及

p_o 和 σ_f 值同例 1。则由式(1)计算的裸眼完井条件下地层产生垂直裂缝的岩石破裂压力 $p_b = 79.54\text{MPa}$。

由式(3)计算的裸眼完井条件下地层产生水平裂缝的岩石破裂压力 $p_b = 124.98\text{MPa}$。

由式(4)计算的射孔完井条件下地层产生垂直裂缝岩石破裂压力 $p_b = 93.52\text{MPa}$。

由式(5)计算的射孔完井条件下地层产生水平裂缝岩石破裂压力 $p_b = 58.56\text{MPa}$。

例 1 的计算结果表明：在上覆地层压力为最大主应力的情况下，最容易产生的裂缝是垂直裂缝；最容易产生裂缝的完井条件为射孔完井；射孔孔眼有助于裂缝的形成。

例 2 的计算结果表明：在上覆地层压力为最小主应力的情况下，最容易产生的裂缝是射孔完井条件下的水平裂缝；最不容易产生的裂缝是裸眼完井条件下的水平裂缝；射孔孔眼也对裂缝的形成起到了推动作用。

由 4 个公式的计算结果，可以判断出最容易产生的裂缝类型和最容易产生裂缝的完井条件。

由此可见，地层岩石的破裂压力不仅受地应力条件的影响，也因完井方式的不同而有所变化。

如果压裂施工的井底压力只大于 4 个破裂压力中的最小破裂压力，则地层只能产生 1 条裂缝，这就是常规压裂。如果压裂施工的井底压力大于所有 4 个破裂压力，则地层能产生多条裂缝，这就是大型体积压裂。

4 结论

(1)压裂过程中地层岩石的破裂压力与油井的完井条件有很大关系，射孔孔眼的存在有助于裂缝的形成。

(2)给出了射孔完井条件下地层岩石破裂压力的计算公式。射孔完井条件下的破裂压力计算公式与裸眼完井条件下的计算公式有所不同。油井压裂设计过程中，应根据油井的完井条件选择相应的计算公式来确定岩石的破裂压力。

(3)在上覆地层压力为最大主应力的情况下，最容易产生的裂缝是垂直裂缝；最容易产生裂缝的完井条件为射孔完井。在上覆地层压力为最小主应力的情况下，最容易产生的裂缝是射孔完井条件下的水平裂缝。

(4)施工压力低，只能产生 1 条裂缝；施工压力高，可以产生多条裂缝。

参 考 文 献

[1]李传亮，孔祥言. 油井压裂过程中岩石破裂压力计算公式的理论研究[J]. 石油钻采工艺，2000，22(2)：54-56.

[2]李传亮，孔祥言，徐献芝，等. 多孔介质的双重有效应力[J]. 自然杂志，1999，21(5)：288-292.

岩石的外观体积和流固两相压缩系数*

摘 要：岩石有3个体积和3个应力，因此岩石有多个压缩系数。油藏工程主要研究了孔隙压缩系数的计算和应用问题，对其他的压缩系数研究甚少。对外观体积和流固两相的压缩系数进行了研究，并分别推导出了它们的计算公式。岩石外观体积对孔隙压力的压缩系数与孔隙压缩系数相同。岩石孔隙体积对外压的压缩系数是孔隙度和骨架压缩系数的函数。岩石流固两相压缩系数为流体压缩系数和骨架压缩系数的加权调和平均值或加权倒数算术平均值，孔隙度为权值。

关键词：岩石；孔隙体积；孔隙度；压缩系数；外观体积；孔隙压力

0 引言

岩石不同于普通固体，岩石内部带有孔隙，而普通固体则没有孔隙[1]。孔隙是岩石储存流体的地方，岩石受压后将被压缩，压缩系数是岩石弹性能量大小的标志[2]。

岩石有多个压缩系数，油藏工程只使用孔隙压缩系数[3~6]，其他压缩系数都不使用，因此，关于岩石压缩系数的研究，也一直都是针对孔隙压缩系数而展开的[7~10]。

其他领域也使用岩石的压缩系数，主要是使用岩石外观体积的压缩系数。外观体积的压缩系数一般通过实验进行测量，目前还没有理论计算公式。

若岩石与饱其中的流体一起压缩，则需要确定流固两相压缩系数及其与流体压缩系数和固体压缩系数的关系，但目前还没有看到关于这方面的报道。

笔者的目的就是要解决岩石外观体积压缩系数和岩石流固两相压缩系数的计算问题。

1 压缩系数定义

岩石有3个体积：骨架体积，孔隙体积和外观体积(图1)。这2个体积满足下面的关系

$$V_s + V_p = V_b \tag{1}$$

式中 V_s——骨架体积，m^3；

V_p——孔隙体积，m^3；

V_b——外观体积，m^3。

岩石有3个应力：骨架应力，内应力(孔隙压力，内压)和外应力(外压)(图2)。这3个应力满足下面的关系[11,12]

$$\sigma = \phi p + (1 - \phi)\sigma_s \tag{2}$$

式中 σ——外应力，MPa；

---

* 该论文的合作者：朱苏阳

p——孔隙压力，MPa；

σ_s——骨架应力，MPa；

ϕ——岩石孔隙度，f。

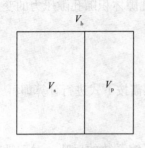 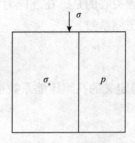

图 1　岩石体积构成图　　　　　　　　图 2　岩石应力构成图

当岩石任一应力发生变化时，岩石的 3 个体积都将发生变化，因此，岩石有 9 个压缩系数[1]

$$c_{ij} = (-1)^n \frac{\partial V_i}{V_i \partial \sigma_j} \tag{3}$$

式中　$i = b$、s、p——分别表示外观体积、骨架体积和孔隙体积，m^3；

$j = b$、s、p——分别表示外应力、骨架应力和内应力，MPa。当 $j = b$、s 时，$n = 1$；当 $j = p$ 时，$n = 2$。

式(3)中第一个下标符号表示体积，第二个下标符号表示应力，如 c_{pb} 表示孔隙体积对外应力的压缩系数，c_{pp} 表示孔隙体积对孔隙压力的压缩系数。当两个下标相同时就简化成一个下标，如 c_{pp} 一般简写成 c_p。

由于式(1)和式(2)的约束关系，3 个体积和 3 个应力中都只有 2 个是独立的，因此，9 个压缩系数中只有 4 个是独立的。

2　骨架和孔隙压缩系数

骨架颗粒是岩石中的固体成分。与流体一样，固体骨架的压缩系数可以定义为

$$c_s = -\frac{dV_s}{V_s d\sigma_s} \tag{4}$$

式中　c_s——固体骨架的压缩系数，MPa^{-1}。

根据固体力学理论，在弹性变形条件下固体骨架的压缩系数可用下式计算

$$c_s = \frac{3(1 - 2\nu)}{E_s} \tag{5}$$

式中　ν——固体骨架的泊松比，f；

E_s——固体骨架的弹性模量，MPa。

弹性模量的大小反映了固体骨架的硬度，弹性模量越大，骨架就越硬，其压缩系数也就越小。固体骨架的压缩系数不需要按式(4)进行实测，只需要在测量了岩石的力学参数之后按式(5)进行计算即可。固体骨架的压缩系数通常都是常数。一般情况下，实验室不会测量骨架的力学参数，而是测量整个岩石的力学参数，然后通过下式进行转换[13]

$$E_s = \frac{E}{1 - \phi} \tag{6}$$

式中　E——岩石的弹性模量，MPa。

油藏工程关心的是，在外应力为常数的情况下岩石孔隙体积随孔隙压力的变化情况，即孔隙体积的压缩系数

$$c_p = \frac{dV_p}{V_p dp} \tag{7}$$

由式(7)定义的孔隙压缩系数也不需要进行实测，只需按下式进行计算即可[13~15]

$$c_p = \frac{\phi}{1 - \phi} c_s \tag{8}$$

由式(8)可以看出，孔隙压缩系数是孔隙度和骨架压缩系数的反映，对于骨架弹性模量为 1×10^4 MPa 的岩石，其孔隙压缩系数随孔隙度的变化曲线如图3所示。

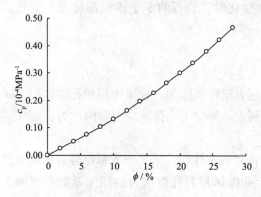

图3　孔隙压缩系数曲线

3　外观体积压缩系数

岩石外观体积的压缩系数可以分别定义为：①在外压不变的情况下，单位孔隙压力的外观体积变化率；②在内压不变的情况下，单位外压的外观体积变化率。因此，外观体积有2个压缩系数。

外观体积对内压的压缩系数为

$$c_{bp} = \frac{dV_b}{V_b dp} \tag{9}$$

式中　c_{bp}——外观体积对孔隙压力的压缩系数，MPa^{-1}。

外观体积对外压的压缩系数为

$$c_b = -\frac{dV_b}{V_b d\sigma} \tag{10}$$

式中　c_b——外观体积对外应力的压缩系数，MPa^{-1}。

3.1　恒定外压

在恒定外压情况下，岩石因内压降低而被压缩，当内压由 p_1 降到 p_2，骨架应力将由 σ_{s1} 升到 σ_{s2}（图4）。岩石的压缩，皆因骨架的压缩所致。若骨架没有变化，则岩石外观体积也

不会变化。在本体变形情况下，岩石外观体积随骨架体积一起压缩，岩石的孔隙度并不发生变化[16,17]。因此，式(9)可以写成

$$c_{bp} = \frac{dV_s}{V_s dp} \tag{11}$$

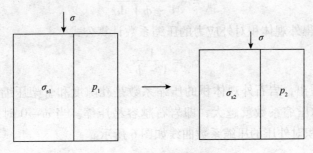

图4   外观体积随内压压缩图

根据式(2)，得

$$dp = -\frac{1-\phi}{\phi}d\sigma_s \tag{12}$$

把式(12)代入式(11)，得

$$c_{bp} = -\frac{\phi}{1-\phi}\frac{dV_s}{V_s d\sigma_s} \tag{13}$$

再结合式(4)，得外观体积对孔隙压力的压缩系数计算公式

$$c_{bp} = \frac{\phi}{1-\phi}c_s \tag{14}$$

由式(14)和式(8)可以看出，岩石外观体积对孔隙压力的压缩系数与孔隙压缩系数完全相同。

3.2   恒定内压

在恒定内压的情况下，岩石因外压升高而被压缩，同时排出其中的流体，当外压由 σ_1 升到 σ_2，骨架应力将由 σ_{s1} 升到 σ_{s2}（图5）。在本体变形情况下，岩石外观体积随骨架体积一起压缩。因此，式(10)可以写成

$$c_b = -\frac{dV_s}{V_s d\sigma} \tag{15}$$

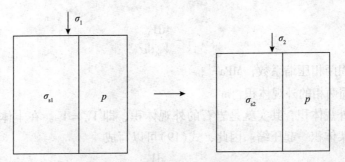

图5   外观体积随外压压缩图

根据式(2)，得

$$d\sigma = (1 - \phi)d\sigma_s \tag{16}$$

把式(16)代入式(15)，得

$$c_b = -\frac{1}{1 - \phi}\frac{dV_s}{V_s d\sigma_s} \tag{17}$$

再结合式(4)，得外观体积对外应力的压缩系数计算公式

$$c_b = \frac{1}{1 - \phi}c_s \tag{18}$$

由式(18)可以看出，岩石外观体积的压缩系数是孔隙度和骨架压缩系数的函数，孔隙度越大，外观体积的压缩系数就越大，即岩石越容易压缩。当$\phi \to 0$时，则岩石$\to$普通固体，$c_b \to c_s$。外观体积对外压的压缩系数曲线如图6所示。

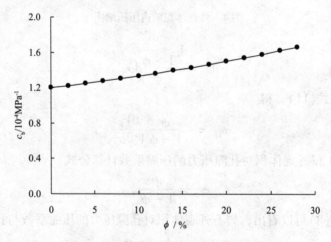

图6　外观体积对外压的压缩系数曲线

4　流固两相压缩系数

不论是孔隙压缩系数、骨架压缩系数，还是外观体积压缩系数，都是单相压缩系数。当孔隙流体和岩石骨架作为一个整体进行压缩时，在流体无法排出的情况下，就是流固两相的压缩问题。流固两相压缩系数除了与孔隙度有关外，还与流体和固架的压缩系数有关。当外压由σ_1升到σ_2，骨架应力将从σ_{s1}升到σ_{s2}，孔隙压力将从p_1升到p_2(图7)。流固两相的压缩系数定义为

$$c_{bt} = -\frac{dV_{bt}}{V_{bt}d\sigma} \tag{19}$$

式中　c_{bt}——流固两相压缩系数，MPa^{-1}；

　　　V_{bt}——流固两相的外观体积，m^3。

流固两相的外观体积，其实就是岩石的外观体积，即$V_{bt} = V_b$。在本体变形情况下，岩石外观体积随骨架体积一起压缩。因此，式(19)可以写成

$$c_{bt} = -\frac{dV_s}{V_s d\sigma} \tag{20}$$

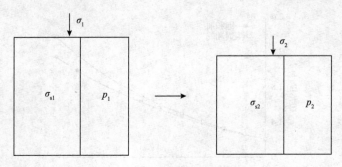

图7　岩石流固两相压缩图

把式(20)改写成

$$c_{bt} = -\frac{dV_s}{V_s d\sigma_s}\frac{d\sigma_s}{d\sigma} \tag{21}$$

再结合式(4)，式(21)可以写成

$$c_{bt} = \frac{d\sigma_s}{d\sigma}c_s \tag{22}$$

由于岩石压缩过程中流体无法排出，因此，孔隙体积的减少量等于流体体积的压缩量，则有

$$c_s d\sigma_s = c_f dp \tag{23}$$

式中　c_f——流体压缩系数，MPa^{-1}。

对式(2)两侧求导数，得

$$d\sigma = \phi dp + (1-\phi)d\sigma_s \tag{24}$$

把式(23)代入式(24)，得

$$\frac{d\sigma_s}{d\sigma} = \frac{c_f}{(1-\phi)c_f + \phi c_s} \tag{25}$$

把式(25)代入式(22)，得流固两相压缩系数

$$c_{bt} = \frac{c_f c_s}{(1-\phi)c_f + \phi c_s} \tag{26}$$

式(26)也可以写成

$$\frac{1}{c_{bt}} = \frac{1-\phi}{c_s} + \frac{\phi}{c_f} \tag{27}$$

式(27)就是岩石流固两相压缩系数与流体和骨架压缩系数的关系方程。由式(27)可以看出，流固两相的压缩系数为流体压缩系数和骨架压缩系数的加权调和平均值或加权倒数算术平均值，孔隙度为权值。当 $\phi \to 0$ 时，岩石→普通固体，$c_{bt} \to c_s$；当 $\phi \to 1$ 时，岩石→流体，$c_{bt} \to c_f$。式(27)把流体、固体和多孔介质岩石统一了起来。流体可以是水，也可以是油或气。弹性模量为 $1 \times 10^4 MPa$ 的固体骨架压缩系数为 $1.2 \times 10^{-4} MPa^{-1}$，若流体为油，压缩系数取 $10 \times 10^{-4} MPa^{-1}$；若流体为气，压缩系数取 $100 \times 10^{-4} MPa^{-1}$；则流固两相的压缩系数随孔隙度的变化曲线如图8所示。从图8可以看出，流体性质对流固两相压缩系数产生了很大的影响。

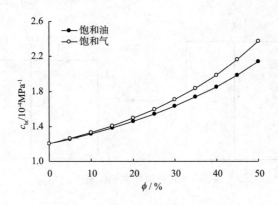

图 8　岩石流固两相压缩系数曲线

5　结论

（1）岩石外观体积的压缩系数是孔隙度和骨架压缩系数的函数。

（2）岩石外观体积对内压的压缩系数与孔隙压缩系数相同，对外压的压缩系数为式（18）。

（3）岩石流固两相的压缩系数为流体压缩系数和骨架压缩系数的加权调和平均值或加权倒数算术平均值，孔隙度为权值，即式（27）。

参 考 文 献

[1]李传亮．油藏工程原理[M]．第2版．北京：石油工业出版社，2011：71-90．

[2]李传亮，朱苏阳．油藏天然能量评价新方法[J]．岩性油气藏，2014，26(5)：1-4．

[3]李传亮，姚淑影，李冬梅．油藏工程该使用哪个岩石压缩系数？[J]．西南石油大学学报（自然科学版），2010，32(2)：182-184．

[4]李传亮．岩石应力敏感指数与压缩系数之间的关系式[J]．岩性油气藏，2007，19(4)：95-98．

[5]李传亮．地层抬升会导致异常高压吗？[J]．岩性油气藏，2008，20(2)：124-126．

[6]李传亮，涂兴万．储层岩石的2种应力敏感机制[J]．岩性油气藏，2008，20(1)：111-113．

[7]孙良田．油层物理实验[M]．北京：石油工业出版社，1992：79-88．

[8]秦同洛，李璗，陈元千．实用油藏工程方法[M]．北京：石油工业出版社，1989：64-65．

[9]李传亮．实测岩石压缩系数偏高的原因分析[J]．大庆石油地质与开发，2005，24(5)：53-54．

[10]Hall H N. Compressibility of reservoir rocks[J]. Trans. , AIME, 1953, 198：309-311.

[11]李传亮．多孔介质的应力关系方程[J]．新疆石油地质，2002，23(2)：163-164．

[12]李传亮，孔祥言，徐献芝，等．多孔介质的双重有效应力[J]．自然杂志，1999，21(5)：288-292．

[13]李传亮．岩石压缩系数测量新方法[J]．大庆石油地质与开发，2008，27(3)：53-54．

[14]李传亮．岩石压缩系数与孔隙度的关系[J]．中国海上油气（地质），2003，17(5)：355-358．

[15]李传亮．岩石的压缩系数问题[J]．新疆石油地质，2013，34(3)：354-356．

[16]李传亮．岩石欠压实概念质疑[J]．新疆石油地质，2005，26(4)：450-452．

[17]李传亮．岩石本体变形过程中的孔隙度不变性原则[J]．新疆石油地质，2005，26(6)：732-734．

应用压缩系数确定地震波速的新方法[*]

摘　要：地震波属于应力波和弹性波，其波速与介质密度和介质压缩系数密切相关。计算单相介质的地震波速有理论公式，计算双相介质的地震波速却没有理论公式，现有的经验公式和物理模型都存在一定的缺陷，而且夸大了孔隙度对波速的影响。根据研究，地层双相介质可以视为拟单相介质，因此采用单相介质的地震波速公式对其波速进行计算，只是计算时需采用基质和孔隙流体的平均参数。根据计算分析，在地层孔隙度范围内，孔隙度对地震波速的影响并不大。本次研究为确定地震波速提供了一个新的思路，展现了良好的实用性和应用前景。

关键词：岩石；地层；孔隙度；地震；压缩系数；波速；介质

0　引言

地震勘探是石油勘探的关键技术之一[1]。在进行地震资料解释时，地震波在地层岩石中传播的速度是地震勘探中的一个重要参数[2~5]。如果速度参数取值不准确，地质构造的解释结果就不可靠，也就无法有效指导石油勘探工作。地震波速不仅受岩石力学参数的影响，还受岩石物性参数及孔隙饱和流体性质的影响[4,5]。地震波的影响因素越多，其波速就越难确定。地震波速最可靠的确定方法是矿场测试，但由于地层埋深大，岩性范围广，不可能进行全部测试，只能在少量井点进行局部测试，这就大大降低了实测地震波速的使用精度。地震波速可以通过实验方法加以确定，但实验方法的选择决定了测试结果的准确度。因此，笔者通过岩石骨架与孔隙流体两相压缩系数来确定地震波速，以期为地震波速的求取提供新的思路。

1　单相介质

地震波也是应力波，是通过应力改变导致的介质变形在地层岩石中的传播过程。由于波动时其变形很小，属于弹性变形的范畴，因此，地震波也是弹性波。地震波有两种类型，即纵波（P 波）和横波（S 波），其中纵波在地震勘探中应用较多。纵波波速与介质的类型无关，只与介质的物性参数和力学参数有关。

纵波的速度计算公式[4,5]为

$$v_\mathrm{p} = \sqrt{\frac{\lambda + 2\mu}{\rho}} = \sqrt{\frac{E(1-\nu)}{\rho(1+\nu)(1-2\nu)}} \tag{1}$$

横波的速度计算公式为

$$v_\mathrm{s} = \sqrt{\frac{\mu}{\rho}} = \sqrt{\frac{E}{2\rho(1+\nu)}} \tag{2}$$

---

* 该论文的合作者：朱苏阳

式(1)和式(2)中　v_p——纵波波速，km/s；

　　　　　　　　v_s——横波波速，km/s；

　　　　　　　　λ——拉梅常数，MPa；

　　　　　　　　μ——剪切模量，MPa；

　　　　　　　　E——弹性模量，MPa；

　　　　　　　　ρ——介质密度，kg/m³；

　　　　　　　　ν——泊松比，dless。

由于流体的剪切模量为0，从式(2)可知，流体的横波波速也为0，即流体不能传播横波，下面只研究纵波问题。

流体没有(线)弹性模量的概念，只有体积模量的概念，为了统一研究固体和流体介质的波速问题，把弹性模量通过下式转换成体积模量[6]，即

$$K = \frac{E}{3(1-2\nu)} \tag{3}$$

式中　K——体积模量，MPa。

把式(3)代入式(1)，得纵波波速的计算公式

$$v_p = \sqrt{\frac{3K(1-\nu)}{\rho(1+\nu)}} \tag{4}$$

由于介质的压缩系数为体积模量的倒数，即

$$c = \frac{1}{K} \tag{5}$$

把式(5)代入式(4)，得

$$v_p = \sqrt{\frac{3(1-\nu)}{\rho c(1+\nu)}} \tag{6}$$

式中　c——介质压缩系数，MPa⁻¹。

由于纵波属于压缩波，其波速与压缩系数密切相关，因此，把纵波波速公式写成压缩系数的函数形式是比较合适的。

由式(6)可以看出，纵波波速不仅与介质的密度和压缩系数有关，还与介质的泊松比有关。由于泊松比一般变化较小，因此影响纵波波速的主要因素是介质密度和压缩系数。介质密度与压缩系数的乘积越大，纵波波速就越小[4]（表1）。

表1　3种介质参数对比

介质类型	$\rho/(\text{g/cm}^3)$	c/MPa^{-1}	$\rho c/[\text{g}/(\text{cm}^3 \cdot \text{MPa})]$	$v_p/(\text{km/s})$
水	1.0	4.58×10^{-4}	4.58×10^{-4}	1.43~1.59
铝	2.7	0.42×10^{-4}	1.13×10^{-4}	6.3~7.1
铜	8.96	0.29×10^{-4}	2.60×10^{-4}	4.82~5.96

由式(6)和表1可以看出，纵波波速并不唯一取决于介质密度，而是取决于介质密度与压缩系数的乘积。介质密度越大、波速就越大的定性认识[5]，其实并不正确。

2　双相介质

地层岩石不是单相介质，而是由固体骨架(基质)与孔隙流体组成的双相介质。地震波

在双相介质中的传播是一个十分复杂的问题，计算地震波速还没有精确的理论公式。据文献[4，5]报道，Wylie 在 1956 年给出了一个双相介质波速的计算公式

$$\frac{1}{v_\text{p}} = \frac{1-\phi}{v_\text{m}} + \frac{\phi}{v_\text{f}} \tag{7}$$

式中　v_m——基质波速，km/s；

　　　v_f——流体波速，km/s；

　　　ϕ——孔隙度，f。

式(7)适用的物理模型如图 1 所示，图中地震波交替通过基质和流体，通过基质的时间与通过流体的时间之和为通过双相介质的总时间。在测井中用声波时差表示双相介质的波速[7,8]，并用式(7)解释岩石孔隙度。

图 1 中的双相介质模型(模型Ⅰ)其实并不能代表地层岩石，因为该模型不能传播横波，实际上地层岩石是能够传播横波的。式(7)在实际应用时存在较大的偏差，需要进行修正。据文献[4，5]报道，式(7)只适用于流体压力与岩石压力相等的情况。其实地层的流体压力一般都小于岩石的骨架应力，因此式(7)根本没有使用对象。当流体压力减小后，认为采用下面的修正公式比较合适[4,5]

$$\frac{1}{v_\text{p}} = \frac{1-\alpha\phi}{v_\text{m}} + \frac{\alpha\phi}{v_\text{f}} \tag{8}$$

式中　α——修正常数。

由式(7)与式(8)绘制的波速随孔隙度的变化曲线如图 2 所示，图中 2 条曲线的变化规律基本一致，只存在很小的数值差异，因而，修正公式不会对地震资料解释产生影响。

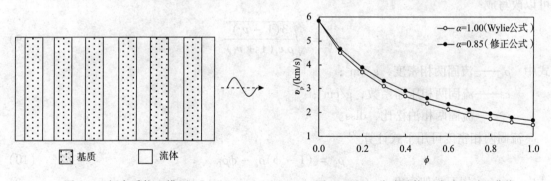

图 1　双相介质物理模型(Ⅰ)　　　　　　图 2　Wylie 公式及修正式波速对比曲线

由式(7)计算的地震波速在孔隙度为 0 时等于基质波速，在孔隙度为 1 时等于流体波速，中间为下凸型变化规律，即波速先随孔隙度减小快，后随孔隙度减小慢。地层岩石的孔隙度一般都较小(＜30%)，由式(7)计算的结果显示孔隙度对地震波速产生了很大的影响。实际上，传播地震波的介质主要是固体骨架(基质)，式(7)明显夸大了孔隙度及其中流体的作用。

修正公式(8)在孔隙度为 1 时，地层波速并不等于流体波速，而是高于流体波速，方程不闭合，具有明显的缺陷。由于 α 的取值仅凭经验，因此式(8)是一个经验公式。

第二种双相介质的物理模型(模型Ⅱ)如图 3 所示，图中地震波的传播过程不是交替通过基质和孔隙流体，而是各自沿着基质和流体介质传播，这样的物理模型将会有 2 个波速不

同的纵波在地层中传播。而实际地层中并没有2个纵波，因此图3的这种物理模型也不能反映地层岩石的真实情况。

第三种双相介质的物理模型（模型Ⅲ）如图4所示，即在基质中发育了一些孔隙。若地震波传播过程中绕过这些孔隙，则孔隙对地震波不产生影响。

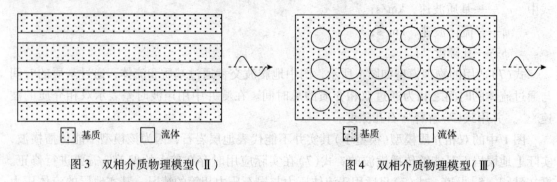

图3　双相介质物理模型（Ⅱ）　　　　图4　双相介质物理模型（Ⅲ）

上述3个物理模型都不能解决双相介质的地震波速计算问题，因此笔者欲改变思路，从其他途径研究地震波速的计算问题。

3　拟单相介质

地层岩石中存在流固两相，即双相介质。但是，地震波传播过程中流体并不流动，宏观上与单相介质没什么区别，可以视为单相介质。笔者把这种由流固2种物质组成的介质称作拟单相介质，拟单相介质的计算参数应选用流固两相的平均值，此时计算纵波波速的式(6)可以改写成

$$v_p = \sqrt{\frac{3(1 - \nu_t)}{\rho_t c_t (1 + \nu_t)}} \tag{9}$$

式中　ρ_t——流固两相密度，g/cm^3；

　　　c_t——流固两相压缩系数，g/cm^3；

　　　ν_t——流固两相泊松比，dlss。

流固两相密度可用下式计算[9]

$$\rho_t = (1 - \phi)\rho_s + \phi\rho_f \tag{10}$$

式中　ρ_s——岩石骨架密度，g/cm^3；

　　　ρ_f——孔隙流体密度，g/cm^3。

流固两相泊松比可用下式计算

$$\nu_t = (1 - \phi)\nu_s + \phi\nu_f \tag{11}$$

式中　ν_s——岩石骨架泊松比，dless；

　　　ν_f——孔隙流体泊松比，dless。

流固两相压缩系数可用下式计算[10]

$$\frac{1}{c_t} = \frac{1 - \phi}{c_s} + \frac{\phi}{c_f} \tag{12}$$

式中 c_s——基质压缩系数，MPa^{-1}；

c_f——孔隙流体压缩系数，MPa^{-1}。

由于岩石和流体的密度和压缩系数等参数很容易通过实验测得[11]，因此，通过式(9)则很容易确定出地层岩石的纵波波速。

4 对比分析

地层岩石的基质和流体参数以及用式(9)计算的基质和流体波速均列于表2中。

表2 基质和流体参数

介质类型	$\rho/(\mathrm{g/cm^3})$	$c/\mathrm{MPa^{-1}}$	ν	$v_p/(\mathrm{km/s})$
基质	2.65	0.2×10^{-4}	0.25	5.83
流体	1.0	4.58×10^{-4}	0.5	1.48

由式(9)与式(7)(Wylie 公式)计算的地层波速随孔隙度变化曲线(图5)对比可以看出，拟单相介质的波速变化规律发生了根本性的变化，波速曲线为上凸型曲线，即波速先随孔隙度减小慢，后随孔隙度减小快。在较小的地层孔隙度范围内，孔隙度对波速的影响并不大，与基质波速相比，用式(9)计算，20%的孔隙度只让地层波速减小了8.95%；而用式(7)计算，20%的孔隙度则让地层波速减小了37.06%。波速变化过于剧烈，现场应用时就难以把握和取值，而式(9)为地震波速的确定提供了新的方法。

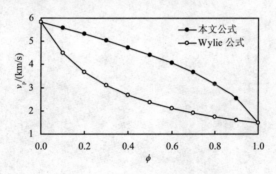

图5 地层波速随孔隙度变化曲线

5 结论

(1)纵波波速公式可以写成介质压缩系数的函数，单相介质的地震波速随介质密度与压缩系数乘积的增大而减小。

(2)双相介质可以视为拟单相介质，其地震波速公式与单相介质形式上完全相同，计算参数采用流体和骨架的平均值。

(3)在地层孔隙度范围内，孔隙度对地震波速的影响不是很大，Wylie 公式夸大了孔隙度对地震波速的影响。

参 考 文 献

[1]陈鸿璠. 石油工业通论[M]. 北京：石油工业出版社，1995：55 – 75.

[2]陈可洋，陈树民，李来林，等. 地震波动方程方向行波波场分离正演数值模拟与逆时成像[J]. 岩性油
气藏，2014，26(4)：130 – 136.

[3]陈可洋. 各向异性弹性介质方向行波波场分离正演数值模拟[J]. 岩性油气藏，2014，26(5)：91 – 96

[4]李录明，李正文. 地震勘探原理、方法和解释[M]. 北京：地质出版社，2007：60 – 67.

[5]陆基梦. 地震勘探原理(上册)[M]. 山东东营：石油大学出版社，1993：189 – 209.

[6]刘鸿文. 材料力学(上册)[M]. 第2版. 北京：高等教育出版社，1982：293 – 298.

[7]丁次乾. 矿场地球物理[M]. 山东东营：石油大学出版社，1992：97 – 99.

[8]刘向君，刘堂晏，刘诗琼. 测井原理及工程应用[M]. 北京：石油工业出版社，2006：43 – 46.

[9]李传亮. 油藏工程原理[M]. 第2版. 北京：石油工业出版社，2011：107 – 109.

[10]李传亮，朱苏阳. 岩石的外观体积和流固两相压缩系数[J]. 岩性油气藏，2015，27(2)：1 – 5.

[11]孙良田. 油层物理实验[M]. 北京：石油工业出版社，1992：20 – 88.

储层岩石的应力敏感性评价方法

摘　要：油气藏岩石同时受外应力(外压)和内应力(内压，孔隙压力)的共同作用。油气藏岩石对外应力的敏感程度用外应力敏感指数进行评价，对内应力的敏感程度用内应力敏感指数进行评价。油气藏的外应力敏感指数远大于内应力敏感指数。由于油气藏生产过程中外应力不发生变化，内应力随开采过程而不断变化，因此，油气藏岩石的应力敏感程度应采用内应力敏感指数。岩石的外应力敏感指数仅受应力受敏感系数的影响，岩石的内应力指数受应力敏感系数和孔隙度的共同影响。因加载过程存在塑性变形，应力敏感性评价应采用卸载曲线。致密岩石的应力敏感程度极弱，生产过程可将其忽略。

关键词：油气藏；岩石；渗透率；应力敏感

0　引言

近年来人们对油气藏的应力敏感性问题进行了大量的实验研究[1~9]，但应力敏感程度的评价方法一直没有得到很好的解决。一是没有一个确定的评价标准，二是没有把实验室的测量结果转换成油气藏条件。因此，所谓油气藏的应力敏感性都只是实验室里的结论，而非油气藏自身的性质。

1　应力敏感现象

所谓应力敏感性，是指油气藏岩石的渗透率等物性参数随应力条件而变化的性质。通常情况下，油气藏的外应力(外压)为一常数，当从油气藏岩石的孔隙中采出流体时，孔隙压力(内应力，内压)从原始地层压力 p_i 下降到 p，岩石因而被压缩，岩石的相关物性参数也跟着发生变化(图 1)。一些强应力敏感性地层，还伴随有地表的明显沉降和储层的垮塌现象。

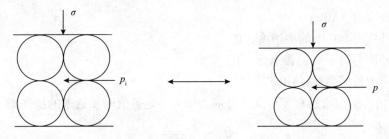

图1　油气藏岩石应力敏感图

储层岩石的应力敏感程度用内应力敏感指数来进行评价，以渗透率的应力敏感性为例，储层岩石的内应力敏感指数定义为地层压力下降一定数值时渗透率的损失率，即

$$SI_p = \frac{k_i - k}{k_i} \tag{1}$$

式中 SI_p——应力敏感指数，f；

k_i——原始地层压力下的储层渗透率，D；

k——某个地层压力下的储层渗透率，D。

应力敏感指数是一个跨度指标，在分析油气藏的应力敏感性时，必须指明地层压力的下降幅度。为了便于油气藏之间的对比和评价，储层岩石的应力敏感指数统一取作地层压力下降10MPa时的数值。本文给出的评价标准是：当 $SI_p < 0.1$ 时，为弱敏感；当 $SI_p = 0.1 \sim 0.3$ 时，为中等敏感；当 $SI_p > 0.3$ 时，为强敏感。

2 室内评价

式(1)是油气藏内应力敏感指数的定义式，但却没办法进行矿场评价，因为 k_i 和 k 在矿场上都不容易测量。油气藏的应力敏感性评价通常是在实验室的岩心上进行的，一般情况下岩心的内压为常压，通过不断改变外压来测量岩石物性参数的变化。实验可以沿着增大外压的方式进行，也可以沿着减小外压的方式进行。当外压不断增大（加载）时，岩心被压缩，岩石的渗透率也跟着减小；当外压不断减小（卸载）时，岩心膨胀，岩石的相渗透率也跟着增大（图2、图3）。

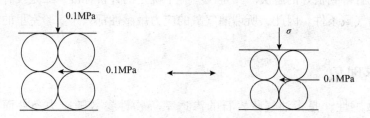

图2 实验室岩石应力敏感图

渗透率随外应力的变化曲线，称作岩石的外应力敏感曲线。岩石的外应力敏感曲线基本上呈指数规律变化（图3），它可以用下面的方程进行描述

$$k = k_o e^{-b\sigma} \tag{2}$$

式中 σ——外应力，MPa；

k_o——外应力为0时的渗透率，D；

k——外应力为 σ 时的渗透率，D；

b——应力敏感系数，MPa^{-1}。

储层岩石的外应力敏感程度定义为外应力增大一定数值时渗透率的损失率，即

$$SI_\sigma = \frac{k_o - k}{k_o} \tag{3}$$

式中 SI_σ——外应力敏感指数，f。

把式(2)代入式(3)，得

$$SI_\sigma = 1 - e^{-b\sigma} \tag{4}$$

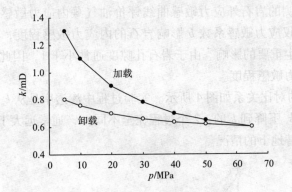

图3 储层岩石外应力敏感曲线

为了便于对比和分析，储层岩石的外应力敏感指数也统一取作外应力增大 10MPa 时的数值，即

$$SI_\sigma = 1 - e^{-10b} \tag{5}$$

由式(5)可以看出，应力敏感系数 b 是决定外应力敏感指数的关键因素。

3 油气藏评价

显然，式(5)计算的敏感指数是油气藏岩石的外应力敏感指数，它并不反映油气藏岩石对孔隙压力的敏感程度，油气藏实际生产时表现出的是岩石对孔隙压力(内压)的敏感性。由于油气藏岩石的内应力敏感曲线不方便实测，因此，必须将实测的外应力敏感曲线转换成内应力敏感曲线，然后，再对油气藏的应力敏感性进行评价。对于致密的岩石来说，转换是通过岩石的本体有效应力来完成的，岩石的本体有效应力为[10,11]

$$\sigma_{eff}^p = \sigma - \phi p \tag{6}$$

式中　σ_{eff}^p——本体有效应力，MPa；

　　　p——孔隙压力，MPa；

　　　ϕ——孔隙度，%。

根据本体有效应力，式(2)可以写成

$$k = k_o e^{-b(\sigma - \phi p)} \tag{7}$$

由式(7)可以计算出原始地层压力下的油气藏渗透率

$$k_i = k_o e^{-b(\sigma - \phi p_i)} \tag{8}$$

由式(7)还可以计算出任意地层压力下的油气藏渗透率

$$k = k_o e^{-b(\sigma - \phi p)} \tag{9}$$

结合式(8)，式(9)也可以写成

$$k = k_i e^{-b\phi(p_i - p)} \tag{10}$$

把式(10)代入式(1)，得油气藏的内应力敏感指数

$$SI_p = 1 - e^{-b\phi(p_i - p)} \tag{11}$$

由于把油气藏的应力敏感指数统一定义为地层压力下降 10MPa 时的数值，因此，式(11)可以写成

$$SI_p = 1 - e^{-10b\phi} \tag{12}$$

式(12)就是用实测的岩石外应力敏感曲线评价油气藏内应力敏感程度的计算公式。由式(12)可以看出,不仅应力敏感系数 b 影响岩石的内应力敏感程度,岩石孔隙度也对岩石的内应力敏感程度产生重要的影响。由于岩石孔隙度通常小于 1,因此,油气藏的内应力敏感程度通常小于外应力敏感程度。

k_o、k_i 和 k 之间的对比关系如图 4 所示。实验过程中渗透率是从 k_o 下降到 k 的,而生产过程中的渗透率是从 k_i 下降到 k 的,2 个过程完全不同,k_o 通常远大于 k_i,因此,不能直接用实验室的结果来代替地下的情况。

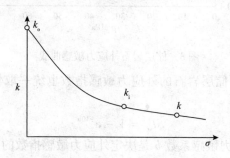

图 4　不同应力下渗透率对比

4　应用实例

图 3 为一块岩心($\phi = 5.5\%$)的渗透率外应力敏感测试曲线,显然,加载过程中出现了明显的塑性变形,不宜用来进行油藏的应力敏感性评价。卸载过程的应力敏感曲线方程为

$$k = 0.7762 e^{-0.0046\sigma} \tag{13}$$

由式(13)可以看出,岩石的应力敏感系数为 $b = 0.0046$,把该值代入式(5),得外应力敏感指数为 $SI_\sigma = 4.5\%$,代入式(12),得内应力敏感指数为 $SI_p = 0.25\%$。计算结果表明,内压下降 10MPa 与外压增大 10MPa 对油气藏产生的影响是不同的。

但是,若用加载曲线进行计算,则得到完全不同的结论。加载曲线方程为

$$k = 1.236 e^{-0.0124\sigma} \tag{14}$$

由式(14)可以看出,岩石的应力敏感系数 $b = 0.0124$,把该值代入式(5),得外应力敏感指数为 $SI_\sigma = 11.66\%$,代入式(12),得内应力敏感指数 $SI_p = 0.67\%$。计算结果表明,加载过程的应力敏感程度比卸载过程增大了许多。总体说来,岩石对应力变化的敏感程度很弱,生产过程可将其忽略。

5　结论

(1)油气藏岩石对外应力的敏感程度与对内应力的敏感程度不同,外应力敏感程度强于内应力敏感程度。

(2)由于油气生产过程是内压不断改变的过程,因此,油气藏的应力敏感性评价应采用内应力敏感指数,不能采用外应力敏感指数。

(3)因加载过程存在塑性变形,使岩石的应力敏感性失真,应力敏感程度的评价应采用卸载曲线。

(4)致密介质的应力敏感程度很弱,生产过程可将其忽略。

参 考 文 献

[1] 王秀娟，杨学保，迟博，等. 大庆外围低渗透储层裂缝与地应力研究[J]. 大庆石油地质与开发，2004，23(5)：88-90.

[2] 王秀娟，赵永胜，文武，等. 低渗透储层应力敏感性与产能物性下限[J]. 石油与天然气地质，2003，24(2)：162-165.

[3] 向阳，向丹，杜文博. 致密砂岩气藏应力敏感的全模拟试验研究[J]. 成都理工大学学报，2002，29(6)：617-619.

[4] 杨满平，李允，李治平. 气藏含束缚水储层岩石应力敏感性实验研究[J]. 天然气地球科学，2004，15(3)：227-229.

[5] 张浩，康毅力，陈一健，等. 岩石组分和裂缝对致密砂岩应力敏感性影响[J]. 天然气工业，2004，24(7)：55-57.

[6] 张新红，秦积舜. 低渗岩心物性参数与应力关系的试验研究[J]. 石油大学学报(自然科学版)，2001，25(4)：56-60.

[7] 石玉江，孙小平. 长庆致密碎屑岩储集层应力敏感性分析[J]. 石油勘探与开发，2001，28(5)：85-87.

[8] 廖新维，王小强，高旺来. 塔里木深层气藏渗透率应力敏感性研究[J]. 天然气工业，2004，24(6)：93-94.

[9] 陈古明，胡捷. 平落坝气田须二段气藏储层敏感性实验分析[J]. 天然气工业，2001，21(3)：53-56.

[10] 李传亮，孔祥言，徐献芝，等. 多孔介质的双重有效应力[J]. 自然杂志，1999，21(5)：288-292.

[11] 李传亮，孔祥言，杜志敏，等. 多孔介质的流变模型研究[J]. 力学学报，2003，35(2)：230-234.

岩石应力敏感指数与压缩系数之间的关系式

摘　要： 油藏岩石的渗透率随应力变化的性质称为岩石的应力敏感性。岩石的应力敏感程度与岩石的压缩系数之间存在密切的关系。岩石的压缩性强，应力敏感程度就高。本文建立了岩石应力敏感指数与压缩系数之间的理论关系式。根据该公式，油藏岩石的压缩系数很小，应力程度极其微弱，生产过程中可将其忽略。

关键词： 油藏；渗透率；应力敏感；压缩系数；关系式

0　引言

油藏岩石通常受外应力(外压，σ)和内应力(内压，p)的共同作用(图1)。当内、外应力发生变化时，渗透率也随之发生变化，岩石的这种性质称作应力敏感性。由于石油开采过程中外应力一般为常数，内应力随流体的采出和注入而发生变化，因此，油藏岩石的应力敏感程度一般是指渗透率对内应力的敏感程度，其大小用应力敏感指数 SI_p 来衡量[1,2]。

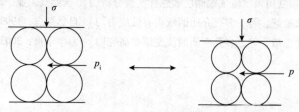

图1　岩石应力构成及压缩图

岩石的应力敏感指数与岩石的压缩系数存在密切的关系。如果岩石不可压缩，岩石的渗透率就不会发生变化，岩石的应力敏感指数为0。本文的目的就是建立不存在结构变形的常规致密介质油藏的应力敏感指数与压缩系数之间的数学关系式。

1　应力敏感指数

油藏岩石的应力敏感指数，定义为地层压力下降一定数值时的渗透率损失率[2]，即

$$SI_p = \frac{k_i - k}{k_i} \tag{1}$$

式中　SI_p——应力敏感指数，f；

　　　k_i——原始地层压力下的储层渗透率，D；

　　　k——某个地层压力下的储层渗透率，D。

应力敏感指数是一个跨度指标，在分析油气藏的应力敏感性时，必须指明地层压力的下降幅度。为了便于油气藏之间的对比和评价，油藏岩石的应力敏感指数统一取作地层压力下降10MPa时的数值。应力敏感程度的评价标准为：当 $SI_p < 0.1$ 时，为弱敏感；当 $SI_p = 0.1 \sim 0.3$ 时，为中等敏感；当 $SI_p > 0.3$ 时，为强敏感。

岩石的应力敏感程度一般通过实验方法进行评价。实测的应力敏感曲线一般如图2所示，它是在内压为常压、不断增大外压来实现的。图2中的实测应力敏感曲线可用下式进行描述

$$k = k_o e^{-b\sigma} \tag{2}$$

式中　σ——岩石的外应力，MPa；

　　　k_o——外应力为0时的渗透率，D；

　　　k——外应力为σ时的渗透率，D；

　　　b——应力敏感系数，MPa^{-1}。

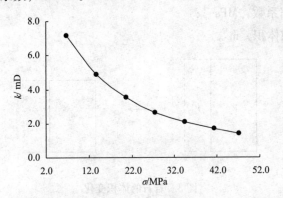

图2　岩石实测应力敏感曲线

岩石实测应力敏感曲线是在内压为常压时不断改变外压来实现的，而油藏岩石的应力敏感曲线是在外压为常数时不断改变内压来实现的。若用图2的室内实测应力敏感曲线来评价油藏岩石的应力敏感程度，必须采用本体有效应力将其转换成油藏条件下的应力敏感曲线[3]，即

$$k = k_o e^{-b(\sigma-\phi p)} \tag{3}$$

式中　ϕ——孔隙度，f；

　　　p——内压，MPa。

由式(3)计算出的原始地层压力下的油藏渗透率为

$$k_i = k_o e^{-b(\sigma-\phi p_i)} \tag{4}$$

式中　p_i——原始地层压力，MPa；

　　　k_i——原始地层压力下的渗透率，D。

由式(3)计算出的某个地层压力下的油藏渗透率为

$$k = k_o e^{-b(\sigma-\phi p)} \tag{5}$$

把式(4)和式(5)代入式(1)，得

$$SI_p = 1 - e^{-b\phi(p_i-p)} \tag{6}$$

由于油藏的应力敏感程度统一定义为地层压力下降10MPa时的数值，因此，式(6)也可以写成

$$SI_p = 1 - e^{-10b\phi} \tag{7}$$

式(7)就是评价油藏岩石应力敏感程度的公式。由式(7)可以看出，孔隙度和应力敏感系数是影响岩石应力敏感程度的2个主要参数。孔隙度和应力敏感系数越大，岩石的应力敏感程度就越强。

2 岩石压缩系数

岩石存在3个体积：骨架体积、孔隙体积和外观体积。当岩石的内压发生变化时，岩石的3个体积都将发生变化(图3)，但油藏工程只关心孔隙体积随内压的变化性质，因此，岩石的压缩系数通常用下式定义[4]

$$c_{\mathrm{p}} = \frac{\mathrm{d}V_{\mathrm{p}}}{V_{\mathrm{p}}\mathrm{d}p} \tag{8}$$

式中　c_{p}——岩石压缩系数，MPa^{-1}；

　　　V_{p}——岩石孔隙体积，m^3。

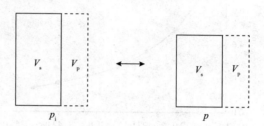

图3　岩石的体积变化

岩石的压缩系数与骨架的硬度有关，骨架越硬，压缩系数就越小。岩石的压缩系数还与岩石的疏松程度即岩石的孔隙度有关，孔隙度越大，压缩系数就越高。岩石的压缩系数与孔隙度和骨架压缩系数之间的关系式为[4]

$$c_{\mathrm{p}} = \frac{\phi}{1 - \phi}c_{\mathrm{s}} \tag{9}$$

式中　c_{s}——岩石骨架的压缩系数，MPa^{-1}。

弹性变形条件下岩石骨架的压缩系数可由下式计算

$$c_{\mathrm{s}} = \frac{3(1 - 2\nu)}{E_{\mathrm{s}}} \tag{10}$$

式中　E_{s}——岩石骨架的弹性模量，MPa；

　　　ν——岩石骨架的泊松比，dless。

图4为岩石压缩系数随孔隙度的变化曲线(弹性模量为 $1 \times 10^4 \mathrm{MPa}$)。

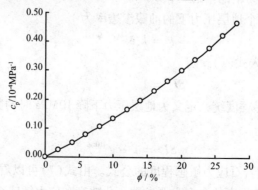

图4　岩石压缩系数曲线

3 应力敏感指数与压缩系数的关系式

岩石的压缩系数越大，表明岩石越容易压缩，岩石的应力敏感指数也就越高。若岩石为刚性固体，则应力敏感指数为0。因此，岩石的应力敏感指数与压缩系数之间存在一定的数学关系。图5(a)为岩石在原始地层压力 p_i 时的横截面，此时岩石的外观面积为 A_{bi}，孔隙面积为 A_{pi}。当岩石的内压下降到 p 时，岩石的外观面积被压缩为 A_b，孔隙面积被压缩为 A_p。

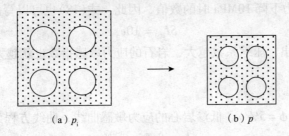

(a) p_i (b) p

图5 岩石横截面变化

在图5(a)的横截面中，如果孔隙的个数为 n，则平均孔隙半径为

$$r_i = \sqrt{\frac{A_{pi}}{\pi n}} \tag{11}$$

式中 r_i——原始地层压力下的平均孔隙半径，μm；

A_{pi}——原始地层压力下的孔隙面积，μm^2；

n——孔隙个数。

岩石的孔隙度为

$$\phi = \frac{A_{pi}}{A_{bi}} \tag{12}$$

式中 A_{bi}——原始地层压力下的岩石外观面积，μm^2。

岩石的渗透率可以用 Kozeny – Carman 方程进行计算[5]，即

$$k_i = \frac{\phi r_i^2}{8\tau^2} = \frac{A_{pi}^2}{8\tau^2 \pi n A_{bi}} \tag{13}$$

式中 τ——孔隙迂曲度，dless。

当孔隙压力下降到 p 时[图5(b)]，岩石的渗透率变为

$$k = \frac{A_p^2}{8\tau^2 \pi n A_b} \tag{14}$$

式中 A_p——地层压力为 p 时的岩石孔隙面积，μm^2；

A_b——地层压力为 p 时的岩石外观面积，μm^2。

把式(13)和式(14)代入式(1)，得

$$SI_p = 1 - \frac{A_p^2 A_{bi}}{A_{pi}^2 A_b} \tag{15}$$

根据岩石的压缩性质，岩石内压下降 Δp 时的孔隙面积压缩为

$$A_p = A_{pi}(1 - c_p \Delta p) \tag{16}$$

式中 Δp——地层压降，MPa。

根据岩石在本体变形过程中的孔隙度不变性原则[6,7]，岩石内压下降 Δp 时的外观面积压缩为

$$A_{\mathrm{b}} = A_{\mathrm{bi}}(1 - c_{\mathrm{p}}\Delta p) \tag{17}$$

把式（16）和式（17）代入式（15），得应力敏感指数计算公式

$$SI_{\mathrm{p}} = c_{\mathrm{p}}\Delta p \tag{18}$$

式（18）就是应力敏感指数与岩石压缩系数和地层压降之间的关系式。由于应力敏感指数统　定义为地层压力下降 10MPa 时的数值，因此，式（18）也可以写成

$$SI_{\mathrm{p}} = 10c_{\mathrm{p}} \tag{19}$$

由式（19）可以看出，压缩系数越大，岩石的应力敏感指数也就越大。

4　应用举例

图 2 为一块低孔（$\phi = 5\%$）、低渗岩心的应力敏感曲线，曲线方程为

$$k = 8.55\mathrm{e}^{-0.04\sigma} \tag{20}$$

由式（20）可以看出，岩石的压力敏感系数 $b = 0.04$，把有关参数代入式（7），得岩石的应力敏感指数 $SI_{\mathrm{p}} = 1.98\%$，油藏岩石为弱应力敏感。

岩心的压缩系数测量曲线如图 6 所示，由图中曲线可以看出，岩石的压缩系数极高，在净围压为 5MPa 时高达 $300 \times 10^{-4}\mathrm{MPa}^{-1}$，代入式（19），得岩石的应力敏感指数为 30%，为强应力敏感；在净围压为 70MPa 时，压缩系数为 $26 \times 10^{-4}\mathrm{MPa}^{-1}$，代入式（19），得岩石的应力敏感指数为 2.6%，为弱敏感。

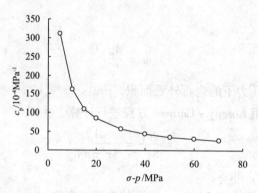

图 6　实测岩石压缩系数曲线

人们平时习惯于采用整个压力测试量程进行计算，即按照式（18）计算，油藏岩石的应力敏感指数高得离奇，即油藏岩石存在着极强的应力敏感性。例如，测试压力量程取 70MPa 时，压缩系数取平均值 $163 \times 10^{-4}\mathrm{MPa}^{-1}$，代入式（18），得岩石的应力敏感指数为 114.1%。这显然是一个错误的计算结果，说明实测的岩石压缩系数不正确。

如果按照图 4 中的岩石压缩系数曲线，岩心的压缩系数仅为 $0.5 \times 10^{-4}\mathrm{MPa}^{-1}$，代入式（19），得岩石的应力敏感指数为 0.05%，油藏岩石基本上不存在应力敏感性。即使按照整个 70MPa 的压力量程来进行计算，即按照式（18）计算，岩石的应力敏感指数也只有 0.35%，油藏岩石的应力敏感程度极其微弱，生产过程中可将其忽略。

笔者曾多次分析[8~12]，由于岩心表皮效应的存在，致使图 2 中的实测应力敏感曲线夸

大了岩石的应力敏感程度，也使得图6中的岩石压缩系数夸大了岩石的压缩性，因此，用图4中的岩石压缩系数，并用式(19)计算的应力敏感指数才真正反映了油藏岩石的应力敏感程度。

5 结论

(1)油藏岩石的应力敏感程度与压缩系数存在密切的关系，其关系为式(19)。

(2)实测应力敏感曲线因为存在表皮效应夸大了岩石的应力敏感程度。

(3)实测压缩系数曲线夸大了岩石的压缩性。

(4)常规致密介质油藏的应力敏感性极其微弱，生产过程可将其忽略。

因此，今后无需实测岩石的应力敏感曲线，只需通过弹性模量法测得了岩石的压缩系数，就可以用式(19)直接计算出油藏的应力敏感指数，为油田开发节省大量的实验费用。

参 考 文 献

[1]李传亮. 储层岩石的应力敏感性评价方法[J]. 大庆石油地质与开发，2006，25(1)：40-42.

[2]李传亮. 油藏工程原理[M]. 北京：石油工业出版社，2005：89-92.

[3]李传亮. 渗透率的应力敏感性分析方法研究[J]. 新疆石油地质，2006，27(3)：348-350.

[4]李传亮. 岩石压缩系数与孔隙度的关系[J]. 中国海上油气(地质)，2003，17(5)：355-358.

[5]何更生. 油层物理[M]. 北京：石油工业出版社，1994，11：43.

[6]李传亮. 孔隙度校正缺乏理论根据[J]. 新疆石油地质，2003，24(3)：254-256.

[7]李传亮. 岩石本体变形过程中的孔隙度不变性原则[J]. 新疆石油地质，2005，26(6)：732-734.

[8]李传亮. 低渗透储层不存在强应力敏感[J]. 石油钻采工艺，2005，27(4)：61-63.

[9]李传亮. 实测岩石压缩系数偏高的原因分析[J]. 大庆石油地质与开发，2005，24(5)：53-54.

[10]李传亮，杨学锋. 低渗透储集层油藏的产能特征分析[J]. 新疆石油地质，2006，27(5)：566-568.

[11]李传亮. 岩心分析过程中的表皮效应[J]. 天然气工业，2006，25(11)：38-39.

[12]李传亮. 储层岩石的应力敏感问题[J]. 石油钻采工艺，2006，28(6)：86-88.

储层岩石的两种应力敏感机制[*]

——应力敏感有利于驱油

摘　要：储层岩石存在本体变形和结构变形两种变形方式。储层岩石的应力敏感也存在本体变形应力敏感和结构变形应力敏感两种应力敏感机制。根据研究，岩石的本体变形导致的应力敏感程度极弱，生产过程中可以将其忽略；而岩石的结构变形导致的应力敏感程度则极强，它不仅不会降低油藏的产能，反而会维持油藏的地层能量和提高油藏的产能，十分有利于驱油。

关键词：油藏；岩石；应力敏感；本体变形；结构变形

0　引言

油藏岩石通常受外应力（外压，σ）和内应力（内压，p）的共同作用（图1）[1,2]。当内、外应力发生变化时，岩石将产生变形，进而导致岩石物性参数的变化，岩石的这种性质称作应力敏感性[3]。

岩石的变形有两种方式：本体变形和结构变形[2]。与之相对应，岩石的应力敏感机制也存在两种方式：本体变形应力敏感和结构变形应力敏感。

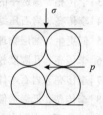

图1　岩石应力构成

1　本体变形应力敏感

所谓本体变形，是指因骨架颗粒自身的变形而导致的岩石整体变形。在本体变形过程中，骨架颗粒的排列方式并不发生变化，变化的是骨架颗粒自身的体积（图2）。本体变形实际上就是岩石的压缩变形或弹性变形。致密岩石因粒间的胶结作用，主要以本体变形为主。

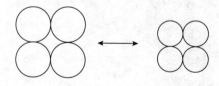

图2　岩石本体变形

岩石本体变形过程中的应力敏感指数与岩石的压缩系数之间存在下面的关系[4]

$$SI_{p} = 10c_{p} \tag{1}$$

式中　SI_{p}——应力敏感指数，f；

$\quad\quad c_{p}$——岩石压缩系数，MPa^{-1}。

由式（1）可以看出，岩石的压缩性越强，岩石的应力敏感程度就越高。

---

*　该论文的合作者：涂兴万

本体变形岩石的压缩系数与骨架的硬度有关，骨架越硬，压缩系数就越小。岩石的压缩系数还与岩石的疏松程度即岩石的孔隙度有关，孔隙度越大，压缩系数就越高。图 3 为岩石压缩系数随孔隙度的变化曲线（弹性模量为 10000MPa）[5]。

由于岩石的压缩系数很小，因此，岩石本体变形的应力敏感程度通常也很低。例如，当孔隙度为 5% 时，由图 3 确定的岩石压缩系数为 $0.5 \times 10^{-4} MPa^{-1}$，代入式（1），得岩石的应力敏感指数为 0.05%，即地层压力下降 10MPa，油藏渗透率或油井产量只损失 0.05%。这么小的应力敏感，不会导致储层岩石明显的变形，更不会引起地层的垮塌和地表的沉降。油藏岩石本体变形过程中的应力敏感程度极弱，对油藏生产不会产生明显的影响，生产过程中可将其忽略。虽然实验室得出了低渗透致密岩石存在强应力敏感的错误结果，但大量的油田生产实践却没有出现过强应力敏感的生产特征[6]。

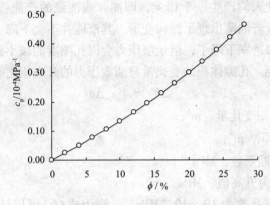

图 3　岩石压缩系数曲线

2　结构变形应力敏感

所谓结构变形，是指因骨架颗粒排列方式的改变而导致的岩石整体变形。在结构变形过程中，骨架颗粒自身的体积并不发生变化，变化的是骨架颗粒的排列方式（图 4）。岩石的变形量与骨架颗粒之间的相对位移、即岩石的结构变化有关。结构变形实际上就是岩石的压实变形或微观破坏，疏松的高孔隙度介质才可能产生结构变形。

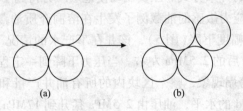

图 4　岩石的结构变形

岩石的结构变形将导致物性参数的剧烈变化。若图 4 中的多孔介质由一组圆柱体（半径为 r）排列而成，介质由正方形排列变形到了菱形排列。图 4（a）中正方形排列的孔隙度为 21.46%，等效的孔隙半径由下式计算

$$r_p = r \sqrt{\frac{4}{\pi} - 1} \qquad (2)$$

因此，渗透率由下面的 Kozeny – Carman 方程计算[7]

$$k = \frac{\phi r_p^2}{8\tau^2} = 0.00733 r^2 \tag{3}$$

图4(b)中菱形排列的孔隙度为9.31%，等效的孔隙半径由下式计算

$$r_p = r\sqrt{\frac{\sqrt{3}}{\pi} - \frac{1}{2}} \tag{4}$$

因此，渗透率为

$$k = \frac{\phi r_p^2}{8\tau^2} = 0.000597 r^2 \tag{5}$$

对于图4中的结构变形来说，岩石的孔隙度损失了56.62%，而渗透率损失了91.86%。

这个计算结果会让人们产生一个错觉，即油井或油藏的产能将因结构变形而大幅度下降。其实，恰恰相反，若油藏出现了结构变形，其产能并不会下降。油藏产量是渗透率和地层能量的综合反映。渗透率下降了，但地层压力会因孔隙度的减小而大幅度升高，从而维持了地层能量和油藏产能。孔隙体积的变化量与油藏压力的升高值之间存在下面的关系

$$\Delta V_p = V_o c_o \Delta p \tag{6}$$

式中　ΔV_p——孔隙体积变化量，m^3；

　　　V_o——原油体积，m^3；

　　　c_o——原油压缩系数，MPa^{-4}；

　　　Δp——地层压力升高值，MPa。

若地层原油的压缩系数为 $10 \times 10^{-4} MPa^{-1}$，则由式(6)可以计算出，若孔隙体积减小50%，地层压力则升高500MPa；若孔隙体积减小1%，地层压力则升高10MPa。当然，多数情况下岩石的结构变形并不彻底，只是发生了很小程度的结构变形，孔隙度和渗透率也不会发生太大的变化，但压力却会有明显的升高。

地层的结构变形将导致地层的垮塌和地表沉降现象的发生。北海的 Ekofisk 油藏为高孔高渗的白垩生物礁，开采过程中出现了明显的海床沉降和压实驱动，油藏最大压实变形量为11.0m。生产管理部门通过调节海洋生产平台来适应油藏的压实驱动过程，避免了采用高投入的注水或注气维持压力的开采方式。压实驱动使地层压力得到了很好的维持[8]。

另一个结构变形出现应力敏感的油藏例子发生在溶洞介质油藏中，溶洞的渗透率极高，因衰竭式开采地层压力大幅度下降(图5)，该井在不产水的情况下，其油压由投产初期的11MPa下降到开采40个月后的2.5MPa左右。当压力下降到一定程度(超过了岩石的应力强度极限)时，地层出现了垮塌现象，整个区块内的所有油井产量和油压都迅速增大(图6)，产量由75t/d猛升到250t/d的水平，油压由2.5MPa猛升到17MPa，比油井投产初期的油压还高，几乎达到了无法控制的地步(图5、图6)。这才是真正意义上的应力敏感，也就是所谓的压实驱动。

人们在研究应力敏感时，通常只想到了渗透率降低对产量造成的负面影响，而忽视了给油藏开采提供的压实驱动能量。其实，油藏出现应力敏感不仅不会降低产量，而且还会增加产量。油藏岩石中裂缝的闭合或孔隙的压缩是以采出其中的油气为前提条件的，即只有把油气开采出来之后孔隙才会压缩、裂缝才会闭合，因此，应力敏感的出现是油气采出的象征。

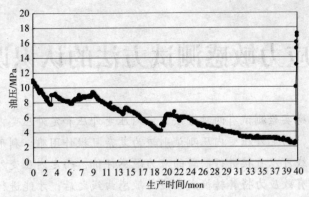

图5　油井油压变化曲线

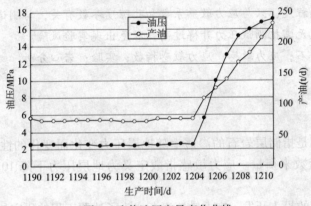

图6　油井油压产量变化曲线

3　结论

（1）应力敏感存在本体变形和结构变形两种应力敏感形式，致密介质以本体变形为主，疏松介质以结构变形为主。

（2）因本体变形导致的储层应力敏感极弱，生产实践中可将其忽略。

（3）因结构变形导致的储层应力敏感极强，会维持油藏能量，并提高油藏产能。应力敏感对油藏生产产生了正面的积极影响，十分有利于驱油。过去那种应力敏感会大幅度降低油井产能的认识，需彻底改变。

参　考　文　献

[1]李传亮. 多孔介质应力关系方程[J]. 应用基础与工程科学学报，1998，6(2)：145-148.

[2]李传亮，孔祥言，徐献芝，等. 多孔介质的双重有效应力[J]. 自然杂志，1999，21(5)：288-292.

[3]李传亮. 油藏工程原理[M]. 北京：石油工业出版社，2005：83-93.

[4]李传亮. 岩石应力敏感指数与压缩系数之间的关系式[J]. 岩性油气藏，2007，19(4)：95-98.

[5]李传亮. 岩石压缩系数与孔隙度的关系[J]. 中国海上油气(地质)，2003，17(5)：355-358.

[6]李传亮. 低渗透储层不存在强应力敏感[J]. 石油钻采工艺，2005，27(4)：61-63.

[7]何更生. 油层物理[M]. 北京：石油工业出版社，1994：43.

[8]Sulak R M，Danielsen J. Reservoir aspects of Ekofisk subsidence[J]. JPT，1989，41(7)：709-716.

关于应力敏感测试方法的认识误区*

摘　要： 应力敏感实验测试有两种方法，定内压变外压和定外压变内压。定内压变外压测试简单且易于操作，而定外压变内压测试则较为复杂且操作困难。利用定外压变内压测试得到的内应力敏感曲线可以直接进行油藏的应力敏感评价，而定内压变外压测试的外应力敏感曲线，则需要通过有效应力将其转换成内应力敏感曲线之后，才能进行油藏的应力敏感评价。两种测试方法的评价结果相同，定外压变内压测试并没有任何优势，今后应放弃使用。储层岩石的应力敏感程度，只与应力敏感系数和孔隙度参数有关，与测试压力的数值大小无关，因此，实验测试无需把测试压力升得过高，以免出现实验风险。

关键词： 油藏岩石；应力敏感；应力敏感指数；实验；岩心分析

0　引言

所谓应力敏感，是指储层岩石的渗透率随地层压力变化而变化的性质[1]。应力敏感的程度，用应力敏感指数来衡量。应力敏感指数定义为地层压力下降 10MPa 时的渗透率损失率[2]。

随着低渗透油藏的投入开发，应力敏感逐渐成为了油藏工程的研究热点之一，许多学者都对其进行了大量的实验研究[2~9]。传统的实验测试均采用定内压变外(围)压的方式进行[6]，近年来纷纷转向了定外压变内压的测试方式[7~9]。定内压变外压的测试方法较简单，而定外压变内压的测试方法则极其复杂。人们为何要舍简单而求复杂呢？主要是因为油气藏开发就是一个定外压而变内压的过程。很多人以为采用了定外压变内压的测试方法，就可以更好地模拟油藏的开发过程，因而也能得到更加可靠的实验结果。其实，这是一个误解，如果了解了有效应力的作用，就知道这种转变根本没有必要。

1　定内压变外压测试

1.1　测试流程

实验测试时把岩心装入封套(图1)，封套外面加围压(σ)，当流体通过岩心时，流体的压力就是所谓的内压(p)。实验时需要测量通过岩心的流体流量(q)和岩心的入口压力(p_1)，岩心出口端接大气，因此出口压力(p_2)为大气压。入口压力与出口压力的差值，就是岩心的流动压差(Δp)，用该压差通过下面的 Darcy 方程就可以确定岩心的渗透率[10]

$$q = \frac{Ak(p_1 - p_2)}{\mu \Delta L} \tag{1}$$

式中　q——通过岩心的流量，m³/ks；

---

* 该论文的合作者：朱苏阳

A——岩心的横截面积，m^2；

k——岩心的渗透率，D；

p_1——入口压力，MPa；

p_2——出口压力，MPa；

μ——流体黏度，$mPa \cdot s$；

ΔL——岩心的长度，m。

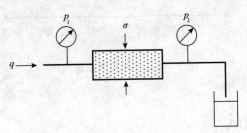

图1　定内压变外压实验测试

上面述渗透率测量是在一定的围压下进行的。测完第一个渗透率数值之后，改变围压测量第二个渗透率值。如此反复，可以测量一组不同围压下的渗透率数值。围压可以沿着增大的方向改变（加载），也可以沿着减小的方向改变（卸载）。

相对于围压来说，测试时的内压是比较小的，近似于一个定值，且接近大气压。围压增大，岩石被压缩，孔隙变小，因而渗透率也将随围压增大而不断减小。

1.2　测试结果

按照上面的测试流程，对一块岩心进行了应力敏感测试。测试数据如表1所列，测试曲线如图2所示。该曲线被称作岩石的外应力敏感曲线，即岩石渗透率随外压的变化曲线。

表1　岩石外应力敏感测试数据

序号	外压/MPa	渗透率/mD
1	3	25.7
2	6	18.9
3	9	15.1
4	12	12.1
5	15	9.8
6	18	7.6
7	21	6.3

注：孔隙度为18.3%

图2曲线回归出的方程为

$$k = a_1 \mathrm{e}^{-b_1\sigma} = 30.91\mathrm{e}^{-0.077\sigma} \tag{2}$$

式中　a_1——外压为0时的岩心渗透率，D；

b_1——渗透率对外应力的依赖程度，即外应力敏感系数，MPa^{-1}。

由式（2）可以看出，该岩心的a_1为30.91mD，b_1为0.077MPa^{-1}。

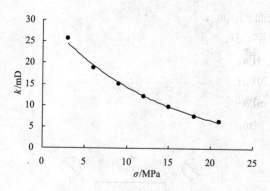

图 2　渗透率外应力敏感曲线

2　定外压变内压测试

2.1　测试流程

定外压变内压的测试流程与定内压变外压的测试流场基本相同，只是在岩心出口端增加了一个回压控制阀（回压定值器），这样就可以把出口端压力升高到一定的数值，进而把岩心的内压升高到一定的数值（图 3）。

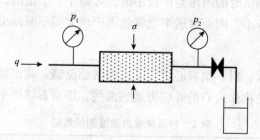

图 3　定外压变内压实验测试

用这种方法测量渗透率时，需首先把围压加到很高的数值（一般为油藏上覆压力），然后选定一个出口端压力，测量岩心渗透率。测完第一个渗透率数值之后，通过回压控制阀改变内压，再测量第二个渗透率数值。如此反复，可以测量一组不同内压下的渗透率数值。内压可以沿着增大的方向改变，也可以沿着减小的方向改变。

2.2　测试结果

对同一块岩心进行测试，先把围压加到 21MPa，然后把内压升高到 18MPa，按照内压不断减小的顺序进行测试。测试数据如表 2 所列，测试曲线如图 4 所示。该曲线被称作岩石的内应力敏感曲线，即岩石渗透率随内压的变化曲线。

表 2 岩石内应力敏感测试数据表

序号	内压/MPa	渗透率/mD
1	18	22.9
2	15	21.5
3	12	20.6

序号	内压/MPa	渗透率/mD
4	9	19.6
5	6	18.7
6	3	18.1
7	1	17.6

注：孔隙度为18.3%

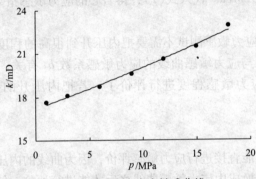

图4 渗透率内应力敏感曲线

图4曲线回归出的方程为

$$k = a_2 e^{b_2 p} = 17.21 e^{0.0152p} \tag{3}$$

式中 a_2——内压为0时的岩心渗透率，D；

b_2——渗透率对内应力的依赖程度，即内应力敏感系数，MPa^{-1}。

由式(3)可以看出，该岩心的 a_2 为 17.21mD，b_2 为 0.0152MPa^{-1}。

3 评价方法

3.1 定外压变内压

由图4可以看出，渗透率随内压发生了变化，即出现了应力敏感。渗透率的应力敏感指数定义为地层压力下降一定数值时的渗透率损失率，即

$$SI_p = \frac{k_i - k}{k_i} \tag{4}$$

式中 SI_p——应力敏感指数，即渗透率对地层压力的敏感指数，f；

k_i——原始地层压力下的渗透率，D；

k——某个地层压力下的渗透率，D。

应力敏感指数越大，岩石的应力敏感程度就越强。应力敏感程度的评价标准为：当 SI_p <0.1时，应力敏感较弱；当 SI_p >0.3时，应力敏感较强；当 SI_p =0.1~0.3时，应力敏感中等[1]。

由式(3)可得原始地层压力下的渗透率为

$$k_i = a_2 e^{b_2 p_i} \tag{5}$$

式中 p_i——原始地层压力，MPa。

把式(5)代入式(4)，得

$$SI_p = 1 - e^{-b_2(p_i-p)} = 1 - e^{-b_2 \Delta p} \tag{6}$$

式中　Δp——油藏压降，MPa。

由于应力敏感指数定义为地层压力下降 10MPa 时的数值，则由式(6)得出通过定外压变内压测试得到的应力敏感指数计算公式为

$$SI_p = 1 - e^{-10b_2} \tag{7}$$

由式(7)可以看出，应力敏感指数唯一取决于内应力敏感系数 b_2。

把式(3)的 $b_2 = 0.0152 \text{MPa}^{-1}$ 代入式(7)，得岩心的应力敏感指数 $SI_p = 0.141$，属于中等敏感。

由式(7)可以看出，应力敏感测试不需要把内压升到很高的程度，因为应力敏感指数与压力的高低没有关系，只与应力敏感曲线的应力敏感系数 b_2 有关，只要测量出了应力敏感系数的数值，就可以对应力敏感程度进行评价了。若把内压升的很高，势必增大实验的风险。

3.2　定内压变外压

用外应力敏感曲线不能直接进行应力敏感评价，因为曲线的内压接近大气压，必须通过有效应力把外应力曲线转换成内应力敏感曲线之后才能进行评价。储层岩石的本体有效应力公式[11]为

$$\sigma_{eff}^p = \sigma - \phi p \tag{8}$$

式中　σ_{eff}^p——本体有效应力，MPa；

σ——外应力，MPa；

ϕ——孔隙度，f。

有效应力的意义，就是把外应力和内应力两个应力对岩石产生的作用等效成一个应力，这样就可以方便地研究岩石的力学行为了。变外压与变内压，最终都是通过有效应力来改变渗透率的。不管外应力和内应力如何变化，只要有效应力的数值相同，岩石的渗透率数值就相同。因此，评价岩石的应力敏感性，变外压与变内压是等效的。

根据式(8)，在内压接近大气压的情况下，外应力的数值其实就是岩石的本体有效应力。因此，式(2)可以改写成

$$k = a_1 e^{-b_1(\sigma-\phi p)} \tag{9}$$

由式(9)可以计算出原始地层压力下的渗透率为

$$k_i = a_1 e^{-b_1(\sigma-\phi p_i)} \tag{10}$$

把式(10)代入式(4)，得

$$SI_p = 1 - e^{-\phi b_1(p_i-p)} = 1 - e^{-\phi b_1 \Delta p} \tag{11}$$

由于应力敏感指数定义为地层压力下降 10MPa 时的数值，则由式(11)得出通过定内压变外压测试得到的应力敏感指数计算公式为

$$SI_p = 1 - e^{-10\phi b_1} \tag{12}$$

由式(12)可以看出，应力敏感指数取决于外应力敏感系数 b_1 和岩石的孔隙度。由式(7)和式(12)可以看出，两种测试方法的应力敏感评价公式中只相差一个孔隙度。

把式(2)中的 $b_1 = 0.077 \text{MPa}^{-1}$ 代入式(12)，得岩心的应力敏感指数 $SI_p = 0.131$，属于中等应力敏感。

由式(12)可以看出，应力敏感测试不需要把外压升到很高的程度，因为应力敏感指数与压力的高低没有关系，只与应力敏感曲线的外应力敏感系数 b_1 和孔隙度有关，只要测量出外应力敏感系数和孔隙度的数值，就可以通过外应力敏感曲线评价岩石的应力敏感程度了。若把外压升的很高，实验风险就会增大。

通过前面的研究可以看出，不管用何种方法进行测试，最终的评价结果基本相同，但是，定内压变外压的实验测试简单且易于操作，而定外压变内压的实验测试则需要增加实验器件，同时也增加了实验难度，操作变得更加困难。

4 结论

(1)定外压变内压测试得到的内应力敏感曲线可以直接评价岩石的应力敏感程度，而定内压变外压测试得到的外应力敏感曲线，则需要通过有效应力将其转换成内应力敏感曲线之后再利用其进行评价，两种方法的评价结果相同。

(2)应力敏感评价与实验测试的压力数值大小无关，只与应力敏感系数和孔隙度参数有关，实验测试无需把压力升的很高，以便减小实验风险。

(3)定外压变内压测试在应力敏感评价上并没有任何优势，反而比定内压变外压测试更加复杂，今后应放弃使用。

参 考 文 献

[1]李传亮. 油藏工程原理(第二版)[M]. 北京：石油工业出版社，2011：96 - 100.

[2]李传亮. 储层岩石的应力敏感性评价方法[J]. 大庆石油地质与开发，2006，25(1)：40 - 42.

[3]李传亮. 低渗透储层不存在强应力敏感[J]. 石油钻采工艺，2005，27(4)：61 - 63.

[4]李传亮. 岩石应力敏感指数与压缩系数之间的关系式[J]. 岩性油气藏，2007，19(4)：95 - 98.

[5]李传亮，涂兴万. 储层岩石的2种应力敏感机制[J]. 岩性油气藏，2008，20(1)：111 - 113.

[6]曲岩涛，房会春，朱健，等. 储层敏感性流动实验评价方法 SY/T 5358—2010[S]. 北京：石油工业出版社，2010，18 - 21.

[7]郑荣臣，王昔彬，刘传喜. 致密低渗气藏储集层应力敏感性试验[J]. 新疆石油地质，2006，27(3)：345 - 347.

[8]郭平，张俊，杜建芬，等. 采用两种实验方法进行气藏岩芯应力敏感研究[J]. 西南石油大学学报，2007，29(2)：7 - 9.

[9]肖文联，李闽，赵金洲，等. 低渗致密砂岩渗透率应力敏感性试验研究[J]. 岩土力学，2010，31(3)：775 - 779.

[10]孔祥言. 高等渗流力学(第2版)[M]. 安徽合肥：中国科学技术大学出版社，2010：42 - 44.

[11]李传亮，孔祥言，徐献芝，等. 多孔介质的双重有效应力[J]. 自然杂志，1999，21(5)：288 - 292.

附录 第一作者论文名单

[1] 李传亮, 程远军, 沙有家. 砂岩底水油藏开采过程中的隔板作用. 《塔里木盆地油气勘探论文集》, 乌鲁木齐: 新疆科技卫生出版社(K), 1992: 701-706.

[2] 李传亮, 程远军, 沙有家. 深层油藏原始地层压力的确定方法. 《塔里木盆地油气勘探论文集》, 乌鲁木齐: 新疆科技卫生出版社(K), 1992: 707-717.

[3] 李传亮. 修正 Dupuit 临界产量公式. 石油勘探与开发, 1993, 20(4): 91-95.

[4] 李传亮. 利用矿场资料确定底水油藏油井临界产量的新方法. 石油钻采工艺, 1993, 15(5): 59-62.

[5] 李传亮. 用单井测压资料预测油气水界面的方法研究. 新疆石油地质, 1993, 14(3): 254-261.

[6] 李传亮, 宋洪才, 秦宏伟. 带隔板底水油藏油井临界产量计算公式. 大庆石油地质与开发, 1993, 12(4): 43-46.

[7] 李传亮, 张厚和. 带气顶底水油藏油井临界产量计算公式. 中国海上油气(地质), 1993, 7(5): 47-54.

[8] 李传亮. 压汞过程中的润湿性研究. 天然气工业, 1994, 14(5): 84.

[9] 李传亮. 底水油藏油井最佳打开程度研究. 新疆石油地质, 1994, 15(1): 57-60.

[10] 李传亮. SI 在油藏工程中的应用研究. 石油工业技术监督, 1994, 7(7): 11-15.

[11] 李传亮. 多相渗流的数学模型研究. 新疆石油地质, 1994, 15(4): 357-360.

[12] 李传亮. 双重各向异性介质的发现及其渗透率模型的建立. 中国海上油气(地质), 1997, 11(4): 289-292.

[13] 李传亮. 非封闭断层的试井解释方法. 新疆石油地质, 1997, 18(4): 370-376.

[14] 李传亮. 产量变化规律的理论研究. 新疆石油地质, 1997, 18(3): 264-267.

[15] 李传亮. 带隔板底水油藏油井见水时间预报公式. 大庆石油地质与开发, 1997, 16(4): 49-50.

[16] 李传亮. 多孔介质应力关系方程. 应用基础与工程科学学报, 1998, 6(2): 145-148.

[17] 李传亮. 上覆地层压力与流体压力和骨架应力之间的关系式. 新疆石油地质, 1998, 19(6): 518-519.

[18] 李传亮. 岩石压缩系数测量方法的理论研究. 石油与天然气地质, 1998, 19(4): 280-284.

[19] 李传亮, 孔祥言, 许广明. 产量递减规律的诊断方法. 石油钻采工艺, 1998, 20(6): 68-70.

[20] 李传亮, 张茂林, 梅海燕. 双重各向异性介质的驱替特征及注水开发井网部署研究. 大庆石油地质与开发, 1999, 18(6): 29-31.

[21] 李传亮, 孔祥言. 多相物体的连续介质假设方法. 岩石力学与工程学报, 1999, 18(4): 441-443.

[22] 李传亮, 孔祥言, 徐献芝, 李培超. 多孔介质的双重有效应力. 自然杂志, 1999, 21(5): 288-292.

[23] 李传亮, 孔祥言, 刘堂宴. 低电阻率油层的成因及产能特征. 新疆石油地质, 1999, 20(4): 335-336.

[24] 李传亮, 孔祥言. 确定采油指数和地层压力的方法研究. 西南石油学院学报, 2000, 22(2): 40-42.

[25] 李传亮, 孔祥言. 线性椭圆型方程的数值网格生成方法. 水动力学研究与进展, 2000, 15(3): 254-257.

[26] 李传亮. 用压汞曲线确定油藏原始含油饱和度的方法研究. 新疆石油地质, 2000, 21(5): 418-419.

[27] 李传亮, 孔祥言. 渗透率参数的各向异性和不对称性的定量研究. 新疆石油地质, 2000, 14(2): 128-129.

[28]李传亮. 多孔介质的有效应力及其应用研究. 中国科学技术大学博士论文, 2000.

[29]李传亮, 张茂林, 梅海燕. 双重各向异性介质的数值模拟方法研究. 中国海上油气(地质), 2000, 14
(1): 54-57.

[30]李传亮, 孔祥言. 油井压裂过程中岩石破裂压力计算公式的理论研究. 石油钻采工艺, 2000, 22(2):
54-56.

[31]李传亮, 孔祥言. 孔-深关系方程研究. 新疆石油地质, 2001, 22(2): 152-152.

[32]李传亮. 油藏生产指示曲线. 新疆石油地质, 2001, 22(4): 333-334.

[33]李传亮, 孔祥言. 岩石强度条件分析的理论研究. 应用科学学报, 2001, 19(2): 103-106.

[34]李传亮. 半渗透隔板底水油藏油井见水时间预报公式. 大庆石油地质与开发, 2001, 20(4): 32-33.

[35]李传亮. 多孔介质的应力关系方程. 新疆石油地质, 2002, 23(2): 163-164.

[36]李传亮. 射孔完井条件下的岩石破裂压力计算公式. 石油钻采工艺, 2002, 24(2): 37-38.

[37]李传亮. 水锥形状分析. 新疆石油地质, 2002, 23(1): 74-75.

[38]李传亮. 气藏生产指示曲线的理论研究. 新疆石油地质, 2002, 23(3): 236-238.

[39]李传亮, 董利瑛. 油井探测半径的计算公式研究. 大庆石油地质与开发, 2002, 21(5): 32-33.

[40]李传亮, 孔祥言, 杜志敏, 徐献芝, 李培超. 多孔介质的流变模型研究. 力学学报, 2003, 35(2):
230-234.

[41]李传亮, 杜文博. 油藏岩石的应力和应变状态研究. 新疆石油地质, 2003, 24(4): 351-352.

[42]李传亮. 孔隙度校正缺乏理论根据. 新疆石油地质, 2003, 24(3): 254-256.

[43]李传亮. 气藏水侵量的计算方法研究. 新疆石油地质, 2003, 24(5): 430-431.

[44]李传亮. 岩石压缩系数与孔隙度的关系. 中国海上油气(地质), 2003, 17(5): 355-358.

[45]李传亮, 李炼民. 各向异性地层的井距设计研究. 新疆石油地质, 2003, 24(6): 559-561.

[46]李传亮. 储层岩石连续性特征尺度研究. 中国海上油气, 2004, 18(1): 63-65.

[47]李传亮, 仙立东. 油藏水侵量计算的简易新方法. 新疆石油地质, 2004, 25(1): 53-54.

[48]李传亮. 带隔板底水油藏油井射孔井段的确定方法. 新疆石油地质, 2004, 25(2): 199-201.

[49]李传亮. 地层异常压力原因分析. 新疆石油地质, 2004, 25(4): 443-445.

[50]李传亮, 周涌沂. 岩石压缩系数对气藏动态储量计算结果的影响研究. 新疆石油地质, 2004, 25(5):
503-504.

[51]李传亮, 王双才, 周涌沂. 岩石压缩系数对油藏动态储量计算结果的影响研究. 大庆石油地质与开发,
2004, 23(6): 31-32.

[52]李传亮, 陈小凡, 杜志敏. 岩石压缩系数对试井解释结果的影响研究. 中国科学技术大学学报, 2004,
34(增刊): 203-206.

[53]Chuanliang Li, Xiaofan Chen, Zhimin Du. A new relationship of rock compressibility with porosity. SPE88464,
presented at SPE Asia Pacific Oil and Gas Conference and Exhibition (APOGCE), 2004, 18-20 October,
Perth, Australia.

[54]Chuanliang Li. Compressibility of loose rocks. presented at the 3rd International Symposium on Oil/Gas Reservoir
Geology and Development, 2004, 20-21 October, Chengdu, Sichuan.

[55]李传亮. 油气初次运移机理分析. 新疆石油地质, 2005, 26(3): 331-335.

[56]李传亮. 岩石欠压实概念质疑. 新疆石油地质, 2005, 26(4): 450-452.

[57]李传亮. 低渗透储集层不存在强应力敏感. 石油钻采工艺, 2005, 27(4): 61-63.

[58]李传亮, 靳海湖. 也谈库车坳陷的异常高压问题. 新疆石油地质, 2005, 26(5): 592-593.

[59]李传亮. 实测岩石压缩系数偏高的原因分析. 大庆石油地质与开发, 2005, 24(5): 53-54.

[60]李传亮. 油层产能指数表征方法研究. 中国海上油气, 2005, 17(5): 325-327.

[61] 李传亮. 岩石本体变形过程中的孔隙度不变性原则. 新疆石油地质, 2005, 26(6): 732-734.

[62] 李传亮, 靳海湖. 气顶底水油藏最佳射孔井段的确定方法. 新疆石油地质, 2006, 27(1): 94-95.

[63] 李传亮. 储层岩石的应力敏感性评价方法. 大庆石油地质与开发, 2006, 25(1): 40-42.

[64] 李传亮. 油气初次运移模型研究. 新疆石油地质, 2006, 27(2): 247-250.

[65] 李传亮. 渗透率的应力敏感性评价方法研究. 新疆石油地质, 2006, 27(3): 348-350.

[66] 李传亮. 油井探测半径的精确计算公式. 油气井测试, 2006, 15(3): 17-18.

[67] 李传亮. 油水界面倾斜原因分析. 新疆石油地质, 2006, 27(4): 498-499.

[68] 李传亮, 杨学锋. 低渗透储集层油藏的产能特征分析. 新疆石油地质, 2006, 27(5): 566-568.

[69] 李传亮, 杨学锋. 底水油藏的压锥效果分析. 大庆石油地质与开发, 2006, 25(5): 45-46.

[70] 李传亮, 张学磊. 地层油气性质的差异原因分析. 新疆石油地质, 2006, 27(6): 766-767.

[71] 李传亮. 岩心分析过程中的表皮效应. 天然气工业, 2006, 25(11): 38-39.

[72] 李传亮. 储层岩石的应力敏感问题. 石油钻采工艺, 2006, 28(6): 86-88.

[73] 李传亮, 张学磊. 溶洞介质的压缩系数计算公式. 特种油气藏, 2006, 13(6): 32-33.

[74] 李传亮. 泥岩地层产水与地层异常压力原因分析. 西南石油大学学报, 2007, 19(1): 130-132.

[75] 李传亮. 异常高压气藏开发上的错误认识. 西南石油大学学报, 2007, 19(2): 166-169.

[76] 李传亮, 张学磊. 管流与渗流的统一. 新疆石油地质, 2007, 28(2): 252-253.

[77] 李传亮. 对"基于流量的探测半径计算方法研究"一文的商榷. 油气地质与采收率, 2007, 13(3): 77-79.

[78] 李传亮, 张景廉, 杜志敏. 油气初次运移理论新探. 地学前缘, 2007, 14(4): 132-142.

[79] 李传亮. 底水油藏不适合采用水平井. 岩性油气藏, 2007, 19(3): 120-122.

[80] 李传亮. 滑脱效应其实并不存在. 天然气工业, 2007, 27(10): 85-87.

[81] 李传亮. 孔喉比对地层渗透率的影响. 油气地质与采收率, 2007, 14(5): 78-87.

[82] 李传亮. 岩石应力敏感指数与压缩系数之间的关系式. 岩性油气藏, 2007, 19(4): 95-98.

[83] 李传亮. PVT筒里的奇特现象. 新疆石油地质, 2007, 28(6): 728-730.

[84] 李传亮. 裂缝性油藏的应力敏感性及产能特征. 新疆石油地质, 2008, 29(1): 72-75.

[85] 李传亮, 叶明泉. 岩石应力敏感曲线机制分析. 西南石油大学学报, 2008, 30(1): 170-172.

[86] 李传亮, 涂兴万. 储层岩石的2种应力敏感机制. 岩性油气藏, 2008, 20(1): 111-113.

[87] 李传亮. 油藏工程计量单位及符号评议. 新疆石油地质, 2008, 29(2): 264-267.

[88] 李传亮. 地层抬升会导致异常高压吗? 岩性油气藏, 2008, 20(2): 124-126.

[89] 李传亮, 杨永全. 启动压力其实并不存在. 西南石油大学学报, 2008, 30(3): 167-170.

[90] 李传亮. 岩石压缩系数测量新方法. 大庆石油地质与开发, 2008, 27(3): 53-54.

[91] 李传亮. 储层岩石应力敏感性认识上的误区. 特种油气藏, 2008, 15(3): 26-28.

[92] 李传亮. 毛管压力是油气运移的动力吗? 岩性油气藏, 2008, 20(3): 17-20.

[93] 李传亮. 地面与地下渗透率之间的关系式. 新疆石油地质, 2008, 29(5): 665-667.

[94] 李传亮. 有效应力概念的误用. 天然气工业, 2008, 28(10): 130-132.

[95] 李传亮. 两种双重介质的对比与分析. 岩性油气藏, 2008, 20(4): 128-131.

[96] 李传亮. 应力敏感对油井产能的影响. 西南石油大学学报, 2009, 31(1): 170-172.

[97] 李传亮. 油气倒灌不可能发生. 岩性油气藏, 2009, 21(1): 6-10.

[98] 李传亮, 曹建军. 异常高压会压裂地层吗? 岩性油气藏, 2009, 21(2): 99-102.

[99] 李传亮. 应科学看待低渗透储集层. 特种油气藏, 2009, 16(4): 97-100.

[100] 李传亮. 压力系数的上限值研究. 新疆石油地质, 2009, 30(4): 490-492.

[101] 李传亮. 油水界面倾斜原因分析(续). 新疆石油地质, 2009, 30(5): 653-654.

[102]李传亮. 等效深度法并不等效. 岩性油气藏, 2009, 21(4): 120-123.

[103]李传亮, 张学磊. 对低渗透储层的错误认识. 西南石油大学学报, 2009, 31(6): 177-180.

[104]李传亮. 低渗透储层存在强应力敏感吗? 石油钻采工艺, 2010, 32(1): 121-126.

[105]李传亮, 姚淑影, 李冬梅. 油藏工程该使用哪个岩石压缩系数? 西南石油大学学报, 2010, 32(2): 182-184.

[106]李传亮. 气水可以倒置吗? 岩性油气藏, 2010, 22(2): 128-132.

[107]李传亮, 姚淑影. 平面单向流探测距离计算公式. 新疆石油地质, 2010, 31(4): 391-392.

[108]李传亮. 动边界其实并不存在. 岩性油气藏, 2010, 22(3): 121-123.

[109]李传亮. 启动压力梯度真的存在吗? 石油学报, 2010, 31(5): 867-870.

[110]李传亮, 姚淑影. 气井试井分析中气体物性参数使用原始物性参数之探讨. 特种油气藏, 2010, 17(5): 123-124.

[111]李传亮. 储层岩石的压缩问题. 石油钻采工艺, 2010, 32(5): 120-124.

[112]李传亮, 龙武. 油气运移时间的计算. 油气地质与采收率, 2010, 17(6): 68-70.

[113]李传亮. 渗吸的动力不是毛管压力. 岩性油气藏, 2011, 23(2): 114-117.

[114]李传亮, 李冬梅. 地下没有亲油的岩石. 新疆石油地质, 2011, 32(2): 197-198.

[115]李传亮. 低渗透储层很特殊吗? 特种油气藏, 2011, 18(3): 131-134.

[116]李传亮, 彭朝阳. 煤层气的开采机理研究. 岩性油气藏, 2011, 23(4): 9-11.

[117]李传亮. 低渗透储层容易产生高速非 Darcy 流吗? 岩性油气藏, 2011, 23(6): 111-113.

[118]李传亮. 储集层岩石的压缩系数公式. 新疆石油地质, 2012, 33(1): 125-126.

[119]李传亮. 低渗透储层不能产生高速非 Darcy 流吗? 岩性油气藏, 2012, 24(6): 17-19.

[120]李传亮, 朱苏阳. 页岩气其实是自由气. 岩性油气藏, 2013, 25(1): 1-3.

[121]李传亮, 彭朝阳, 朱苏阳. 煤层气其实是吸附气. 岩性油气藏, 2013, 25(2): 112-115.

[122]李传亮. 地下岩石的润湿性分析. 新疆石油地质, 2013, 34(2): 243-245.

[123]李传亮. 岩石的压缩系数问题. 新疆石油地质, 2013, 34(3): 354-356.

[124]李传亮, 朱苏阳. 再谈启动压力梯度. 岩性油气藏, 2013, 25(4): 1-5.

[125]李传亮. 再谈岩石的压缩系数. 中国海上油气, 2013, 25(4): 85-87.

[126]李传亮. 油藏工程中的若干问题. 新疆石油地质, 2013, 34(4): 477-482.

[127]李传亮, 朱苏阳. 油井产能评价新方法. 岩性油气藏, 2014, 26(3): 7-10.

[128]李传亮, 林兴, 朱苏阳. 长水平井的产能公式. 新疆石油地质, 2014, 35(3): 361-364.

[129]李传亮, 朱苏阳. 水平井的表皮因子. 岩性油气藏, 2014, 26(4): 16-21.

[130]李传亮, 朱苏阳. 油藏天然能量评价新方法. 岩性油气藏, 2014, 26(5): 1-4.

[131]李传亮, 朱苏阳. 岩石的外观体积和流固两相压缩系数. 岩性油气藏, 2015, 27(2): 1-5.

[132]李传亮. 关于双重有效应力. 新疆石油地质, 2015, 36(2): 238-243.

[133]李传亮, 朱苏阳. 关于应力敏感测试方法的认识误区. 岩性油气藏, 2015, 27(6): 1-4.

[134]李传亮, 朱苏阳. 扩散不是页岩气的开采机理. 新疆石油地质, 2015, 36(6): 719-723.

[135]李传亮, 朱苏阳. 水驱油效率可达到100%. 岩性油气藏, 2016, 28(1): 1-5.

[136]李传亮, 朱苏阳. 特殊情况下的压力系数和自喷系数计算方法. 新疆石油地质, 2016, 37(2): 246-248.

[137]李传亮, 朱苏阳, 董凤玲. 综合形式的水平井产量公式. 新疆石油地质, 2016, 37(3): 311-313.

[138]李传亮, 朱苏阳. 关于油藏含水上升规律的若干问题. 岩性油气藏, 2016, 28(3): 1-5.

[139]李传亮, 朱苏阳. 应用压缩系数确定地震波速的新方法. 岩性油气藏, 2016, 28(4): 78-81.

[140]李传亮, 朱苏阳, 刘东华, 聂旷, 邓鹏. 再谈滑脱效应. 岩性油气藏, 2016, 28(5): 123-129.

跋

我的小学是在"文革"中度过的，自然没有接受到正常的教育。幸运的是，中学时代赶上了社会大变革，教育开始走上了正轨，我能够坐在教室里系统学习人类的文明成果——科学文化知识，幸福感便油然而生。

学习是快乐的，概念、公式、定理、定律都能牢记于心，一点儿不觉得枯燥。科学的美丽滋润着心田，不知道为何那么喜欢他们，以至于自己都想成为创立他们的主角——科学家。

心灵里埋下的种子，慢慢就会发芽，不知不觉便与科学结下了不解之缘，无论是读书，还是工作，都把科学当成最高的追求。

1983年大庆石油学院(现为东北石油大学)学士毕业，1986年西南石油学院(现为西南石油大学)硕士毕业，2000年中国科学技术大学博士毕业，1990~1993年在塔里木盆地参加石油大会战，1996年在加拿大Calgary进修学习，每一个经历都有科学如影随形。

科学美好了我的人生，我一定不能辜负科学，一定尽最大努力维护科学的尊严。学习时全身心感受科学的美，教学时全身心传播科学的美，科研时全身心发现科学的美。让科学继续闪烁理性的光辉，让科学成为人类的好朋友、好帮手。

曾经沧海依然不弃不离，最终成为了石油科学的忠实拥趸，现为西南石油大学石油与天然气工程学院教授、油藏工程课程建设负责人、《石油学报》《石油勘探与开发》和《新疆石油地质》编委，我似乎还能为石油科学做很多事情，我不会放慢前进的脚步。

科学展示给人们的，永远都是美丽……

2016年秋于成都